21世纪高等学校物联网专业规划教材

无线传感网与 TinyOS

◎ 熊书明 辛燕 王良民 编著

清华大学出版社

北京

内容简介

本教材根据物联网工程本科专业的教学需要,结合无线传感网的发展历史、最新趋势和应用现状编写而成,旨在系统阐述无线传感网的核心技术、开发平台,为学习者提供较为全局的视角。教材内容论及近年来国际国内无线传感网的形成历史和 TinyOS 开发平台;分析无线传感网的组织架构和协议栈结构,从平台角度总结出一个无线传感网应用开发的基本要素;随后从无线传感网 MAC 协议、路由协议、时间同步、数据感知与融合方面详细介绍无线传感网关键技术,并简要介绍诸如拓扑控制、节点定位等其他重要技术;最后,从无线传感网应用开发角度重点阐述 TinyOS 系统和 NesC 程序设计语言。

本书主要针对以下读者,包括普通高等院校学习无线传感网课程的本科生,涉及物联网工程、网络工程、计算机应用、通信工程等信息技术类专业;也包括开设无线传感网课程的职业技术学院学生,以及无线传感网工程技术开发人员。最后,普通高等院校的硕士生、博士生也可将其作为了解和开发无线传感网的入门参考教材。

图书在版编目(CIP)数据

无线传感网与 TinyOS/熊书明,辛燕,王良民编著.—北京:清华大学出版社,2017(2023.8重印)
(21 世纪高等学校物联网专业规划教材)(2021.1重印)
ISBN 978-7-302-48287-1

Ⅰ.①无… Ⅱ.①熊… ②辛… ③王… Ⅲ.①无线电通信-传感器-网络操作系统-高等学校-教材 Ⅳ.①TP212②TP316.8

中国版本图书馆 CIP 数据核字(2017)第 208266 号

责任编辑:闫红梅 薛 阳
封面设计:刘 健
责任校对:李建庄
责任印制:曹婉颖

出版发行:清华大学出版社
    网   址:http://www.tup.com.cn,http://www.wqbook.com
    地   址:北京清华大学学研大厦 A 座   邮   编:100084
    社 总 机:010-83470000   邮   购:010-62786544
    投稿与读者服务:010-62776969,c-service@tup.tsinghua.edu.cn
    质量反馈:010-62772015,zhiliang@tup.tsinghua.edu.cn
    课件下载:http://www.tup.com.cn,010-83470236
印 装 者:三河市龙大印装有限公司
经 销:全国新华书店
开 本:185mm×260mm 印 张:19   字 数:467 千字
版 次:2017 年 12 月第 1 版   印 次:2023 年 8 月第 6 次印刷
印 数:2601~2800
定 价:49.00 元

产品编号:059159-01

前　言

　　物联网是继计算机、因特网之后信息技术的第三次革命浪潮，是一个新兴产业，而物联网工程专业则是教育部为该产业发展特别设立的新专业。无线传感网作为物联网工程专业的一门核心课程，在培养学生专业技能和课程体系建设中起着重要作用，我们总结出近年来课程建设和教学过程中的体会、经验，以开发＋平台的视角完成教材内容的编写工作。本书的目的是系统介绍无线传感网的基本概念、发展历程、基本原理和核心技术，以及学术界和工业界流行的 TinyOS 开发平台，给学生较为整体的课程知识，以实践为导向激发其专业学习兴趣。

　　"形而上者谓之道，形而下者谓之器"。本书在阐述无线传感网理论知识的同时，融入实践的视角组织文字，力求深入浅出。另一方面，在具体介绍无线传感网实践开发时，又力争抽象出工作原理，以原理指导应用开发。因此，本教材"道器"有效融合，既有工作原理的深入分析，也有应用开发的设计实践，点面结合；通过核心技术＋开发实践将相关章节有效联系起来，系统性较强。在上述写作方针的指导下，全书共分 10 章，其章节内容组织如图 1 所示。

　　第 1 章为概述，介绍无线传感网的发展概况、场景应用和发展趋势，并简要阐述无线传感网节点硬件、微操作系统平台、节点开发语言。

　　第 2 章为无线传感网的组织结构，介绍无线传感网整体结构、协议栈、核心技术、物理层基本概念，并通过具体应用实例，描述无线传感网应用的程序框架，抛出学习问题。

　　第 3 章为无线传感网 MAC 协议，主要包括无线广播信道、基于竞争的介质访问控制协议和混合介质访问协议，详细阐述 IEEE 802.15.4 标准，简要介绍其他类型的无线传感网MAC 协议。

　　第 4 章为无线传感网路由协议，主要包括无线传感网路由协议的特点、路由协议设计的核心问题，详细阐述无线传感网分层路由协议、平面路由协议的设计，重点分析工业标准ZigBee 网络路由协议。

　　第 5 章为无线传感网同步技术，包括无线传感网时间同步的必要性、同步技术分类、时间同步模型，详细阐述无线传感网经典的时间同步机制。

　　第 6 章为无线传感网数据感知与融合技术，主要包括典型传感器网络节点硬件、数据采集板和网关节点，模拟量采集转换的工作原理和组织结构，并以一个实例介绍无线传感网数据感知、采集的系统组成和程序实现。

　　第 7 章为无线传感网其他核心技术，包括节点的能量管理机制、拓扑控制技术、节点定位技术、网络安全控制。

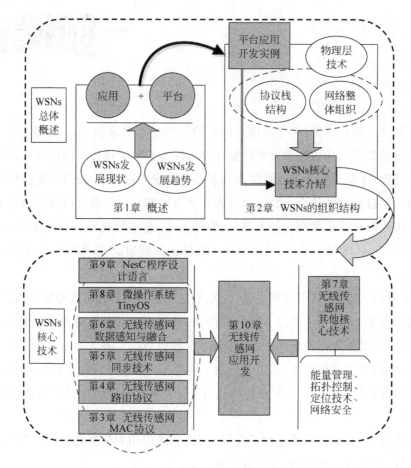

图 1　本书章节内容框架结构

第 8 章为微操作系统 TinyOS,主要包括 TinyOS 的体系结构、内核调度机制,重点探讨任务、事件和任务调度模型;深入分析 TinyOS 及其应用程序的启动过程、TinyOS 的网络协议栈结构和实现、TinyOS 的资源管理。

第 9 章为 NesC 程序设计语言,包括 NesC 语言的特点、组成,重点讨论接口、组件、配置和模块等概念;深入分析 NesC 程序的运行模型、NesC 语言的程序设计。

第 10 章为无线传感网应用开发,以两个实例详细介绍无线传感网的应用开发,包括基于节点 RSSI 的位置识别、基于树状路由的无线传感网多跳数据传输。

课时安排上,考虑到各个学校有各自的侧重点,不同物联网专业办学依托的学科不一样,因此办学特色也不尽相同,这些特色将决定该门课程内容讲授范围不尽相同,建议大致课时为 45~75。对于同一本教材,由于教学定位不同、教学对象不同,教学内容也会有所不同,针对不同院校,为便于使用,我们建议的教学内容如表 1 所示,这些内容可根据实际情况做一定调整。

表1　教学内容建议

章节内容 ＼ 教学对象		普通高校物联网工程本科专业	普通高校其他信息技术类本科专业	职业技术类
第1章　概述		▲	▲	▲
第2章　无线传感网的组织结构	2.1~2.2	▲	▲	
	2.3	▲	▲	
	2.4~2.5	▲	▲	▲
第3章　无线传感网MAC协议	3.1~3.2	▲	▲	▲
	3.3	▲	▲	
	3.4	▲	▲	▲
	3.5	▲	▲	
第4章　无线传感网路由协议	4.1~4.2	▲	▲	
	4.3~4.4	▲○	○	
	4.5	▲	▲	▲
	4.6	▲	▲	
第5章　无线传感网同步技术	5.1	▲	▲	▲
	5.2	▲		
	5.3	▲○	▲○	▲○
	5.4	▲		
第6章　无线传感网数据感知与融合技术	6.1	▲○	▲○	▲
	6.2	▲	▲	▲
	6.3	▲	○	
	6.4	▲	▲	▲
第7章　无线传感网其他核心技术	7.1~7.2	○		
	7.3	▲	○	○
	7.4	○		
第8章　微操作系统TinyOS	8.1~8.4	▲	▲	▲
	8.5	○		
第9章　NesC程序设计语言		▲	▲	▲
第10章　无线传感网应用开发	10.1	▲○	▲○	▲
	10.2	○		

注：▲表示必讲，○表示内部可选。

　　本书由无线传感网课程组的老师合作编写。熊书明负责制订了全书的大纲、内容安排和写作风格，负责编写了第2~4章和第8章；第1章由熊书明、辛燕与赵俊杰合写完成；辛燕负责完成第5章和第6章的编写工作；赵俊杰负责完成第7章和第9章的编写工作；包松负责完成第10章的编写工作。熊书明负责完成了全书的统稿、组织和审校工作；研究生郝伟强完成了本书大量插图的绘制工作，胡永娣、王谦、苏远、王文骏参与了书稿的材料收集工作，感谢他们为本书付出的辛勤劳动。在此衷心感谢王良民教授，本教材的撰写来自他对我们国家专业综合改革试点的物联网专业建设安排，最初是他把我带进了传感网研究与物联网教学，这本教材的章节安排以及内容设计多数来自和他商谈讨论中获得的启发，也是他的鼓励和鞭策让我最终负责完成了这本教材的编写。作者所在课题组从2007年开始研究无线传感网及物联网，先后承担了与此有关的国家自然科学基金、国家统计局重点项目等多项课题,在无线传感网、物联网研究与应用方面积累了较深厚的理论和技术基础,编写过程得到江苏大学重点教材建设项目的支持,在此表示感谢! 本教材的相关实验例程来自兼容TinyOS 2.x的韩伯开发套件,并根据需要做了适当调整,同时,教材编写的一些灵感来自无锡泛太公司实验设备使用过程中的经验积累,也参考了众多优秀教材的编写,在此一并衷心感谢。

　　由于作者水平有限,书中难免存在错误和不妥之处,敬请广大读者批评指正,在汲取大家建议和意见的基础上,我们会不断修正、完善本书内容,联系电子邮箱地址:37939881@qq.com。专业建设任重道远,希望本书的出版能为物联网工程专业等的发展尽一份绵薄之力。

熊书明

2017 年 10 月

于玉带河畔

目 录

第1章

概述

本章介绍无线传感网的发展概况、场景应用和发展趋势,并简要描述无线传感网的开发平台,包括节点硬件、传感网微操作系统和节点开发语言等。

1.1 无线传感网发展概况

无线传感网(Wireless Sensor Networks,WSNs)简称无线传感网,其综合了传感器技术、嵌入式计算、短距离无线网络通信、分布式信息处理以及微机电技术等,能够协作实时监测、感知和采集监测对象信息,通过节点嵌入式系统对信息进行处理,以及通过自组织网络多跳中继方式将信息传送到终端用户,从而实现"无处不在的计算"理念。

1.1.1 无线传感网简介

无线传感网是一种新型短距离无线通信网络,对其最早的研究来源于美国军方项目,作为新一代通信网络,具有广泛的应用前景,各国都非常重视无线传感网的发展和应用。无线传感网是继 Internet 之后,将对 21 世纪的人类生活方式产生重大影响的 IT 技术之一,美国的《商业周刊》杂志将无线传感网列为 21 世纪高新技术领域的 4 大支柱型产业之一。同时,MIT 的《技术评论》2003 年在论述未来新兴十大技术时,更是将无线传感网列为第一。此外,美国《今日防务》杂志认为无线传感网的应用和发展将引起一场划时代的军事技术革命和未来战争变革。因此,如果说 Internet 构成了逻辑上的信息世界,改变了人与人之间的沟通方式,那么,无线传感网就是将逻辑的信息世界与客观的物理世界紧密融合在一起,改变了人与自然界的交互方式。从而,未来人们将通过普遍的传感器网络直接感知物理世界,极大地扩展网络功能和人类对世界的认知能力。

2009 年,美国 IBM 公司提出的"智慧地球"计划正是构建在无线传感网之上;同年,温家宝对无锡"感知中国"项目做出重要指示,将以传感网为基础的物联网作为我国战略性产业重点支持。因此,可以预计,无线传感网的广泛应用将是一种必然趋势,它的出现和广泛应用将给人类社会带来极大变革。随着传感器技术、无线通信技术与嵌入式计算技术等的不断进步,低功耗、多功能、智能化的传感器将得到快速发展,这些传感器在微小体积内能够集成信息采集、数据处理和无线通信等多种功能,由其构成的无线传感网将普遍存在。无线传感网节点之间通过无线通信方式,形成一个多跳自组织网络系统,其目的是协作感知、自动采集和智能处理网络覆盖区域内被感知对象的信息,并发送给后端用户。无线传感网所属传感器节点类型众多,可用来探测包括地震、电磁、温度、湿度、噪声、光强度、压力、土壤成分、物体大小、移动速度和方向等环境信息。这些传感器节点以随机投放方式部署在监控区域内,通过无线信道相连,自组织构成一个多跳无线网络。用户使用无线传感网来检测监控环境,自动收集感知数据,然后通过无线收发模块,采用多跳转发方式将数据发送给远程汇聚节点(即 Sink 节点),再通过汇聚节点连接 Internet 将数据传送到远程后端用户,从而达到对目标区域的远程监控。该监控方式通过各类集成化的微型传感器智能协作,实时监测、自动感知、可靠传输各种感兴趣的监测信息,最终实现物理世界、信息空间和人类社会的高效融合。

1.1.2　无线传感网发展的几个阶段

无线传感网是集信息采集、传输、处理于一体的综合智能网络信息系统,具有广阔的应用前景,通常由成千上万的微型传感器节点构成一种具有动态拓扑结构的自组织网络。随着网络通信和传感器相关技术的不断发展,无线传感网的发展也经历了三个阶段。

1. 传感器网络发展的第一阶段

无线传感网的研究和使用最早可追溯到冷战时期,美国在其战略区域内布置了声学监视系统,用于监测和跟踪静默下的苏联潜艇,SOSUS(SOund SUrveillance System)就是这样一种声学传感器水下测声仪系统,安装在海底。之后,美国军方又开发了其他较复杂的声学监测网络,用于海底潜艇监视,随后又进一步建立了雷达防空网络用于保护美国大陆和加拿大。1978 年,为使传感器网络能在军事和民用领域被广泛应用,美国国防高级研究计划局(DARPA)发起了分布式传感器网络研讨会。随着无线传感网在军用监视系统的研究应用,人们开始逐步对传感器网络在普适环境下的应用展开研究。1980 年,DARPA 又提出了"分布式传感器网络计划(DSN)",确定了 DSN 项目的技术组成,包括声学传感器、通信协议、信号处理技术和算法、分布式软件等,人们把这个阶段归结为第一代传感器网络发展阶段。

2. 传感器网络发展的第二阶段

20 世纪 80 年代至 20 世纪 90 年代,美国海军研制了协同交战能力系统(Cooperative Engagement Capability,CEC)、用于反潜的确定性分布系统(Fixed Distributed System,FDS)、高级部署系统(Advanced Deployment System,ADS),以及远程战场传感器网络系统(Remote Battlefield Sensor System,REMBASS)等无人看管的传感器网络系统。这个阶段,传感器网络具备获取多种信号信息的综合能力,采用丰富的接口与传感控制器相连,构成了具有信息综合和处理能力的传感器网络。1994 年,加州大学洛杉矶分校的 William J. Kaiser 向 DARPA 提交建议书 *Low Power Wireless Integrated Microsensors*,这是一个里程碑事件,大大促进了无线传感网的进一步发展。1998 年,Gregory J. Pottie 阐释了无线传感网的科学意义,同时,DARPA 投巨资启动了 SensorIT 项目,目标是实现"超视距"的战场监测,该计划的发起使得人们对无线传感网系统的兴趣持续增长。SensorIT 主要研究用于大型分布式军用传感器系统的无线 Ad Hoc 网络,在此计划中由 25 个机构资助了总计 29 个研究项目。这些项目的根本目的是研究无线传感网的理论和实现方法,并在此基础上研制如何具体使用,这些研究为后来无线传感网的发展打下了重要基础,具有重大意义。

1999 年 9 月,商业周刊将无线传感网列为 21 世纪最重要的 21 项技术之一。此外,美国橡树岭国家实验室(Oak Ridge National Laboratory,ORNL)提出了"网络就是传感器"的论断。

在美国自然科学基金委员会的推动下,美国加州大学伯克利分校、麻省理工学院、康奈尔大学、加州大学洛杉矶分校等开始了无线传感网的基础理论和关键技术研究,英国、日本、意大利等国家的一些大学和研究机构也纷纷开展该领域的研究工作,我国中国科学院、清华大学、上海交通大学等也较早开展了这方面研究。这些国内外机构针对不同方向,开展了不同的研究,先后提出了拓扑控制协议、功率控制机制、数据融合方法、路由协议、介质访问协议、传感网安全机制等一系列成果,极大地推动了无线传感网的发展。

3. 传感器网络发展的第三阶段

进入 21 世纪后,传感器网络在得到各国政府和研究机构的普遍重视后,发展更为迅猛。2004 年,国际 *IEEE Spectrum* 杂志发表一期专辑文章,名为传感器的国度,集中论述了WSNs 的发展和可能的广泛应用。2006 年,我国发布了《国家中长期科学与技术发展规划纲要》,为信息技术确定了三个前沿方向,其中有两个与 WSNs 的研究直接相关,即智能感知技术和自组织网络技术。随着无线传感网的迅速发展,普适计算的技术理念在无线传感网平台上也得到了很好的实践和延伸,未来的泛在传感器网络(Ubiquious Sensor Networks,USNs)必将为普适计算提供良好支撑。作为实现普适计算的一个重要途径,泛在传感网能够很好地实现环境信息感知、多通道交互;同时,通过现有的网络基础,比如小型局域网、Internet、3G/4G/5G 等,以实现服务数据的远程传输,最后,终端用户利用普适设备随时随地获取服务信息。借助于大量分布在我们四周的无线传感网,可以实时检测周围物理环境变化,将物理现象信息化,从而把逻辑上的信息世界与真实的物理世界融合在一起,将深刻影响和改变人类与自然的交互方式。

1.1.3 无线传感网的主要特点

相比较于传统无线自组网(Ad Hoc Networks),无线传感网与之具有相似之处,但是,更存在明显不同和特殊的应用目标。无线自组网主要以传输数据为目标,关注不依赖于任何基础设施的移动自组织行为,为用户提供高质量的数据传输服务;而无线传感网以数据为中心,将能量的高效性作为首要设计目标,专注于从监测环境获取有效信息。无线传感网具有如下主要特点。

1. 网络规模大

为了使获取的信息尽可能完整、精确,同时,克服节点资源受限带来的脆弱性,通常在监测区域内高密度部署大量传感器节点,节点数量巨大,可能达到成千上万。传感器网络规模大包含两方面含义,一方面是传感器节点分布在很广的地理区域内;另一方面,传感器节点部署很密集,单位面积内所拥有的网络节点数量较多。这种大规模部署使得无线传感网通过不同空间视角获得更大信噪比的信息,分布式大批量信息采集与处理能够提高检测的精度,降低对单个传感器节点的精度要求。此外,大量冗余节点的存在使得网络系统具有良好的容错性能,减少监测盲区。

2. 拓扑结构易变

无线传感网节点可能会因为环境因素或能量耗尽而出现故障,导致节点死亡失效、退出网络运行,从而改变感知网络结构。为了弥补失效节点,需要适时补充新节点进入网络。此外,部分节点的移动性和无线通信链路质量的改变,也会使网络结构易于变化。因此,要求传感器网络能够适应拓扑结构的变化,具有动态的网络拓扑组织能力。

3. 自组织性

在典型无线传感网中,所有节点地位平等,没有预设的网络中心,各节点通过分布式算法相互协调,在没有人工干预和任何其他预置网络设施的情况下,各节点自组织构成网络。由于无线传感网没有严格的中心控制节点,网络通常不存在单点失效问题,使得无线传感网具有良好的抗毁性和鲁棒性。在具体应用无线传感网时,通常情况下传感器节点被放置在没有基础设施的地方,且多数传感器节点的位置无法预先精确获得,节点之间的相互邻近关系也难以预先掌握。因此,要求传感器节点具有自组织能力,能够自动进行配置和管理,通过拓扑控制机制和网络协议自动形成多跳无线网络。

4. 以数据为中心

无线传感网是一个任务型网络,由于传感器节点随机部署,构成的网络系统与节点编号之间的关系完全动态,表现为节点编号与节点位置没有必然联系。用户使用传感器网络查询感兴趣的事件时,直接将所关心的事件通告给网络,而不是通告给某个确定编号的节点,网络在获得指定事件信息后将其反馈给用户。这种以数据本身作为查询目的的工作机制,更接近于我们用自然语言交流的习惯,因此,传感器网络是一个以数据为中心的网络。

5. 节点资源受限

传感器节点主要依靠电池供电,其携带的电池容量相当有限,因此,节点的主要目标之一是如何在完成任务的情况下,尽可能延长寿命。作为一种弱化的嵌入式计算设备,且考虑到成本因素,节点上的处理器核心单元通常选用功能较弱的处理芯片,节点的处理速度相对较慢,存储容量偏小。此外,节点的通信模块占到节点能耗的很大一部分,同样是为了降低能耗,节点的通信能力往往也受到一定限制,考虑到通常节点通信能耗与通信距离的三次方成正比关系,因此,其通信距离一般限制在较小范围内。

6. 应用相关性

客观世界的物理量异常丰富、种类繁多,不同的传感器网络应用关心不同的物理量,因此,对该网络应用系统也有不同需求。在不同的应用场景下,系统对传感器的要求往往不相同,其节点硬件平台、软件系统和网络协议实现也必然存在很大差异。因此,传感器网络不会像 Internet 一样有统一的通信协议标准,对于不同的传感器网络应用,虽然存在一些共性问题,但在开发传感器网络应用时,需要更加关注传感器网络应用的差异性。

1.2 无线传感网的应用

无线传感网由具有感知、计算和通信能力的传感器节点以无线通信方式构成一种多跳、自组织网络，通过大量节点间的分工协作，实现实时监测、感知以及采集监控区域内各种环境或监测对象的数据，并将获得的感知数据发送给所需用户。无线传感网的应用前景非常广阔，在军事、环境、医疗、家居和其他商业、工业领域均有广泛应用；另外，在空间探索和反恐、救灾等特殊领域也具有明显的技术优势。随着无线传感网的深入研究，无线传感网将逐渐深入到人们生活的许多领域。

1. 军事应用

无线传感网的相关研究最早起源于军事领域，其具有可快速部署、自组织、隐蔽性强和容错性高的特点，易于实现对敌军地形和兵力布放及装备监控、战场实时监视、目标定位、战场评估等功能。

通过飞机或其他手段在敌方阵地大量部署各种传感器，对潜在的地面目标进行探测与识别，可以使己方以远程、精确、低代价、隐蔽的方式近距离观察敌方布防，迅速、全方位地收集利于作战的信息，并根据战况快速调整和部署新的无线传感网，从而及时发现敌方企图和对我方的威胁程度。传感器网络节点随机布设，且数量大，即使一部分传感器节点被敌方破坏，剩下的节点依然能够自组织地形成网络。传感器网络可以通过对目标的可见光、无线电通信、人员部署等信息进行收集、传输，并经过后台管理节点进行相关指标分析，一方面使得作战指挥员能够及时准确地进行战场目标毁伤效果评估，为实施正确的决策提供科学依据；另一方面，也可以最大限度地依据对方兵力部署优化打击火力的配置，大大提高作战资源利用率。在核生化战争中，对爆炸中心附近及时、准确的数据采集工作非常重要且危险，能否在最短时间内监测到爆炸中心的相关参数、判断爆炸类型，并对产生的破坏情况进行估算，这些都是快速采取应对措施的关键，因此，常常需要专业人员携带特殊装备进入危险区进行探测。但是，通过无人机、火箭弹等方式向爆炸中心附近布设传感器网络节点，依靠节点的自组织工作，WSN系统自动进行数据采集，则可以快速获取爆炸现场精确的探测数据，从而避免核反应环境下探测数据受到核辐射的威胁。

目前，传感器网络已经成为军事 C4ISRT 系统不可或缺的重要组成部分，受到军事发达国家的普遍重视，各国均投入大量人力和财力进行研究和应用。美国 BAE 系统公司应美国军方之邀，为提高美军的电子战能力而研发了"狼群"地面无线传感网系统，是一个典型的无线传感器电子信号检测网络，具有多功能电子战能力，不仅可以监听敌方雷达和通信、分析敌方的网络信号，还可以干扰敌方电子设备、渗透计算机。美国科学应用国际公司采用无线传感网构建了一个电子周边防御系统，为美国军方提供军事防御和情报信息。在此系统中，采用多枚微型磁力计传感器节点探测是否有人携带枪支，以及是否有车辆驶来；同时，利用声音传感器，该系统还可以检测车辆或移动人群的存在。

2. 环境应用

随着人们对环境的日益关注，无线传感网由于部署简单、布置密集、低成本、无须现场维护等优点,在环境研究、监测等方面得到广泛应用,已经应用于自然和人为灾害监测、气象和地理研究、农作物灌溉情况监视,以及土壤空气情况、牲畜及家禽生长环境和大面积地表等的监测;此外,还可利用无线传感网跟踪珍稀鸟类、昆虫等,进行濒危种群的监测研究。

在美国的 ALERT 计划中,研究人员通过多种传感器来分别监测降雨量、河水水位和土壤水分,并通过预定义的方式向数据中心提供信息,从而据此预测爆发山洪的可能性。类似地,传感器网络可实现对森林环境监测和火灾报告,传感器节点随机密布于森林中。平常状态下,节点定期报告森林环境数据,当发生火灾时,这些传感器节点通过协同合作方式,在很短时间内将火源的具体地点、火势大小等信息传送给火警监测部门,从而可以及时开展火灾扑救工作。我国在环境监测的无线传感网研究应用方面,也已经处于国际领先水平,清华大学和浙江农林大学的研究人员开发出"绿野千传"森林碳汇监测应用,系统于 2009 年成功部署,含有 1000 个以上节点且可持续工作一年以上,是国际上规模最大、运行时间最长的无线传感网应用系统之一,可监测温度、湿度、光照和二氧化碳浓度等多种数据,采集的信息为森林观测和研究、火灾风险评估、野外救援等多种应用提供数据支持。

美国加州大学伯克利分校 Intel 实验室和大西洋学院联合在大鸭岛上部署了用来监测岛上海鸟生活习性的无线传感网,他们使用了包括光、湿度、气压计、红外传感器、摄像头在内的十余种传感器,通过自组织无线组网,将监测数据传输到 100m 外的基站,再由此经卫星网络传输到加州的服务器进一步分析研究。澳洲的科学家借助传感器网络来探测蟾蜍的生活情况,利用蟾蜍的声音作为检测特征来检测北澳大利亚的蟾蜍分布,采集到的信号在节点上就地处理,然后将处理结果发回到控制中心。此外,有研究人员把传感器节点随机部署在葡萄园,检测葡萄园气候的细微变化,目的是监测葡萄园气候细微变化如何影响葡萄的质量,从而影响到葡萄酒的质量。通过长年的数据记录以及相关分析,可以精确掌握葡萄酒的质地与葡萄生长过程中的日照、温度、湿度的确切关系。

3. 智能家居

无线传感网能够应用在日常家居中,提升生活品质。在家电和家具中嵌入传感器节点,通过无线网络与 Internet 连接,可以为人们提供更加舒适、安全、方便和人性化的智能家居环境。用户可以利用远程监控系统完成对家电的远程遥控,例如,在下班前遥控家里的照明系统、音频设备、空调系统、安防系统、网络家电等,按照自己的意愿提前完成照明、煮饭、查收电话留言、选择电视节目等工作,也可以通过图像传感设备随时远程监控家庭安保情况。

家庭网络是整个智能家居系统的基础,要实现家居的智能化,需要能够实时监控住宅内部的各种信息,例如,水、电、气的供给系统等,从而采取相应的控制措施,因此,智能家居系统必须能够运用一定的传感器节点采集相关信息,如温度、湿度、燃气泄漏、小偷入室等。图 1-1 给出了智能家居的网络逻辑组织结构,智能家居内部网络通过家庭网关借助接入网连入 Internet,从而可实现远程监控。

在家居环境控制方面,将传感器节点放在不同的房间,可以对各个房间的环境温湿度进行局部监测。另外,利用体域网 BAN(一种特殊的无线传感网)还可以监测孩子的教育环境,跟踪儿童的活动范围,可以让父母和老师全面掌握学生的日常学习、生活过程。

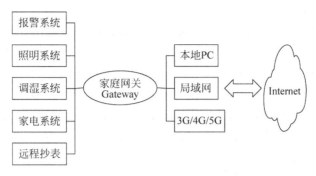

图 1-1 智能家居的网络逻辑组织结构

4. 医疗应用

无线传感网自组织、微型化以及良好的感知能力等特点,决定了其在智能医疗研究和健康护理等方面可以发挥出色作用,因此,在医疗领域具有广阔应用前景。无线传感网在医疗方面的应用包括监测人体各种生理指标、跟踪和监控医院内医生和患者的行动,以及医院的药物管理等。

如果在住院病人身上安装特殊用途的传感器节点,如心率和血压检测设备,利用无线传感网,医生就可以远程随时了解监护病人的病情,发现异常能够迅速给以施救。此外,还可以利用无线传感网络长时间收集人体生理数据,这些数据在研制新药过程中具有非常大的参考作用;将传感器节点按药品种类分别放置,计算机系统可帮助辨认所开药品,从而减少病人用错药的可能性。

美国罗切斯特大学的研究人员利用无线传感器节点创建了一个"智能医疗之家",即一个拥有 5 个房间的公寓住宅,使用无线传感器节点测量居住者的重要生命特征(血压、脉搏和呼吸)、睡觉姿势以及每天 24 小时的活动状况。英特尔公司也推出了基于无线传感网的家庭护理技术,其作为探讨应对老龄化社会技术项目 CAST 的一个环节来开发,研制的系统通过在鞋、家具以及家用电器等家具设备中嵌入半导体传感器,帮助老龄人士、阿尔茨海默氏病患者、残障人士的家庭生活,利用无线通信将各传感器节点联网,可高效传输必要的信息,从而方便人员的护理。

5. 工业应用

自组织、小微化和强大的感知能力使得无线传感网在工业领域具有广阔的应用前景,包括车辆跟踪、机械故障诊断、建筑物状态监测等。

将无线传感网和 RFID(射频识别)两种技术相融合是实现智能交通系统的良好途径,通过传感器节点探测可以得到实时交通信息,如车辆数量、道路拥塞等;通过车载主动式RFID 可以得到每辆车的精确信息,如车辆编号、证号、车型以及车主的相关信息等;而将两种信息融合,可以全面掌握交通信息,并可根据需要查询、追踪车辆。

在一些危险的工况环境,如煤矿、石油转井、核电厂等,利用无线传感网可以探测工作现场有哪些员工、他们在做什么以及他们的安全保障等重要信息。在机械故障诊断方面,Intel公司曾在芯片制造设备上安装过两百余个传感器节点,用以监控设备的振动情况,并在测量结果超出规定时提供监测报告,效果非常显著。另外,美国最大的工程公司贝克特尔集团公司也已在伦敦地铁系统中采用无线传感网,监测地铁运营状况。

在建筑物状态监测方面,可采用传感器网络来监控建筑物的安全状态。随着时间的推移,建筑物需要不定期修补,可能会存在一些安全隐患,虽然偶尔的小震动不会带来明显的结构损坏,但是可能在支柱上产生潜在的裂缝,使得建筑物在下一次地震中倒塌。用传统方法检查,往往需要将大楼关闭数月,而作为 CITRIS 项目的一部分,美国加州大学伯克利分校的环境工程和计算机科学研究人员采用传感器网络,让大楼、桥梁和其他建筑物能够自身感觉并意识到自身条件状况,使得该类智能建筑能自动告诉管理部门它们的状态信息,并且能够自动按照优先级进行一系列自我修复工作。

6. 其他应用

传感器网络可以应用于空间探索,借助于航天器在外星体上撒播一些传感器节点,对星球表面进行长时间监测,这种方式是目前最为经济可行的探测方案。美国国家航空航天局(NASA)JPL 实验室从事的 Sensor Webs 计划就是为将来火星探测进行技术准备,研制的系统已经在佛罗里达宇航中心周围的环境监测项目中进行测试和完善。美国军方成功测试了由无线传感网组建的枪声定位系统,它是将节点安置在建筑物周围,按照一定的规则组建成网络进行突发事件(如枪声、爆炸源等)的检测,经鉴定其精度可达 1m,反应时间不超过 3s,为救护、反恐等提供了有力的辅助手段。

德国某研究机构正在利用无线传感网技术为足球裁判研制一套辅助系统,以降低足球比赛中越位和进球的误判率。在商务方面,传感器网络可用于物流和供应链管理,在仓库的每项存货中布设传感器节点,管理员可以方便地查询到存货的位置和数量。无线传感网在一些大型工程项目、防范大型灾害方面也有着良好应用。

1.3　无线传感网开发平台简介

1.3.1　节点硬件

无线传感器节点是一个微型嵌入式系统,具有一定的数据处理能力和存储能力,还具备无线通信能力,通常由能量有限的电池供电。无线传感器节点的硬件一般由传感器模块、处理器模块、无线通信模块、存储模块和能量供应模块等几部分组成,节点的基本组织结构如图 1-2 所示。

传感器模块负责整个监测区域内信息的采集和数据转换,它由传感器和模/数转换器组成。根据传感器感受信息性质的不同,传感器可分为物理量传感器、化学量传感器和生物量传感器等。物理量传感器能感受声、光、热、磁和图像等信息,化学量传感器通常对某种气体敏感,而利用生物量传感器可对微生物进行快速检测,这对于军事、医疗、食品卫生等方面意义重大。此外,根据传感器提供信号的不同,可分为模拟量传感器和数字量传感器。微控制器模块负责控制和协调节点各部分的工作,存储和处理自身采集的数据以及其他节点发送的数据,它的核心是嵌入式处理芯片,包括处理器、存储器等。许多传感器节点的微控制器模块都使用 Atmel 公司 AVR 系列的 ATMega128L 处理器,以及 TI 公司生产的 MSP430

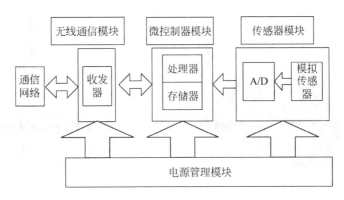

图 1-2 典型无线传感器节点系统框架

系列和 CC2530 系列处理芯片。无线通信模块负责与其他传感器节点进行无线通信,交换控制消息和收发采集的数据。许多传感器节点都使用 ChipCon 公司(已被 TI 公司收购)的 CC2420 射频芯片,作为第一款符合 IEEE 802.15.4 标准的射频芯片,CC2420 内部集成了完整的 MAC 层协议,并且通过使用 ZigBee 联盟推出的网络协议栈也使得基于 CC2420 的射频通信开发过程相对容易。能量供应模块为传感器节点提供运行所需能量,通常采用微型电池、太阳能等供电。此外,传感器节点还可能包括其他辅助单元,如定位系统、移动系统、数模转换器件等。由于需要进行比较复杂的任务调度和管理,处理器模块还需要包含一个功能较为完善的微型化嵌入式操作系统,目前,业内比较流行的系统包括美国 UC Berkeley 大学开发的 TinyOS、欧洲的 Contiki 微操作系统等。

在无线传感网业界已有多种影响较大的传感器节点设计,如 Berkeley 大学的 Mica 系列、Intel 公司的 iMote 系列、宁波中科的 Gains 系列等,它们在实现原理上相似,但是在微处理器、通信方式、工作协议等方面有所不同。MicaZ 节点工作在 2.4 GHz、运行 IEEE 802.15.4 协议,由美国 Crossbow 公司生产,实物如图 1-3(a)所示,适用于低功耗、低速率的无线传感网,MicaZ 节点从整体上提升了 Mica 系列无线传感网产品的性能。MicaZ 节点采用 Atmel 公司的 ATMega128L 微处理器,该处理器是 8 位 CPU 内核,工作频率是 7.37MHz,内部存储具有 128KB 的 Flash ROM,可用于存放程序代码和一些常数。此外,具有 4KB 的静态存储 SRAM,用于暂存一些程序变量和处理结果。MicaZ 节点上的射频通信模块采用 CC2420 芯片,支持 IEEE 802.15.4 标准,数据传输速率达到 250kb/s,具有硬件加密功能。

GAINSJ 节点采用 Jennic 公司的 SoC 芯片 JN5139,此芯片集成了 MCU 和 RF 模块。GAINSJ 节点由宁波中科设计生产,实物如图 1-3(b)所示,节点板上具有温/湿度传感器,与 PC 采用 RS-232 通信接口相连,而且提供了 JN5139 的 I/O 扩展端口,用户可以根据不同的应用需求进行设计开发。每个 GAINSJ 节点都拥有 ZigBee 授权,用户可以无限制使用而不必再为此支付任何费用。与 GAINSJ 配套的开发套件提供了完整且兼容 IEEE 802.15.4 标准和 ZigBee 规范的协议栈,可以实现多种网络拓扑,包括 Star、Cluster-Tree、Mesh 型网络。在此基础上,用户可以根据协议栈提供的 API 设计自己的应用,组成更复杂的网络。套件还提供了基于 C 语言的开发环境、调试器、Flash 编程器和网络分析工具等,使得用户可以将该套件广泛应用于工业、科研和教学等领域。

(a) MicaZ节点   (b) GAINSJ节点

图 1-3 两个通用传感器节点平台

Imote2 是一款先进的无线传感器节点平台,集成了 Intel 公司低功耗的 PXA271 XScale CPU 和兼容 IEEE 802.15.4 的 CC2420 射频芯片。Intel PXA271 处理器可工作于低电压(0.85V)、低频率(13MHz)的模式,可进行低功耗操作,该处理器能够支持几种不同的低功耗模式,如睡眠和深度睡眠模式。Imote2 节点使用动态电压调节技术,且工作频率范围可从 13MHz 达到 416MHz,该节点已应用于数字图像处理、状态维修、工业监控和分析、地震及振动监控等领域。

针对传感器节点的实际应用,为了最大限度节约能量,在硬件设计方面,要尽量采用低功耗器件,而在没有通信任务的时候,需要关闭射频通信的供电模块。

1.3.2 无线传感网微操作系统

操作系统(OS)作为无线传感网应用的重要支撑,吸引了众多优秀科研团队的关注。许多国内外知名大学和研究机构纷纷开发自己的无线传感网操作系统,具有代表性的包括加州大学伯克利分校的 TinyOS、加州大学洛杉矶分校的 SOS、科罗拉多大学的 MOS、欧洲 EYES 项目组开发的 PEEROS、瑞士计算机科学院开发的 Contiki 和浙江大学开发的 SenSpire 等。根据实现机制,可以把现有无线传感网操作系统分为两类,即通用多任务操作系统(General-purpose Multi-tasking OS)和事件驱动的操作系统(Event-driven OS),其中,事件驱动的 OS 支持数据流高效并发,并且可很好地满足系统的低功耗要求,在功耗、运行开销等方面具有优势,因此,在无线传感网领域应用广泛,典型代表包括 TinyOS、Contiki 和 SOS 等。

1. TinyOS 操作系统

TinyOS 操作系统由加州大学伯利克分校(UC Berkeley)开发,由 David Culler 领导的研究小组为无线传感网量身定制,初始是作为美国国防部高级科研计划局的一个项目,此后,其以开源操作系统的方式向学术界和商业界公布,供全世界用户使用,主要应用于无线传感网方面。TinyOS 的源代码对外公开,目前已不再由 UCB 的开发小组单独开发和升级,而是作为全球影响很大的开源软件开发平台,由众多研究小组共同开发和维护。为了方便讨论和吸收各方面意见,又成立了 TinyOS 联盟,共同讨论和制定 TinyOS 的发展规划。1999 年,第一个 TinyOS 硬件平台 WeC 和 TinyOS 代码在伯克利分校实施。随后,

Crossbow 公司、英特尔研究院等机构也加入到 TinyOS 的研发项目中,2007 年 4 月,在英国剑桥发布 TinyOS 2.0.1,从此 TinyOS 进入 2. x 时代。

无线传感网微操作系统 TinyOS 采用基于组件(Component-Based)的架构,使得用户能够快速实现各种传感器网络应用。TinyOS 本身提供了一系列系统组件,这些组件包括定时器组件、信号感知组件、无线协议栈组件和存储管理组件等,程序员可以利用它们简单、快速地编制程序,来获取和处理传感器节点的数据,并通过无线射频信号传输给网内其他节点。TinyOS 的应用程序核心代码小,一般来说,核心代码和数据在 400 B 左右,能够突破传感器节点存储资源少的限制,这能够让 TinyOS 有效运行在无线传感网节点上并执行相应的管理工作。

2. SOS 操作系统

SOS 由加州大学洛杉矶分校的网络和嵌入式实验室(NESL)为无线传感网开发,SOS 系统与 TinyOS 系统一样,也是事件驱动,以 C 语言编写,用标准 C 编译器交叉编译得到。它采用的是模块化结构方式,系统由可以动态加载的应用模块和系统内核两部分构成,系统内核实现了消息传递机制、动态内存管理、模块的加载与卸载等,而模块与内核间通过系统跳转表进行通信,模块中的函数也可以通过登记函数的入口点,以供其他模块调用。SOS 采用了动态重编程的思想,可以实现在单个节点上动态装卸代码模块,它的内核与模块都使用动态存储,使用基于优先级的不可抢占调度方式。该操作系统最大的特点是能够动态装载软件模块,它可以创建一个支持动态添加、修改和删除功能模块的网络应用系统。

3. Mantis OS

Mantis OS 由美国科罗拉多大学开发,该传感器网络嵌入式操作系统的主要设计目标是易于使用和灵活性,以便程序员通过简单学习就能够快速进行全新的应用开发,而专业人员则可以调整和扩展系统来进行高级研究。Mantis OS 主要突出多线程与动态重编程的特性,支持多线程,它的内核和 API 用标准 C 语言编写,易于用户使用。与其他操作系统不同的是,Mantis 意识到动态重编程的重要性,因此,提供了无线代码发布功能,能够在基站通过无线通信完成节点代码的替换,可以更新单个变量、单个线程甚至整个操作系统。此外,该系统还提供了远程 Shell 供用户登录到传感器节点,实现远程系统查询。

目前,在上述多种传感器操作系统中,TinyOS 微操作系统在无线传感网领域处于主导地位,可以运行在大量硬件平台上,如 Telos 系列、Mica 系列、Mica2Dot 和 Imote 系列等节点。

1.3.3 应用开发语言

无线传感网节点作为一种网络嵌入式系统,其程序开发主要采用两种语言,分别是 C51 语言和 NesC 语言。

1. C51 语言

C51 语言是针对 8051 单片机的应用开发而普遍使用的程序设计语言,能直接对 8051 单片机的硬件进行操作,既有高级语言的特点,又具有汇编语言的特点,因此,在 8051 单片机的程序设计中得到广泛使用。其在标准 C 语言基础上,针对 8051 单片机的硬件特点进行扩展,目前,C51 语言已经成为公认的高效、简洁的 8051 单片机实用高级编程语言。

与 8051 的汇编语言相比,C51 语言程序比汇编语言程序的可读性好、编程效率高,编写的程序易于修改、维护和升级。C51 语言编译系统编译出来的代码效率通常只比汇编语言程序代码低 20% 左右。为某种型号单片机开发的 C51 语言程序,只需要把与硬件相关的头文件和编译链接的参数进行适当修改,就可以方便地移植到其他型号单片机上。此外,用 C51 语言开发的程序模块可不经修改,直接被其他工程应用,使得程序开发人员能够很好地利用已有标准 C51 程序资源和丰富的库函数,从而减少重复劳动,同时也便于程序员进行应用的协同开发。

C51 语言与标准 C 语言之间具有许多相同的地方,但是也具有自身的一些特点。在 C51 语言中增加了几种针对 8051 单片机的数据类型和相应操作,例如,8051 单片机包含位访问空间和丰富的位操作指令,因此,C51 语言与标准 C 语言相比增加了位类型数据和位访问操作,增加了数据访问的灵活性。C51 语言的变量存储模式与标准 C 语言中变量存储模式相比,也有所不同,标准 C 语言最初是为通用计算机而设计,在通用计算机中只有一个程序和数据共存的统一寻址内存空间,而 C51 语言中变量的存储模式与 8051 单片机的存储器区紧密相关,根据数据存储类型的不同,8051 存储区域可以分为内部数据存储区、外部数据存储区和程序存储区。因此,在 C51 的数据存储类型中,内部数据存储区可分为三个不同的数据类型,分别是 data、idata 和 bdata,而外部数据存储区可分为 xdata 和 pdata。程序存储区只能读不能写,C51 语言提供了 code 存储类型来访问程序存储区。值得指出的是,如果程序设计者具备了标准 C 语言的编程基础,只需要注意 C51 语言与标准 C 语言的不同之处,并熟悉 8051 单片机的硬件结构,就能够快速掌握 C51 语言。

2. NesC 语言

微操作系统 TinyOS 最初用汇编语言和 C 语言实现,由于 C 语言不能有效、方便地满足面向传感器网络的应用开发,且其目标代码比较长,因此,TinyOS 项目组经过进一步研究设计出支持组件化的新型编程语言,即 NesC 语言,其最大的特点是将组件化/模块化思想与基于事件驱动的执行模型相结合。现在 TinyOS 操作系统和基于 TinyOS 的应用程序都使用 NesC 语言编写,大大增强了应用开发的便利性和应用程序的可靠性。

NesC 是 C 语言的扩展,充分吸取了 C 语言的诸多优点,又克服了相关弱点,因此,非常适合无线传感网的应用开发。C 语言可以为所有无线传感器节点的 MCU 生成高效代码,提供所有硬件层的抽象软件实现。但是,C 语言在安全性和应用程序结构化方面做得不够好,NesC 语言在设计过程中,通过控制表达能力来提供安全性,通过组件来实现结构化设计。因此,NesC 的编译器在编译源程序过程中,对程序进行整体分析(为安全性考虑)和程序的整体优化,可以保障节点的性能。NesC 语言是一个静态语言,它的组件模型和参数化接口减少了许多动态内存分配需求,在 NesC 程序里不存在动态内存分配,而且在编译期间就可以确定函数调用流程,这些限制使得程序整体分析和优化操作得以精简,同时,操作也更加精确。与 C 语言程序的存储格式不同,用 NesC 语言编写的文件以".nc"作为后缀,每个 nc 文件实现一个组件功能。在 NesC 应用程序开发中,需要定义、使用两种功能不同的组件,分别称为模块和配置,模块主要用于描述组件的接口函数功能实现,而配置主要描述不同组件之间的接口关系,具体内容将在 NesC 程序设计一章中详细阐述。

NesC 应用程序的执行可以采用仿真方式,在 TinyOS 平台上提供了一个可视化的图形仿真器(TinyViz),通过图形化的界面可以观察到 TinyOS 应用程序的功能实现,也便于基于 TinyOS 的应用程序调试。

1.4 无线传感网发展趋势

无线传感网是影响人类未来生活的重要技术之一,将应用到各个领域,如传统的应用领域,包括军事应用、应急场合、设备监控等。此外,还可应用在一些新兴领域,如环境科学、智能家居、精细农业、空间探索等。无线传感网技术将会不断产生新的应用模式,为人们的生活带来深远影响。总体来说,传感器网络的发展主要有以下几个方向。

1. 节点微型化

利用微机电、嵌入式、无线通信等技术,设计体积小、寿命长的传感器节点是一个重要发展方向。伯克利分校研制的智能尘埃传感器节点,把传感器大小降低到一个立方毫米,使这些传感器颗粒能够悬浮在空中,就是这种趋势的体现,而且必将进一步加强。现在已经出现特殊的医用传感器节点,能够进入人体血管、器官组织等进行生理特征参数的监测。

2. 系统的节能策略

无线传感网应用于特殊场合时,电源不可更换,因此功耗问题显得至关重要。当前国内外在传感器节点低功耗问题上已经取得很大进展,提出了一些低功耗无线传感网协议,未来在低功耗方面将会取得更大进展。

3. 低成本

由于网络节点数量巨大,特殊场合会达到成千上万,要使无线传感网能够实用化,必须使得每个节点的价格控制在可接受范围内,而当前售价低于百元的传感器节点不多。如果能够有效降低节点成本,将会大大推动无线传感网的发展。

4. 安全性

与普通网络一样,无线传感网同样也面临安全性考验,即如何利用较少的能量和较少的计算量来完成数据加密、身份认证等。在干扰情况下可靠地完成任务,也是一个重要发展方面。

5. 自动配置

在无线传感网中,通常来说,节点数量巨大、节点会动态加入和退出,如果逐个对节点进行配置,将是一个繁重且易出错的事情,未来会着重于节点如何按照一定规则自动配置、构成一个网络。当某些节点出现错误时,网络能够迅速找到这些节点并重新配置,并且不影响网络的正常使用。

习题

1. 什么是无线传感网？其特点是什么？
2. 典型的无线传感器节点硬件由哪几部分构成？
3. 典型的无线传感网结构包括哪几部分？
4. 简单介绍两三个 WSN 的相关领域应用，并谈谈这些应用的不足之处。
5. 简要描述基于 CC2420 的 WSN 硬件节点开发平台。
6. 什么是 C51 语言？其特点是什么？
7. 什么是 NesC 语言？其特点是什么？
8. 比较 C51 语言和 NesC 语言的异同。
9. 简单介绍当前主要的 WSN 节点操作系统。
10. 谈谈 WSN 的发展趋势。

第2章

无线传感网的组织结构

本章介绍无线传感网结构、网络协议栈以及核心技术的基本概念,并通过一个具体应用实例,描述无线传感网应用的结构组织和程序框架。

2.1 无线传感网组织

2.1.1 无线传感网总体结构

无线传感网整体组织结构包括传感器节点(Sensor Node)、汇聚节点(Sink Node),以及通过 Internet 或卫星网络等连接前端的任务管理节点,其总体结构如图 2-1 所示。图中包含部署 WSNs 的两块监测区域,大量传感器节点随机部署在监测区域内,通过自组织方式构成协同监测的网络感知现场。每个区域中的感知节点将采集的数据通过其他传感器节点转发,逐跳向汇聚节点传输,传输过程中节点感知数据可能被多个中间节点处理。在数据汇集到汇聚节点后,通过 Internet 或者卫星网络等传送到数据处理中心。任务管理节点也会沿着相反方向,向 WSNs 内的感知节点发送相关命令信息,对传感器网络进行协调管理、发布监测任务以及收集监测数据等。

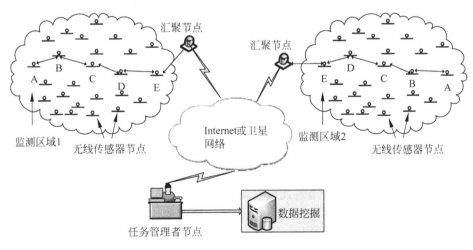

图 2-1　无线传感网总体结构

传感器节点具有数据采集、初步本地信息处理、无线数据传输以及与其他节点协同工作的能力,根据应用需求还可能配有定位、能源补给或移动模块等。大量节点通常会随机部署在监测区域内,通过自组织方式构成网络。在硬件组织上,这些节点都是一个微型嵌入式系统,它们的处理能力、存储能力和通信能力相对较弱,且通过携带有限能量的电池供电,因此,节点的整体性能往往比较受限,从而节点的工作模式、任务目标等不同于通用计算机。在图 2-1 中,节点 A 到节点 E 可分类为协调器节点(可以作为 Sink 节点)、路由节点和终端节点,协调器节点主要用于启动和维护以自己为中心的感知网络,路由节点除了具有感知和转发数据功能外,还需要对其他节点转发来的数据进行一定的存储、管理和融合等处理,同时,与其他节点协作完成一些特定任务。终端节点携带的传感器用于感知物理信息,不具有数据转发能力,仅与其父节点进行通信。

汇聚节点(Sink Node)又称为网关节点,用于在传感器网络和 Internet 等外网之间实现桥接功能,可完成两种协议栈之间的通信协议转换,同时发布任务管理节点的监测任务,并把收集的 WSNs 数据转发到外部网络上。在一些情况下,汇聚节点也会实现数据融合功能,将收集到的传感器节点数据进行分析提取,去除冗余数据,增强数据准确性。

任务管理节点位于整个系统的最高层,通常是远端运行监控软件的通用计算机,通过Internet 等与汇聚节点通信。负责监测的工作人员通过专门监控软件向无线传感网发送监控命令、接收传感数据信息。监控软件一般具备数据处理、分析和存储能力,将来自无线传感网的大量感知数据,以直观方式呈现给工作人员,比如采用图形界面。随着信息的不断积累和分析技术的进步,任务管理节点可根据需要进行数据挖掘方面的操作,以获取更深层次的数据意义。

2.1.2　节点通信模块

作为一种特殊的计算机网络,无线传感网的传输协议也可分为物理层、链路层、网络层、传输层和应用层。考虑到传感器网络节点的资源能力有限,通常情况下,其传输层的功能比较弱化,或者说在一些特殊场合会取消传输层的功能操作,而如果确实需要的话,可以在应用层中进行适当补充。事实上,传感器网络与应用的关系非常紧密,不同应用往往对通信指标有不同的要求,所以传感器网络的相关组织虽然对各个层次的协议进行了一定程度的标准化,但是也不太可能为所有应用统一使用相同的协议。一种比较普遍的做法是,针对各种应用定义一组可行的通信协议。作为节点的重要组成部分,通信模块在硬件层面主要涉及无线通信协议中的物理层和 MAC 层技术。

无线传感网物理层需要考虑编码调制技术、通信速率和通信频段选择等问题。编码调制技术影响通信速率、收发功率等系列技术参数,因而选择合适的编码调制对整个无线传感网具有重要意义。根据传感器网络的定义,其是低功耗、低速率、长寿命的无线通信网络,所以无线传感网对于数据传输速率的要求并不高。但是,提高数据速率可以减少数据的收发时间,对节能有一定好处。由于节点通信模块的能耗在传感器节点中占主要部分,所以考虑通信模块的工作模式和收发能耗对延长节点寿命具有关键影响。与手机等使用电池供电的设备一样,无线传感器节点的通信模块必须是能耗可控,并且收发数据的功耗要比较低,对于支持低功耗待机监听模式的通信芯片需要优先考虑。

MAC 层与其他计算机网络也不同,传感器网络本身对数据传输速率要求不高,而对能否长期稳定工作要求高,能耗依然是 MAC 层要重点关注的方面。在这种情况下,为减少能耗,节点大部分时间里应该进入休眠状态,所以,重要的一个方面是要求链路层协议能够解决节点通信的同步问题,即数据交换的节点双方需要在通信时同时醒来。此外,传感器网络是一个分布式网络,所有节点在通信上的地位对等,也就是说没有节点的优先级区分。因此,为了让整个网络能够工作在有效状态,往往需要全网或者一定范围内所有节点进行同步,而不仅是通信节点双方的简单同步。

传感器网络节点使用较多的射频收发芯片是 CC2420 和 TR1000。TR1000 射频芯片仅具有基本的信号调制和信道采样功能,其他高层的功能则由软件完成,这增加了节点微控制器的负担,加大了系统实现复杂度。作为第一款符合 IEEE 802.15.4 标准的射频芯片,CC2420 内部集成了完整的 MAC 层协议实现,并且通过使用 ZigBee 联盟推出的网络协议栈 Z-Stack 也使得基于 CC2420 的射频通信开发过程相对容易,因此,CC2420 射频芯片在传感器节点上得到广泛使用。

2.1.3 控制器模块

控制器模块是无线传感器节点的核心部件,所有的节点控制、任务调度、通信协议、数据整合与数据转储等功能都在这个模块的支持下完成。控制器模块主要包括三方面的任务,第一是读取来自传感器的感知数据,并按照要求进行一定的计算和处理。第二是从通信模块接收到其他节点的数据和控制信息,然后进行数据的处理,并对硬件平台相关模块进行控制。第三是通信协议的处理,完成对网络通信过程中 MAC 和路由协议等的处理。因此,控制器模块在整个节点中处于核心地位,其合理选择在传感器节点设计中至关重要。传感器节点使用的微控制器应该具有如下特征。

1. 体积尽量小

由于传感器节点自身特点的要求,处理器芯片自身尺寸要尽量小。

2. 集成度尽量高

一般都选择片上系统(System On Chip,SOC)作为传感器节点的微处理器,各种传感器节点通常都需要集成程序存储器、数据存储器、A/D 转换器、定时器/计数器、串行通信口等多种功能模块的处理器,这样的处理器可使得整个系统的外围电路简洁,仅需要少量扩展外围器件就可以快速设计、开发传感器节点。

3. 低功耗

处理器功耗主要由工作电压、运行时钟、内部逻辑复杂度和制作工艺决定。工作电压越高、运行时钟越快,其功耗也越大。根据目前电池技术,要使节点在正常工作状态下保持长时间工作非常困难,使用两节 5 号电池供给基于 AVR 单片机的传感器节点,满负荷工作只能延续十几个小时。为了让这样的系统能够工作一年左右时间,需要系统在绝大多数时间内处于待机或者睡眠状态,因此要求处理器必须支持超低功耗工作模式。

4. 运行速度快

高速微处理器能够使节点在最短时间内完成工作,从而快速进入睡眠状态,降低系统能耗,但是速度快的处理器功耗也相应增大,需要做出一定的权衡。

5. 丰富的I/O接口

为了外部扩展功能模块,微处理器需要和其他功能模块进行连接,如传感器模块、外部存储器模块和通信模块等,因此,各种模块需要大量的I/O接口来完成扩展。

6. 成本低

低成本是传感器网络大规模应用的前提之一,微处理器在传感器节点成本中占有很大比重,尤其在一些简单感知应用系统中。

目前,大量传感器节点都使用 Atmel 公司的 AVR 系列 ATMega128L 处理器,以及 TI 公司生产的 MSP430 系列处理器,如图 2-2 所示。汇聚节点负责数据融合或数据转发,则采用了功能较为强大的处理器,比如,ARM 处理器、8051 内核高档处理器或 PXA270 处理器等。CC2530 系列作为 TI 主推的重要传感器节点处理器,由于集成了微控制器、通信模块以及安全处理器,其易于使用而备受开发人员青睐,在不同场合得到了广泛应用。

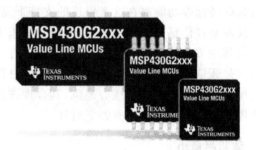

(a) ATMega128L处理器　　　　　　　　(b) MSP430系列处理器

图 2-2　传感器节点使用的微处理

2.1.4　节点其他模块

1. 传感器模块

节点的传感模块单元由能感受外界特定信息的传感器组成,相当于传感器网络的“眼睛”和“鼻子”。传感器模块用来进行外部物理或化学信号的感知、采集、转换,是无线传感网中负责采集监测对象相关信息的功能模块,与具体应用紧密相关,不同的应用涉及的感知信号也不相同。

感知信号可以是一个模拟量,如温度、湿度、光强、磁信号和加速度等,也可以是一个数字量,如工业应用中的产品计件,或者还可以是布尔值等,如阀门开关、电闸的开合。模拟量传感器需要通过 A/D 转换接口才能与微控制器相连接,而采用数字量传感器能够简化系统设计,开发人员只需掌握如何通过微控制器的通用接口读出它的信息,不必关心信号的放大、滤波和模数转换等问题。表 2-1 给出了一些节点所使用的传感器和其他模块的信息。

表 2-1　节点使用的传感器和其他模块

节点名称	传感器类型	微控制器	射频模块
Mica2	外接传感器板：	Atmega128L	TR1000
MicaZ	温湿度、压力、加速度、磁力、声音、震动等	Atmega128L	CC2420
iMote2	外接传感器板： 加速度、温湿度、光等	PXA271	CC2420
HBE-Ubi-CC2431	温湿度、光、红外	CC2430（含 CC2420）	
TelosB	温湿度 Sensirion Sht11、 光 Hamamatsu S1087(S1087-1)	MSP430	CC2420

2. 能量模块

能量模块为传感器节点提供能量来源，是节点正常工作的必要条件。但是，无线传感网受节点体积和成本限制，传感器节点所带电量通常极为有限，而且很难及时补给，自己所存储的能源（如电池）或者从自然界摄取的能量（如太阳能、振动能等）往往不能有效支撑节点长期工作。因此，能量模块的设计对传感器节点稳定工作具有重要意义，节点设计和使用过程中，以低功耗为主要要求，在多个层面上采取一系列有效措施以减少能耗。

节点的供电单元通常由电池和直流转直流电源模块（DC/DC）组成，DC/DC 模块为传感器节点用电单元提供稳定的输入电压。电池为节点负载供电时，随着电量的释放，输出电压不断降低，因此，通常采用升压型 DC/DC 电源模块，这样可以使得电池的容量得到更为充分利用。某些节点的电源管理 IC 芯片能够监视电池剩余电量，节点能够及时了解当前的能量状况。因此，传感器网络可根据节点能量状态动态调整网络拓扑结构，使剩余能量多的节点承担较为繁重的任务，剩余能量少的节点则转为低功耗状态，以平衡节点间的能量开销，使得尽可能多的节点同步减少能量。

3. 移动模块

移动传感器节点可以用来探测特殊未知环境中的信息，非常适合极端环境应用，如有毒物质清理、星球探测、放射性环境监测等。此外，移动传感器节点由于存储容量、计算能力和通信能力较强，具备良好的智能和移动性，已经被广泛引入到一般的传感器网络应用中。

节点的移动模块由具有机动能力的设备实现，其核心是一个电机驱动装置，用来控制移动节点的前进、后退、左转、右转、停止。按照传感器节点的移动行为方式来分，可分为主动式和被动式移动传感器节点，目前主要围绕主动式移动传感器节点展开研究应用。2002年，美国南加州大学成功开发出世界上第一个主动式移动传感器节点 Robomote 平台，其是主动式移动传感器节点的典型代表。随后，2003 年，美国加州大学伯克利分校利用模块化组件开发成功 CotsBots 移动机器人平台；2004 年，美国 NotreDame 大学的研究人员开发出 Micabot 平台。这些主动式移动传感器节点的最大挑战依然是能耗问题，而被动式移动传感器节点因其附着在其他物体上移动，可以大大减少节点能量消耗。

2.2　二维协议栈结构

网络的分层组织是无线传感网协议设计的一个重要方面。因为无线传感网具有自组织、动态拓扑、分布式控制、以数据为中心和节点资源受限等特征,所以网络的合理组织对网络协议和各功能模块的设计实现起着重要作用,并且处理方式与传统网络具有很大区别。传统无线网络体系结构的设计通常不需要考虑通信设备在能量、计算和存储等方面的限制,该理念不适合无线传感网场景,而且大多数传感器网络和应用密切相关,具有不同的应用要求,且协议设计也将存在一定差别。

无线传感网具有二维协议栈结构,即横向的通信协议层和纵向的传感器网络管理面,其中,纵向管理面充分体现了无线传感网的特殊性。横向通信协议层类似于传统计算机网络,可以划分为物理层、链路层、网络层、传输层和应用层,如图 2-3 所示。应用层包括多种应用相关协议,提供面向用户的不同传感器网络应用;传输层负责应用层所要求的可靠数据传输;网络层则主要负责对来自传输层的数据提供路由功能;数据链路层负责数据流的复用、数据帧的收发、媒体接入、差错控制等;最后,物理层负责数字信号在物理介质上的传送,包括信道选择、信号调制解调、发送与接收等。

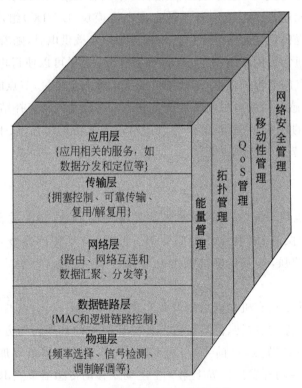

图 2-3　无线传感网二维协议栈

网络管理面则可以划分为能量管理、拓扑管理和安全管理等。能量管理面负责管理传感器节点用于监测、处理、发送和接收所需的能量,可以通过在各协议层使用高效的能量控制机制来实现。例如,在数据链路层,没有数据发送和接收时,传感器节点可以关闭其发送和接收电路,以节省能量。在网络层,传感器节点可以选择剩余能量多的邻居节点作为下一跳转发目标,从而尽量平衡各个邻居节点的能量消耗。拓扑管理通过选择部分骨干节点而让大量其他冗余节点进入睡眠状态,以形成一个数据转发的优化网络组织结构,或者按照某种规则通过节点的功率控制来减少节点之间的通信冲突,以实现优化的网络结构。安全管理则是为传感器网络在不同层面提供安全机制,实现数据的可靠传输和隐私数据不泄露。

1. 应用层

应用层由各种面向应用的功能实现协议构成,主要包括各种传感器网络应用的具体系统开发机制,例如,野外环境监测、精细农业灌溉、作战环境侦查与监控系统、灾难预防系统、工业应用监测等。该层涉及多种传感器网络应用协议,负责为用户应用提供支撑服务,如查询发送、节点定位、时间同步等。例如,传感器管理协议(Sensor Management Protocol,SMP)是一种应用层协议,能够提供多种软件操作以完成不同的任务,包括位置信息交换、节点同步、节点状态查询、节点调度等。此外,传感器查询与数据发送协议(Sensor Query and Data Dissemination Protocol,SQDDP)是一种提供查询发送、查询响应和数据分发等的通用接口应用层协议。

2. 传输层

传输层协议负责端到端的数据流传输和可靠控制,主要负责传感器节点与汇聚节点之间端到端的可靠、透明的数据传输,然后通过汇聚节点,把传感器网络内的数据,利用卫星网络、Internet 等与外部通信,传输层是保证通信服务质量的重要部分。

传输层协议通过拥塞控制和差错控制等机制,以提高网络的服务质量和数据传输可靠性。如前所述,传感器节点在供电、计算、存储、通信能力方面的不足,使得传统的网络传输协议不能直接应用于无线传感网。传感器网络通常都是针对某个具体应用而部署,因此是应用相关,不同的应用具有不同的可靠性要求,而这些要求对传感器网络的传输层协议设计产生较大影响。此外,传感器网络中的数据传输主要发生在两个方向,一个是传感器节点将所监测到的数据发送给汇聚节点,另一个是源于汇聚节点的数据分发到普通传感器节点,两个不同方向上的数据流对可靠性也具有不同的要求。通常来说,传送到汇聚节点的数据流能够容忍一定的数据丢包率,因为所传送的监测数据具有一定的相关性或冗余性。

主要的传输层协议包括可靠多段传输协议 RMST、慢存入快取出协议 PSFQ 等。RMST 协议是无线传感网中最早开发的传输层协议,其主要目标是提供端到端的可靠性以及多路复用,依赖定向扩散路由协议 DD 提供的路由,该协议提供了源和目的节点之间整体路径上的错误处理机制,采用网内缓存,保证数据包传输的可靠性。PSFQ 协议用于处理从汇聚节点到普通节点路径上的数据传输,在保证可靠性方面,由于其不需要端到端的可靠性,因此该协议可以很好地适应传感器网络规模的变化,采用的慢存入机制可以有效避免网络拥塞。

3. 网络层

无线传感网的网络层协议主要功能是路由发现和路由维护,由于大多数相互通信的节点不在对方的通信范围内,因此需要通过中间节点以多跳路由的方式进行数据转发。

从汇聚节点到传感器节点的数据发送是一对多模式,通常采用泛洪的数据传输机制;而从传感器节点向汇聚节点发送数据的方式则是多对一,存在路由选择问题;两个普通传感器节点之间的数据传输也需要路由选择。针对数据传输,通常来说,源节点可以使用单跳的长距离无线通信来发送数据,也可以使用多跳的短距离无线通信进行传输。然而,长距离通信带来的高昂节点能耗对节点长时间工作需求是一个巨大挑战。因此,传感器节点普遍采用多跳转发实现长距离的数据传输,多跳短距离通信不仅能够大大降低节点的能耗,而且能够有效减小长距离通信固有的信道衰落效应。传统网络的路由协议不太关注能量效率这个传感器网络最主要的问题,从而许多路由协议不能直接应用在无线传感网中。另一方面,多对一的数据传输模式,当数据逐渐接近汇聚节点时,会大大增加其周围中间节点的工作负载,从而提高了分组阻塞、碰撞、丢失的概率,增大了延迟和节点能量消耗,随着越来越接近汇聚节点,这种现象越发明显,大大影响整个网络的生命期。所以,在网络层路由协议设计中,必须考虑传感器节点的能量限制和传感器网络独有的数据流模式。

主要的路由协议包括数据分发协议、数据汇聚协议、数据洪泛协议 Flooding 等。DRIP 协议是 TinyOS 2.x 系统自带的分发协议,主要适用于小数据量的数据分发,该协议的核心是 Trickle 算法,其通过节点间周期性广播元数据实现监听网络参数的一致性。CTP 协议是 TinyOS 2.x 系统自带的汇聚树协议,实现普通节点产生的数据汇聚到根节点,提供了多对一的数据发送功能,该协议由链路估计器、路由引擎和转发引擎三部分组成。第 4 章将详细介绍和讨论无线传感网的路由协议设计。

4. 数据链路层

数据链路层协议主要完成数据成帧、帧同步、媒体接入控制和差错控制,其中,媒体接入控制保证如何实现介质的高效、可靠访问,而差错控制则是保证源节点发送的数据完整无误地到达目的节点。

数据链路层最重要的功能之一是介质访问控制(Medium Access Control,MAC)。MAC 机制的主要目标是在多个传感器节点之间公平、高效地共享通信介质或信道资源,以获得合理的网络性能,包括吞吐量、传输迟延等。而传统无线网络中的 MAC 协议设计没有考虑无线传感网的节点资源限制,无法直接应用于无线传感网。例如,在移动 Ad Hoc 网络(MANET)中,移动用户可配备电池供电的便携式设备,其电池可以轻易更换,相比较而言,无线传感网的主要问题是如何节省能量,以延长网络寿命。主要的链路层协议包括 B-MAC、S-MAC、IEEE 802.15.4 和 Z-MAC 等。第 3 章将进一步介绍无线传感网 MAC 协议设计。

数据链路层的另一个重要功能是数据传输差错控制。在无线网络环境中,信号的传输质量和可靠性往往比较差,差错控制对于获得可靠的数据传输将至关重要。在数据链路层,通常采用两种主要的差错控制机制,前向纠错(Forward Error Correction,FEC)和自动重传请求(Automatic Repeat reQuest,ARQ)。前向纠错机制通过在数据传输中使用差错控制码(Error Control Code,ECC)获得链路可靠性,但由于引入额外的编、解码复杂性,使得一般的传感器节点难以使用。自动重传请求机制通过重传丢失的数据帧,以获得可靠的数据传输,这种机制将产生一定的重传开销,并增大节点能量消耗,因此需要谨慎使用该机制。

5．物理层

物理层协议负责信号的调制、解调和数据收发,底层所采用的传输介质主要包括无线射频、红外线、光波等。物理层主要将数据链路层形成的数据流转换成适合在传输介质上传送的信号,并进行发送与接收,为此,物理层需要考虑许多相关问题,比如传输介质和信道频率的选择、信号的调制、解调、检测和数据加密等。此外,在物理层还必须考虑硬件、各种电气与机械接口的设计问题。

信号的频率选择是传感器节点之间进行通信的一个重要问题,通常使用在大部分国家不需要许可的工业、科学和医疗(Industrial, Scientific and Medical,ISM)射频频段,使用ISM频段的主要优点是自由使用、频谱宽和全球有效。但是,由于ISM频段已经被用于其他许多电子系统,如微波炉、无绳电话、无线局域网(WLAN)等,而且无线传感网要求使用低成本、低功耗的微型收发器,因此,传感器网络节点往往面临较多的环境干扰。目前,433MHz和918MHz的ISM频段被推荐分别在欧洲和北美使用,而2.4GHz的频段在全世界范围内通用。传感器节点设计使用得最多的是射频通信电路,而除了射频之外,光(Optical)和红外线(Infrared)的信号传输也是可能的选择,例如,在SmartDust项目就使用了光作为传输介质,它们都要求收发双方在视距范围内才能进行相互通信,很大程度上限制了它们的使用。

2.3　无线传感网的物理层

物理层是整个无线传感网协议栈的最底层部分,包括通信信号的接收和发送、信道信号测量和参数设置等。本节以IEEE 802.15.4标准为例,具体阐述物理层相关内容。

1．工作频段

IEEE 802.15.4标准的2003版本一共定义了三种物理层基带信号,其频段分别工作在868MHz、915MHz和2.4GHz范围,具体分别是868～868.6MHz、902～928MHz以及2.4～2.4835GHz。这几个频段就是所谓的ISM频段,各国一般为工业、科研和医学等用途而免费开放。值得注意的是,这些频段虽为免费使用,但仍然需要受到一些限制,比如,各国各自规定了信号发射功率的大小。一个国家的免许可频段在另一个国家可能是不允许免许可使用,例如,868MHz频段主要适用于欧洲,915MHz频段主要适用于美国、加拿大,而2.4GHz频段则在几乎全世界的国家都可以免许可使用,包括中国、日本、韩国、北美、欧洲等。可以说,2.4GHz是一个"全球性"频段,它正是IEEE 802.15.4标准用得比较多的一个频段。

2．物理层帧结构

IEEE 802.15.4—2003版本的物理层帧包括同步头、物理层帧头和净荷三部分,其结构如图2-4所示。同步头SHR包括前导字段(Preamble)和帧起始符(Start of Frame Delimiter,SFD)两部分,前导字段的目的是为了进行码片同步和符号同步,长度为32b,每个比特都是0;后面的帧起始符标明了同步头的结尾以及真正物理层帧头的开始,长度为

8b,从比特 0 到比特 7,即从低位到高位分别设置为 11100101。帧起始符也可以用于进行帧同步,即找到物理层帧真正的起始位置。在接收方与发送方进行同步时,接收方用前导字段和帧起始符与收到的信号作相关运算,如果计算值达到峰值则表明达到了同步。而如果所接收的信号是噪声、干扰,或者不是同步头信号,或者虽然是同步头但位置不对,则其信号的形状与前导字段或帧起始符将会不一致,所得的计算值比较小,从而达不到峰值。因此,利用该方法,可以得到帧头的起始位置,包括每个码片、符号的准确起始位置,也就是人们常称的同步。

		单位:B		
		1		长度可变
Preamble	SFD	帧长 (7 b)	预留 (1 b)	PSDU
SHR		PHR		PHY payload

图 2-4 物理层帧格式

同步头后面的物理层帧头 PHR 占有 1B,其中低 7 比特表示物理层帧的长度,剩下 1 比特为保留位。7 个比特能表示从 0 到 127 的值,因此物理层净荷最大为 127B;预留位是可扩展性设计的考虑,从而能较好地保持协议栈发展的兼容性。物理层帧头后面是物理层净荷 PHY payload,也称为物理层服务数据单元(PHY Service Data Unit,PSDU),而整个物理层帧又称为物理层协议数据单元(PHY Protocol Data Unit,PPDU)。通常来说,高层协议的数据都会封装到低层协议数据单元当中来发送,而低层协议数据单元通过解封装会得到高层协议数据。物理层帧中的数据发送顺序是从前导字段开始从左到右发送,对于每个字节中的比特,是从最低位到最高位的顺序发送,值得注意的是,这里的发送既包括数据在空中的发送,也包括节点上协议栈层间的数据发送。

3. 基带信号处理

在物理层成帧之后,会按照发送顺序进行发送端的基带信号处理,针对上述三个射频频段,采用不同的编码方式。在 868~868.6MHz 频段上仅有一个信道,其编号为 0,该频段的中心频率为 868.3MHz。物理层帧数据比特的原始速率为 20kb/s,对数据比特先进行差分编码,然后进行比特到码片的变换,最后经过二进制相移键控 BPSK 调制形成基带输出。差分编码是指每个原始比特与前一个已编码的比特进行异或运算,因为第一个比特之前没有比特,所以第一个比特与比特 0 进行运算。比特到码片的变换则是把比特 0 变换为包含 15 个码片的码片序列 111101011001000(从左到右分别是码片 0 到码片 14),比特 1 则变换为取反的码片序列 000010100110111,该变换实际是一个直接序列扩频的过程,因为码片变换之后的码片速率为 300kchip/s,扩频因子是 15。在得到码片序列之后,再对码片序列进行 BPSK 调制,采用的是升余弦脉冲成型,滚降系数为 1。在 902~928MHz 频段,总共有 10 个信道,其编号从信道 1 到信道 10,信道 i 的中心频率为 $(906+2\times(i-1))$MHz,信道间隔为 2MHz。发射基带信号的处理与在 868MHz 频段的方式完全相同,只是物理层帧数据比特的原始速率为 40kb/s,扩频后的码片速率为 600kchip/s。

在 2.4~2.4835GHz 频段,总共有 16 个信道,编号从信道 11 到信道 26,信道 i 的中心频率为 $(2405+5\times(i-11))$MHz,信道间隔为 5MHz。基带信号发送的处理如图 2-5 所示,

图 2-5　2.4GHz 频段基带信号发送处理

物理层帧数据比特的原始速率为 250kb/s。首先针对物理层数据比特进行比特到符号的变换，每 4 个比特映射为 1 个符号，因此，每个字节的低 4 比特和高 4 比特分别变换为 1 个符号。然后每个符号又进行符号到码片的变换，即进行直接序列扩频操作，每个符号对应一个包含 32 个码片的码片序列，例如，符号"0"，即比特组 0000 对应码片序列 11011001110000110101001000101110（从左到右分别是最低位 0 到最高位 31），所有的符号数据到码片的映射关系如表 2-2 所示。经过扩频因子为 32 的直接序列扩频后，码片速率达到 2Mchip/s。在形成码片序列之后，对码片序列进行偏移四相相移键控 O-QPSK 调制，采用半正弦脉冲成型将符号数据信号调制到载波信号上，即脉冲成型函数 $p(t) = \sin[(pi \times t)/(2T_c)]$，当 $0 \leqslant t \leqslant 2T_c$ 时；$p(t) = 0$，其他情况。在进行 O-QPSK 调制时，码片序列分成 I、Q 两个相位，编码为偶数的码片，即码片的 $0, 2, 4, \cdots, 30$ 调制到 I 相位载波上；而奇数序号码片，即码片的 $1, 3, 5, \cdots, 31$ 调制到 Q 相位载波上。两路使用正交相位载波调制，其中，Q 路比 I 路码片延迟一个码片时间（码片速率的倒数）。由于 O-QPSK 属于四进制调制，调制的码片持续时间比原来扩展一倍，Q 路延迟的时间实际是扩展后码片持续时间的一半，如图 2-6 所示。图 2-7 给出 O-QPSK 调制中，符号"0"的基带脉冲成型的 I 相位和 Q 相位示意图，其中 $t_c = 0.5\mu s$。

表 2-2　2.4GHz 频段符号-码片的映射关系

符号数据 （十进制）	符号数据 （4 位二进制）	码片序列（C0，C1，C2，…，C31）
0	0000	11011001110000110101001000101110
1	1000	11101101100111000011010100100010
2	0100	00101110110110011100001101010010
3	1100	00100010111011011001110000110101
4	0010	01010010001011101101100111000011
5	1010	00110101001000101110110110011100
6	0110	11000011010100100010111011011001
7	1110	10011100001101010010001011101101
8	0001	10001100100101100000011101111011
9	1001	10111000110010010110000001110111
10	0101	01111011100011001001011000000111
11	1101	01110111101110001100100101100000
12	0011	00000111011110111000110010010110
13	1011	01100000011101111011100011001001
14	0111	10010110000001110111101110001100
15	1111	11001001011000000111011110111000

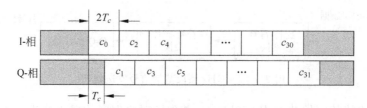

图 2-6   O-QPSK 调制中 Q 相位偏移滞后一个码片时间

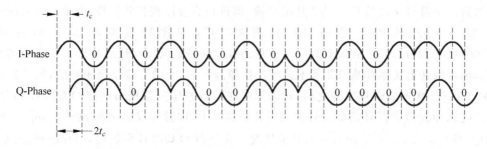

图 2-7   O-QPSK 调制的符号"0"基带信号脉冲成型 I 相位和 Q 相位($t_c=0.5\mu s$)

4. 物理层工作参数

为实现物理层相关功能,协议标准还需要定义一些规格参数。

首先是功率谱密度,主要规定带外功率,以减少对其他信道的影响。在发送端调制发送数据时,一般需要对基带信号进行滤波,降低带外辐射,带外功率的规定对发送端滤波器进行了一定限制,通常情况下,实际通信芯片往往能达到比标准规定更佳的性能,不同厂商有不同的滤波技术实现,属于厂商核心技术之一。其次是符号速率,868MHz 频段是 20k 符号/秒,915MHz 频段是 40k 符号/秒,而 2.4GHz 频段是 62.5k 符号/秒,精度都在 ±40ppm 范围内。再次是接收机灵敏度,指接收机能够正确进行接收时信号功率的最小值,此时没有任何干扰,从而影响接收的只是噪声,包括热噪声、内部处理带来的噪声等。868MHz 和 915MHz 频段灵敏度都必须好于 −92dBm,而 2.4GHz 频段必须好于 −85dBm。然后是接收机干扰抑制,指接收端对带外信导功率的抑制,这是保证无线通信设备共存性的重要规定,带外信号不在接收频段范围内,如果不采取干扰抑制,就会造成对接收设备的干扰。最后是转换时间,分为发射到接收的转换时间、接收到发射的转换时间。发射到接收的转换时间指从发送完物理层帧的最后一个码片结束到接收到物理层帧的第一个码片开始所需要的最短时间,而接收到发射的转换时间指从接收完物理层帧最后一个码片结束到发送物理层帧第一个码片开始所需要的最短时间。

5. 物理层功能

物理层通过原语为链路层提供数据传输服务,完成上层的数据收发过程,并反馈给上层是否发送成功或通知上层已经成功接收数据。物理层还需要进行一定的参数测量,主要是为了给高层协议操作提供参考依据,包括对接收数据的信号质量测量、信道的能量水平检测,以及对空闲信道评估。由于一般的节点收发机是半双工,即不能同时进行信号的发送和接收,因此,物理层需要能够控制收发机的状态,使其设置为发送状态、接收状态和关闭状态。每个协议层都会有一些内部属性需要管理,因此,物理层需要管理一些内部属性,例如,工作信道号、空闲信道评估模式、信道页、同步头持续时间等。

2.4 无线传感网核心技术

无线传感网与移动 Ad Hoc 网络 MANET、无线局域网 WLAN 等无线网络存在着显著不同,其涉及的核心技术主要包括拓扑控制、MAC 协议、路由协议、低功耗技术、同步技术、数据感知和融合技术等多个方面,本节将简单介绍这些核心技术。

1. 拓扑控制

无线传感网拓扑控制通过控制节点的信号发射范围或者加入网络的节点子集大小使生成的网络拓扑满足一定性质,从而延长网络生命周期、降低节点间的相互干扰、提高网络吞吐率,其为 MAC 协议、路由协议、数据融合、时间同步等奠定了底层网络结构基础。

对无线传感网拓扑控制算法可以按不同标准进行分类,例如,从节能的角度对拓扑控制算法进行分类,节能拓扑控制算法主要包括节点功率控制、分层结构和休眠轮值。基于功率控制的拓扑控制算法,如 COMPOW、CBTC 等,通过调节传感器节点的发射功率,在维持网络连通性的基础上降低节点功耗。基于分层结构的拓扑控制算法,如 LEACH 和 HEED等,通过控制各节点在无线传感网内部的角色,以一定的层次结构来分派节点任务,各层节点任务不同,所消耗的能量也不相同,最终实现全网节点负载的均衡。基于休眠轮值的拓扑控制算法,如 PEAS、ASCENT 等,通过控制节点处于活动还是休眠状态来减少参与网络活动的节点数目,达到减少节点能耗的目的。

2. MAC 协议

介质访问控制(Medium Access Control,MAC)协议处于无线传感网协议栈的物理层之上,主要用于在节点之间公平、有效地共享通信介质,对无线传感网的性能有较大影响,是保证传感器网络高效通信的关键网络协议之一。

在设计无线传感网的 MAC 协议时,需要综合考虑节点能耗、信道利用率、可扩展性、时延等方面,因为节点各模块中能量消耗最大的是射频模块,MAC 协议直接控制射频模块的工作时间以及打开和关闭,所以其对降低节点能耗有着重要影响。为降低节点能耗,多数情况下,传感器网络的 MAC 协议主要采用"侦听/休眠"交替工作方式,当节点处于空闲状态时,将自动进入休眠状态,从而减少空闲侦听时间,可大幅降低能耗。

MAC 协议有多种分类标准,可根据信道分配方式、数据通信类型、性能需求、硬件特点以及应用范围等策略来进行划分。根据信道访问策略的不同,可分为竞争协议、调度协议和混合 MAC 协议。竞争协议无须全局网络信息,扩展性好、易于实现,但能耗较大。调度协议能够减少资源消耗,保障数据传输延时在一定范围内,但调度机制难以调整、扩展性差,且时钟同步要求高。混合协议具有上述两种 MAC 协议的优点,但通常比较复杂,实现难度大。根据使用的是单一共享信道还是多信道,可分为单信道 MAC 协议和多信道 MAC 协议。单信道 MAC 协议的节点体积小、成本低,但控制分组与数据分组使用同一信道,降低了信道利用率。多信道 MAC 协议有利于减少冲突和重传,信道利用率高、传输时延小,但是节点硬件复杂、成本高,且存在频谱分配拥挤问题。根据节点发射模块硬件功率是否可变,可分为功率固定 MAC 协议和功率可调 MAC 协议,固定功率 MAC 协议硬件成本低,但通信范围相互重叠,易造成冲突。可调功率 MAC 协议有利于节点能耗均衡,但容易形成非对称链路,且硬件成本有所增加。根据协议发起方的不同,可分为发送方发起的 MAC 协议和接收方发起的 MAC 协议,由于信号冲突仅对接收方造成影响,因此,接收方发起的 MAC 协议能够有效避免隐藏终端问题,减少冲突概率,但控制开销较大、传输延时长。发送方发起的 MAC 协议简单、易于实现,但不利于实现全局优化。

3. 路由协议

路由协议是无线传感网的关键技术之一,主要用来决定在一个网络中如何发现可转发节点、如何根据节点信息建立路由,以及如何维护和更新路由信息。一个良好的路由协议对整个网络来说应该具备减少网络延时、提高宽带利用率等特点,而对单个节点来说应该具备减少节点能耗、降低节点负载等特点,并能及时将节点的无效状态通知给网络其他节点,实现适时的路由维护。

随着无线传感网的发展,出现了许多不同的路由协议。根据网络模型的不同,可以分为平面路由协议和层次路由协议。在平面路由中,网络中的节点没有等级和层次差别,地位平等,路由机制简单、易于扩展,无须维护网络拓扑结构,具有较好的健壮性,典型的平面路由包括 Flooding、SPIN、DD 等。分层路由是根据监测任务角色的不同,将节点分为簇头和簇内成员,然后在节点之间建立路径。簇头节点负责收集簇内成员节点的感知数据,按需对数据进行融合,簇头之间形成骨干网络,可将数据转发至汇聚节点。簇内成员节点在簇内以单跳或多跳方式与簇头节点进行通信。已经提出的经典分层路由协议主要包括 LEACH、PEGASIS、HEED、TEEN/APTEEN 等。此外,根据无线传感网拓扑结构的不同,可分为基于地理位置的路由协议和基于移动代理的路由协议;根据路由的可靠性可分为多路径路由协议和基于 QoS 的路由协议。

4. 低功耗技术

无线传感器节点电池容量十分有限,且在实际应用的恶劣环境中难以及时补充或更换电池,因此减少能量开销、降低功耗对于无线传感网非常重要,在选用节点、设计网络时需要充分考虑低功耗技术。

传感器节点消耗能量的模块主要包括传感器模块、处理器模块和无线通信模块。随着集成电路工艺的进步,很多处理器都具有不同的低功耗工作模式,传感器模块的功耗也变得比较低,因此,绝大部分能量都消耗在无线通信模块上,传感器节点传输信息时要比执行计算任务时消耗更多的电能。

节点的通信模块通常具有 4 种工作状态,分别是发送、接收、侦听和休眠状态。无线通信模块在空闲状态会一直监听无线信道的使用情况,检查是否有数据发送给自己,而在睡眠状态时关闭通信模块。根据实际测试发现,节点不同的状态对应不同的能量消耗水平,其中,发送状态消耗能量最多,空闲状态和接收状态的能量消耗大体相当,且略少于发送状态的能耗,而在睡眠状态能量消耗最少。因此,如何减少不必要的转发和接收、不需要通信时尽快进入睡眠状态是传感器网络协议设计需要重点考虑的问题,通常可采用节点休眠调度策略使节点轮流工作与休眠,以实现节点的节能目标。

此外,节点的动态功率调节、数据融合、能量高效的 MAC 协议和路由协议设计、拓扑控制等也能够降低网络的整体能耗。但是,在努力降低节点能耗的同时,需要注意能量管理不是一个独立的内容,必须与网络的其他性能结合起来考虑,在降低网络能耗的同时,要求网络具有较强的鲁棒性。

5. 同步技术

无线传感网通过大量节点的协同工作,共同完成区域内的监测任务。每个节点都拥有属于自己的本地时钟,但是,由于时钟漂移导致的精度不一致,这些节点的时钟并不能保持一致,而且节点经常会受到别的因素影响,就更加加剧了这种节点之间的时间偏差。由于无线传感网会应用于诸如军事、医疗、实时监测等对时间精度要求相当高的场合,因此,实现节点时间同步对于分布式无线传感网意义重大。

传统网络中采用的时间同步方法是以服务器端时钟为基准调整客户端时钟,而无线传感网有别于传统网络,因此,传统的网络时间协议并不适用,需要根据无线传感网的特征设计新的时间同步机制。无线传感网的时间同步机制最初由 J. Elson 和 K. Rome 在 2002 年 8 月的 HotNets 国际会议上提出,针对传感器网络的同步协议,主要关注同步算法的节能、高效和精确,且需要尽量减少对通信信道的依赖。目前,为实现传感器网络的时间同步主要采用两种方法,一是给每个节点配备 GPS 模块从而得到精确的时间,这样节点就可以和标准时间一致,达到同步。二是利用网络通信来交换时间信息,使全网保持统一的时间,达到同步。由于 GPS 设备成本高、能耗大,对低成本节点来说是一个很大挑战,为每个节点配备 GPS 模块通常不切实际,只能有少量节点配备 GPS 模块,其他节点则根据时间同步机制来交换时间同步消息,实现时间同步。

6. 数据融合技术

无线传感网节点数量多、分布密集,相邻节点采集的数据相似性大,如果把所有这些数据都传送给汇聚节点,必然会造成通信量大大增加、能耗增大。数据融合能够将采集到的大量不确定、不完整、含有噪声的数据,进行滤波等处理,得到可靠、精确、完整的数据信息。

对于收集数据的管理与处理是无线传感网应用的一个核心工作。通常把无线传感网看成是分布式数据库,所以对其数据管理可用数据库的方式进行,可以有效实现数据的逻辑存储与物理网络互相分离,从而便于数据与网络的各自管理。一般情况下,可以将数据管理系统分为集中式、半分布式、分布式与层次式结构。目前,针对无线传感网,最具代表性的数据管理系统是美国加州大学 Berkeley 分校的 TinyDB 系统。考虑到传感器网络的能耗问题,在进行传感器网络应用设计时需要充分利用数据融合技术,以降低传输的数据量,相应地,降低节点传输能耗。同时,数据融合也能够节省网络带宽,提高能量利用率,降低数据冗余度。

2.5　简单无线传感网节点应用实例

本节以节点 HBE-Ubi-CC2431 为硬件平台,简述如何控制节点上 Red、Yellow、Green 三种类型 LED 中的 Red 灯开关,采用定时器 Timer 对其进行显示控制,每隔 1s 节点上红色

LED灯状态切换一次。

2.5.1　应用的整体框架

本 LED 显示控制示例是在 TinyOS 2.x 开发平台上,利用 NesC 语言编程实现红色 LED 灯的显示控制功能,主要涉及 LedsC 组件、TimerMilliC 组件和 MainC 组件三个系统组件,以及 BlinkTimer 组件和 BlinkTimerM 组件等两个用户组件。这些组件之间的相互关系由配置组件 BlinkTimer 给出,如图 2-8 所示。

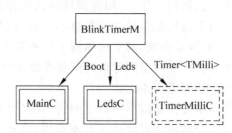

图 2-8　闪灯 Blink 应用的组件关系框架

在 TinyOS 2.x 版本中,MainC 组件中说明的相关函数 booted()作为用户应用程序的入口,这一点与 TinyOS 1.x 中的 init()和 start()两个函数作为用户入口存在很大不同。LedsC 组件通过接口 Leds 控制内置于节点上三种 LED 灯的显示,该接口提供了 led0On()、led0Off()、led0Toggle()等命令函数用以控制 LED0 的打开、关闭和状态变更。TimerMilliC 组件可以向其他多个组件提供独立的定时器,从而实现需要的定时功能,具体的定时功能通过 Timer 接口来完成,Timer 接口提供了 startOneShot(uint32_t dt)、startPeriodic(uint32_t dt)等函数用以控制定时器溢出事件的一次性和周期性发生。

2.5.2　应用程序的功能实现

为了实现闪灯 Blink 应用的功能,如上所述,涉及两个用户组件 BlinkTimer 和 BlinkTimerM。BlinkTimer 组件是记录 Blink 应用中使用的所有组件之间的连接配置文件,而 BlinkTimerM 是完成为了使应用运行的功能实现模块文件。BlinkTimer 配置组件的代码如下。

```
1: configuration BlinkTimer {
2: }
3: implementation {
4:        components MainC, BlinkTimerM,LedsC, new TimerMilliC();
5:        BlinkTimerM.Boot  -> MainC.Boot;
6:        BlinkTimerM.Leds  -> LedsC; //在 LedsC.Leds 中 Leds 被省略的状态
7:        BlinkTimerM.Timer  -> TimerMilliC.Timer;
8: }
```

BlinkTimerM 模块组件的代码如下。

```
1: module BlinkTimerM {
2:     uses {
3:         interface Boot;
```

```
4:          interface Timer < TMilli >;
5:          interface Leds;
6:      }
7:}
8: implementation {
9: event void Boot.booted() {
10:          call Timer.startPeriodic(1000);
11: }
12: event void Timer.fired() {
13:          call Leds.led0Toggle();
14: }
15:}
```

为了生成可以在节点上运行的 hex 文件,对 Blink 应用的编译命令如下,包括三条命令。首先进入节点 cc2431 文件夹,该文件夹下包含很多节点应用;然后,进入 Blink 应用的文件夹;最后,利用 make 命令编译得到节点可执行文件 app.hex。具体操作界面如图 2-9所示。

```
cd /opt/tinyos - 2.x/contrib/cc2431
cd BlinkTimer
make cc2431
```

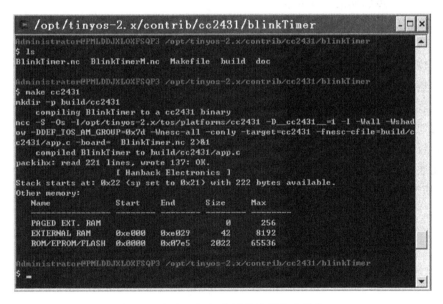

图 2-9 闪灯 Blink 应用的编译命令操作

运行 Flash Programmer 软件把 hex 文件写入 HBE-Ubi-CC2431 节点,打开节点电源开关,通过实际运行,可以确认每隔 1s 则 Red LED 灯进行 on/off 切换。

2.5.3 值得思考的问题

便利性、容错性、高密度和快速部署等无线传感网的优势为其带来了许多新应用,未来广阔的应用领域将使得传感器网络成为人们日常生活不可或缺的重要组成部分,而实现这些传感器网络应用需要自组织网络技术的良好支撑。传统 Ad Hoc 网络技术并不能很好适应无线传感网应用,因此,充分认识、掌握传感器网络自组织方式、网络结构,为网络协议的标准化提供决策依据、为设备制造商的实现提供参考,成为目前传感器网络应用研究的重要任务。此外,传感器网络应用的开发平台也关乎其应用的良好实施和发展前景,平台的易用性、高效性、兼容性、普及性等对用户的选择影响较大。针对本节的无线传感网节点应用实例,读者可能会思考如下问题。

(1) WSNs 节点开发的软件平台是什么? 可以有哪些选择? 用什么开发语言?

(2) NesC 组件中,配置和模块的区别是什么?

(3) NesC 程序中,接口的组成是什么? 接口应该如何使用? 可以使用哪些接口?

(4) 用户程序的执行入口在哪里? 用户应用程序是如何执行起来的?

(5) 一跳通信范围内两个节点之间如何进行通信?

(6) 如果两个节点不在对方的通信范围内,它们之间如何传输数据?

针对这些类似的问题,让我们扬帆起航,本书的后续章节将详细展开介绍。

习题

1. 简述无线传感网的组织结构。

2. 无线传感器节点由哪些模块组成? 各个模块的功能是什么?

3. 无线传感网具有什么样的协议栈结构? 各层实现什么样的功能?

4. 请构思一个无线传感网应用实例,并分析其组成结构和应用模式。

5. 你觉得无线传感网未来会对你的生活产生什么影响? 简要描述之。

6. 在表 2-2 中仔细研究码片序列,找出一定的关系。

7. 简要描述无线传感网有哪些核心技术。

8. 分析物理层帧的结构,通信节点双方如何实现物理层同步?

9. 简述传感网节点 2.4GHz 频段基带信号的处理过程。

10. 基本的 NesC 程序包括哪些基本元素?

第3章 无线传感网MAC协议

本章介绍无线传感网 MAC 层协议内容,主要包括无线广播信道、基于竞争的介质访问控制协议和混合介质访问协议,详细阐述了 IEEE 802.15.4 标准,最后简要介绍其他类型的无线传感网 MAC 协议。

3.1 无线广播信道

双绞线、同轴电缆和光纤等传输媒介称为有线介质,通信信号在该类介质中沿缆线按一定方向进行传输。而包括无线传感网在内的众多无线网络,其工作的通信信道都是通过无线电、声音等媒介进行空间传播,此类媒介称为无线介质。无线介质中的数据传输具有广播特性,即通信信号在一定区域内(圆形、球体)向四周传播,在通信距离内的所有其他站点都能够接收到这样的信号。在数据通信中,常用的电磁信号频谱如图 3-1 所示。

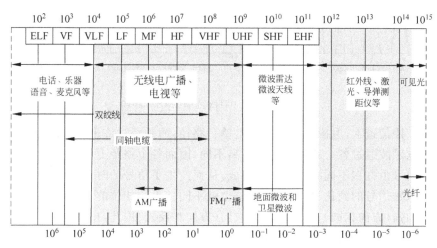

ELF: 极低频, VF: 音频, VLF: 甚低频, LF: 低频, MF: 中频, HF: 高频
VHF: 甚高频, UHF: 特高频, SHF: 超高频, EHF: 极高频

图 3-1 数据通信中使用的电磁频谱

从图 3-1 的电磁频谱中可以看出,人们已经利用若个频段进行无线通信。其中,短波通信(HF)主要依靠电离层的反射实现数据传输,但电离层的不稳定而产生的衰落现象和电离层反射而产生的多径效益,使得短波信道的通信质量较差,其通信速率往往较低。超短波(VHF)和微波(UHF~EHF)能穿透电离层进入宇宙空间,从而不能被电离层反射,因此,

该类通信主要是在空间做直线传播,也就是进行视距通信。由于受地球表面弧度的影响,它们的传播距离最多只有50km左右,不能像短波通信那样经电离层反射传播到地面上很远的地方。在微波通信中,为增加通信距离,一方面可以通过架高天线的方法;另一方面也可以采用地面接力的形式,实现远距离数据传输。红外线(Infrared)是波长介于微波与可见光之间的电磁波,波长在760nm~1mm之间。红外通信简单易用且实现成本低,因而广泛应用于小型移动设备互换数据和电器设备的控制中,但是红外信号传输受视距影响,传输距离短,一般最远在几十米内;其点对点的传输连接方式,使得红外通信无法灵活组成网络。

在无线网络通信领域,最常使用的电磁频谱是ISM频段。按照相关规定,要使用某一电磁信号的频段进行通信,需要获得本国政府无线电频谱管理机构的许可,但是也有一些电磁频谱免费开放、自由使用,只要遵守一定的发射功率(通常低于1W),并且不对其他频段造成干扰即可。目前,很多无线网络都工作在这样的频段上,其中,重要的一类频谱就是ISM频段。ISM是Industrial(工业的)、Scientific(科学的)、Medical(医药的)的缩写,该频段主要针对工业界、科学界和医疗领域三个主要机构的通信设备,提供通信信道。值得注意的是,各国政府规定的ISM频段占用的频率范围可能稍有不同,如在美国ISM频段包括三个频率范围902~928MHz、2400~2483.5MHz和5725~5850MHz,而在欧洲900MHz的频段有部分用于GSM通信,图3-2给出了美国2.4GHz范围的ISM频段。由于2.4GHz是各国共同的ISM频段,从而ZigBee无线个域网、无线传感网、无线局域网、蓝牙等无线网络均可工作在该频段上。

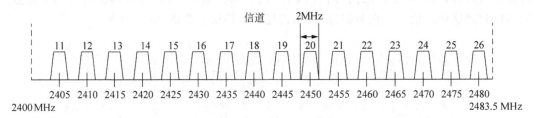

图 3-2　美国 2.4GHz 范围的 ISM 频段

在无线广播信道上,电磁波的传播不是单一路径,而是经过许多路径进行反射向前传输信号。由于电磁波通过各个路径的传播距离不同,因而各个路径上的信号时延也不同,在接收端接收的信号由许多不同时延的脉冲组成,从而产生了信号的时延扩展。另一方面,由于各条路径上电磁信号的到达时间不同,相位也就不同。不同相位的多个信号在接收端叠加,有时叠加而加强(方向相同),有时叠加而减弱(方向相反)。因此,接收端的信号幅度将急剧改变,即产生了由多条路径引起的多径衰落现象。

无线广播信道使用一对多的广播通信方式,过程复杂,由于广播信道上可连接较多无线通信设备,因此必须使用专用的共享信道协议来协调这些设备的数据发送。根据上述分析,在无线广播信道上要想进行可靠的数据通信,面临较多挑战。其中,由于无线网络具有动态变化的网络拓扑结构,无线环境中节点设备往往采用异步通信技术,节点的低发射功率导致较短的通信距离,一个突出的问题是无线环境下的节点通信存在着隐藏站问题(Hidden Station Problem)和暴露站问题(Exposed Station Problem)。

1. 隐藏站和暴露站

为便于分析,假设无线节点的电磁信号传播范围是以自身为中心的一个圆形区域,该圆的半径是节点的最大通信距离(此值与节点的发射功率有关),而且电磁波在传播过程中遇到障碍物时,其传播距离更短。此外,假设各个节点具有相同的通信距离。

在共享介质访问的条件下,无线节点为实现高效的数据传输,在发起数据通信前,往往需要先监测其周围是否存在正在发送数据的节点,如果存在此类节点,则发送节点将不进行通信、保持一段时间的沉默,从而不会影响正在进行的通信。当发送节点监测到信道空闲时便发送数据,但是在接收端,接收节点仍然有可能发生来自其他节点发送信号产生的碰撞,这种发送节点未能检测出介质上已存在信号的问题叫作隐藏站问题。如图 3-3(a)所示,当无线节点 A 和 C 都准备向无线节点 B 发送数据时,由于 A 和 C 彼此都不在对方的通信范围内,因此,互相都监测不到对方的无线信号,从而都认为 B 是空闲的,因而都会向 B 发送数据,结果在 B 上发生信号碰撞,此时,节点 A 和 C 互为隐藏站。另一方面,在图 3-3(b)中,无线节点 B 向 A 发送数据时,由于无线节点 D 不在 B 的通信范围内,实际上,B 向 A 的数据发送并不影响无线节点 C 向 D 发送数据。但是,当 B 向 A 发送数据;同时,C 又想和 D 通信时,此时,由于 C 在 B 的通信信号范围内,从而检测到无线介质上有信号,就不敢向 D 发送数据,这称为暴露站问题,C 为 B 的暴露站。

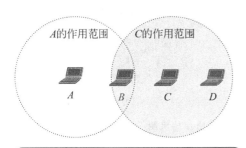
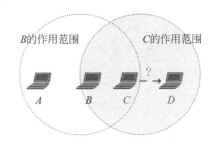

图 3-3　无线广播信道上的隐藏站问题和暴露站问题

根据上述分析,无线网络设备在广播信道上,可能出现信道使用监测错误的情况,监测到信道空闲,实际上并不空闲;而监测到信道忙,事实上信道并不忙。为高效利用信道资源,在无线网络中,只要不发生节点间数据的相互干扰,应该允许同时有多个网络节点对之间的通信。

2. 信道预约

为解决无线环境下的隐藏站问题,需要使接收节点周围的邻居节点能及时了解到它正在进行的接收操作。一个有效方法是发送节点在发送数据之前与接收节点进行控制消息的握手交换,通过该消息通知一定区域内的节点当前正在进行的通信,即采用 RTS/CTS 信道预约方式,该方式目前广泛应用在诸如 WLAN、MANET 等无线网络中。

RTS/CTS 信道预约方式的核心思想是收发节点在传输数据前对无线信道进行预约,通知发送节点和接收节点的邻居节点即将开始的数据传输,这些邻居节点在此后的一段时间内暂停自己的传输操作,从而避免对即将进行的数据传输造成碰撞,其具体做法如图 3-4 所示。在图 3-4(a)中,节点 A、B 和 D 在源节点 S 的无线信号覆盖范围内,而节点 E 和 F 在 S 的无线信号覆盖范围之外;B、E、F 和 S 在目的节点 D 的无线信号覆盖范围内,而节点 A 不在 D 的通信范围内。当源节点 S 有数据要传送时,首先检测无线信道是否空闲;如果空闲,则发送一个短的控制帧,叫作请求发送 RTS 帧(Request To Send),该帧包括发送节点的源地址、目的地址和本次通信需要的持续时间(含确认帧 ACK 的时间)等信息。目的节点 D 收到 RTS 帧后,若信道空闲,则向源节点 S 回送一个响应控制 CTS 帧(Clear To Send),表示允许源节点发送数据。在 CTS 帧中也包括本次通信所需要的持续时间(从 RTS 帧中将此数据直接复制到 CTS 帧中),以及节点地址等信息。源节点 S 收到 CTS 帧后就可发送其数据帧,目的节点 D 在接收完数据帧后,发送控制帧 ACK 确认,一次传输成功完成,如图 3-4(b)所示。

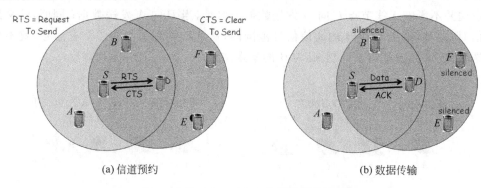

(a) 信道预约　　　　　　　　　　(b) 数据传输

图 3-4　基于 RTS/CTS 的信道预约机制

在发送节点、接收节点基于 RTS/CTS 的通信过程中,其他相关节点的动作如下。

对于节点 A 而言,A 处于源节点 S 的无线信号覆盖范围内,但不在目的节点 D 的无线信号范围内。因此,节点 A 能够听到 S 发送的 RTS 帧,但经过一小段时间后,A 听不到目的节点 D 发送的 CTS 帧(根据假设,D 也接收不到来自 A 的无线信号)。从而,在源节点 S 向目的节点 D 发送数据的同时,节点 A 也可以发送自己的数据而不会干扰目的节点 D 接收数据,如图 3-4(b)所示。

对于节点 E 和 F 而言,这两个节点听不到源节点 S 发送的 RTS 帧,但能听到目的节点 D 发送的 CTS 帧。因此,它们在接收到 D 发送的 CTS 帧后,会在节点 D 随后接收数据帧的时间段内保持沉默,关闭数据发送操作,从而避免干扰 D 接收来自 S 发送的数据。

对于节点 B 而言,它能接收到 RTS 帧和 CTS 帧,因此,为避免引起干扰,B 在源节点 S 发送数据帧的整个过程中都保持沉默,不发送数据。

虽然使用 RTS 和 CTS 信道预约机制会使整个网络的效率有所下降,但是这两种控制帧的长度都很短,通常只有几十个字节,而数据帧的长度最大可达几千个字节,相比之下的开销并不算大。相反,如果不使用这种控制帧,则一旦发生冲突而导致数据帧重发,浪费的开销将更大。

值得注意的是,这种经过精心设计的无线信道预约机制,在节点工作过程中仍然可能会发生冲突。节点 B 和 S 同时向节点 D 发送 RTS 帧时,这两个 RTS 帧在节点 D 发生冲突后,使得 D 收不到正确的 RTS 帧,因而 D 就不会发送后续的 CTS 帧。这时,节点 B 和 S 会像以太网环境下处理冲突那样,执行相关退避算法,各自随机地延迟一段时间后再重新发送 RTS 帧,以减小重发时再次发生冲突的可能性。推迟时间的退避算法主要包括二进制指数退避(BEB)、倍数增线性减(MILD)等算法。显然,节点退避时间计数值越短,它抢占信道的能力就越强;反之,它抢占信道的能力就越弱。也就是说,退避计数值反映了节点接入信道的抢占能力。

3.2 无线传感网 MAC 协议概述

介质访问控制(Medium Access Control,MAC)是确保网络高效工作的一项关键技术,MAC 协议主要是解决多个站点之间合理共享单个信道的问题,并决定站点何时占用信道进行数据传输,同时避免站点之间发生的传输碰撞。

无论是在 ISO 的 OSI 7 层网络体系结构,还是 Internet 的 4 层体系结构,以及无线传感网的二维体系结构中,MAC 层协议最主要的功能通常是在不可靠的物理信道上实现可靠的数据传输,该功能在干扰较多的无线信道上显得尤为重要。在无线传感网中,MAC 协议决定传感器节点无线信道的使用方式,在节点之间分配有限的无线通信资源,用来构建传感器网络系统的底层基础结构。无线传感网是一种具有节点性能受限、无中心、自组织、高密度、快速展开等特点的无线网络,由于没有中心主控制设备,所有节点分布式运行,协作地承担网络构造和管理功能,从而提供良好的容错能力和鲁棒性,这些网络特性给无线传感网的MAC 协议设计和使用带来很大挑战,对网络的性能有直接影响。

1. 无线传感网 MAC 协议设计需要考虑的因素

1) 能量因素

能量有效性是无线传感网 MAC 协议最重要的性能指标之一。由于无线传感网节点一般采用干电池、纽扣电池等提供能量,并且因为部署环境的特殊性,电池模块往往难以补充和更换,能量一旦耗尽将出现网络割裂现象,影响到无线传感网的正常服务。因此,在设计无线传感网时,有效利用节点能量、尽量延长网络节点工作寿命是设计各层协议都要考虑的一个重要问题。在节点的能耗分配中,无线收发模块的能耗远大于节点计算模块的能耗,占到非常大的部分,MAC 层作为直接控制无线收发模块的工作协议,其能量有效性直接影响到节点和网络的生存时间。

无线传感网节点的无线收发模块通常包括发送(Tx)、接收(Rx)、空闲(Idle)和睡眠(Sleep) 4 个工作状态,节点在这 4 个状态下的功耗不同,它们的功耗大小顺序依次递减,一类典型节点的相关模块功耗分布如图 3-5 所示。其中,发送和接收状态能耗处于同一个数量级,空闲状态的能耗通常低一个数量级,而睡眠状态的能耗要远小于节点正常工作(发送、接收)时的能耗,其差距高达三个数量级。因此,为了降低节点能耗,在设计 MAC 协议时,需要努力控制节点尽可能多地处于睡眠状态。另一方面,为了保证接收节点能够及时收到发送节点的数据,MAC 协议工作过程中不能使得节点处于睡眠状态过久,通常采用"侦听/

休眠"的交替信道访问策略。节点一般在空闲状态进行一定程度的侦听操作,如果侦听时间过长会造成节点能量的浪费,侦听时间过短又会错过正常的数据通信而引起过长的消息延迟。当侦听时段结束,节点进入低功耗睡眠状态,以减少不必要的通信冲突和空闲侦听。在无线传感网中,睡眠时间的长度选择是一个困难问题,而且涉及收发双方的同步控制。

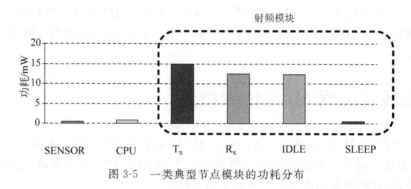

图 3-5　一类典型节点模块的功耗分布

如图 3-5 所示,在无线传感网中,节点能耗绝大部分主要集中于无线信道,造成网络能量消耗的主要因素包括碰撞(Collison)、串音(Overhearing)、侦听(Listening)三个方面。在传感器节点使用共享信道过程中,如果节点之间没有事先协调而进行数据传输的话(Aloha就是这种方式,任何节点想发送数据就发送),则有很大的可能与其他也在发送数据的节点发生碰撞,而在接收节点发生碰撞的两个帧都变得无用,不能被正确接收,因此,需要重新发送碰撞的数据,引起节点不必要的能量消耗。串音是指某节点接收到了不是发送给其自身的数据,很显然,串音造成节点接收和处理上不必要的能量开销。在"侦听/休眠"周期性过程中,节点在某时段内必须打开无线接收装置,以确保能够接收到发送给自身的数据。节点的无线收发装置只要打开而不做任何的接收操作,也是一个耗能的过程,而且其消耗的能量与收发装置真正在收发数据时所消耗的能量相差不大,处于同一个数量级。在 MAC 协议工作过程中,如果处理不当,节点将有大量时间处于这种状态,这将极大地造成节点能量无意义地消耗。

鉴于传感器节点的能量限制,在设计 MAC 协议时往往要求协议本身不能太复杂,要合理控制协议的控制开销;加之节点其他方面的能力限制,因此,无线传感网的 MAC 协议设计通常采用轻量级机制以减少对能量等资源的需求。

2)自组织问题

与其他无线网络相比,通常无线传感网的网络规模庞大,甚至多达成千上万的节点,如国内非常著名的绿野千传(GreenOrbs)项目,部署在浙江天目山进行森林碳汇和大气碳排放等监测,部署了一千多个节点,这些节点可不下线持续工作一年以上,该系统是目前国际上规模最大、运行时间最长的无线传感网应用系统之一。作为另一种无线传感网形态,比如,无线个人区域网络、家庭电灯控制网络等,这类无线传感网节点规模偏小。不论哪一类形态,无线传感网节点可能由于种种原因(环境影响、节点故障、恶意攻击、电磁干扰等)而退出网络、节点的位置也可能改变(即移动传感器网络)、新节点加入等,使得无线传感网的网络拓扑结构发生动态变化,从而影响到节点之间的链路关系。因此,无线传感网的 MAC 协议设计必须考虑网络的自组织问题,协议需要具备可扩展性。

此外,在节点自组织工作过程中,需要考虑网络访问的公平性,一方面单个节点需要具有公平访问无线信道的机会,不会因为距离、位置等因素使得少数节点长时间占用信道而其他节点存在部分程度的信道访问"饿死"现象;另一方面,为整体延长传感器网络寿命和保障网络服务质量,需要公平地控制节点能量消耗,即网络节点的能量消耗不能相差太多,从而节点之间同步地消耗能量,均衡了网络负载。然而,无线传感网以数据为中心、分布式工作等特点使得网络的公平性实现存在较大的困难。

3) 错误控制问题

无线信道是一个开放的信道,其广播特性往往使得无线通信更容易受多种因素的影响而发生不可靠数据传输。例如,在 2.4GHz 频段,集中了微波炉、WLAN、WSNs、车库门遥控等众多的设备,从而使得这个频段的信道往往拥挤不堪,存在着较多的通信冲突。因此,错误控制在 MAC 协议设计中是一个重要问题。

在无线传感网中,错误控制通常采用自动重传请求(ARQ)和前向纠错(FEC)两种方案。基于 ARQ 的方案主要通过接收方请求发送方重新传送已经丢失的数据帧和确认帧,是无线传感网中用于处理信道差错的常用方法之一,也称为后向纠错(BEC),该方法能够减少感知节点的处理开销,但是,在链路质量很糟糕的情况下,过多的重传将消耗较多的节点通信资源和管理开销,其有效性将受到限制。基于 FEC 的方案通过在传输码序列中加入冗余纠错码,在一定条件下,通过解码可以自动纠正传输错误,从而降低接收信号的误码率(BER)。由于 FEC 方案具有固定的解码复杂性,其解码过程中往往需要消耗大量的计算开销,这对低性能节点是一个需要考虑的问题,因此,只有在无线信道上的重传开销大于节点的计算开销时,该方案才有意义。

除上述问题需要考虑外,在设计无线传感网的 MAC 协议时,还应根据无线传感网的应用特点满足各自的网络性能需求。如前所述,无线传感网是高度应用相关,针对各类不同的应用系统,在满足各自网络生存时间的前提下,在设计 MAC 协议时,要偏重各自不同的性能需求,这些性能需求主要包括网络的吞吐量、信道的带宽利用率和数据传输的实时性等指标。

2. 无线传感网 MAC 协议设计面临的挑战

无线传感网具有有别于其他无线网络的典型特征,这些特征使得一些传统的 MAC 协议设计技术不能直接应用于该网络,同时,无线传感网 MAC 设计具有自己的特点,因此,无线传感网 MAC 设计面临较多挑战。

1) 网络结构的挑战

如前所述,无线传感网单个节点资源受限,节点综合能力弱,为了提供可靠的网络服务,往往会在监测区域内以冗余的方式高密度布置节点,使得部分节点死亡或个体能力低下而导致的区域处理能力不足等缺陷得以弥补,这种节点功能"备胎"布置方式能够最大限制地保障网络服务功能的延续性和自适应性。但是,节点的高密度部署增加了节点之间通信时发生冲突的概率,因此,需要一定的协商握手机制来减少这种冲突,这种握手机制需要额外的控制信息来实现节点间的协调,而这又进一步增加了信道上所要交换的信息量,可能会加剧冲突的发生。在设计无线传感网 MAC 协议时,应该最小化这种协调开销,以阻止更多冲突的发生。

2) 计算和存储能力的挑战

无线传感器节点体积小、成本低,其核心模块通常由低性能微控制器实现,目前使用比较广泛的包括 TI 的 CC 系列等芯片,如 CC2430、CC2530、MSP430 等,以及 Atmel 的 ATMega128L 等芯片,这类芯片其核心是 8/16 位 CPU,计算能力弱,程序和数据存储区通常只有几百 KB 的存储空间。因此,在这样的低性能平台上,复杂的 MAC 协议算法难以实现,不适合使用传统的分层协议实现结构,因为这种严格的分层实现资源开销过大,在资源受限节点上往往难以承受。为减少开销、提高协议的工作效率,在设计 MAC 协议时,往往采用跨层优化的方法。在传统网络设计方法中,各层的设计相互独立,因此各层的优化设计仅仅是局部最优,并不能最终保证整个网络的设计最优。无线传感网与传统分层网络最大的区别是协议各层之间能够紧密协作与信息共享,通过把 MAC 层与其上下层作为统一的整体进行设计、分析、优化和控制,同时,充分利用层间的相关性信息,进行 MAC 协议的整体优化。

3) 数据包空间和低成本的挑战

鉴于无线信道的高误码率,越长的数据包在传输过程中发生错误的概率越大,因此,为提高发送成功率,无线通信中的数据包长度相比有线网络都比较短。在无线传感网的开发平台 TinyOS 2.x 中,通信的数据包数据载荷长度为 28B,数据包的首部只有十几个字节或更少,在这样的平台上,关于 MAC 协议的设计其控制开销应该尽可能小,只能采用一些轻量级控制方案。

为降低成本,传感器节点只能配置便宜的、低性能的信号编解码器,因此,在设计 MAC 协议时,需要采用简单的 FEC 编码以进行差错控制,同时,需要充分利用信道状态来减少通信冲突的发生。此外,低成本节点往往只能配备精度不高的时钟晶振,这种晶振存在较大的时钟漂移和较大的环境影响,即使节点之间经过了时钟同步,一段时间后,节点时间将出现较大的偏差。因此,在这种情况下,传感器网络对时间同步要求较高,基于 TDMA 的 MAC 协议类往往难以设计和使用。

4) 各种性能指标间的折中

在设计无线传感网 MAC 协议时,网络的各种性能指标之间往往会发生冲突,通常难以做到各个指标均达到最优,此时需要合理取舍。例如,在侦听/睡眠周期性控制的 MAC 协议中,为降低节点能量消耗,希望尽可能长地处于睡眠状态,但如此一来会影响到数据传输的实时性;再比如,为提供节点无线通信的效率,可以使用双信道或多信道进行通信,但更多的硬件投入增加了节点成本。总之,在设计 MAC 协议时,需要根据应用的特点,在满足性能要求的情况下,各指标综合取舍。

3. 无线传感网 MAC 协议的分类

无线传感网是高度应用相关,不同的应用对其 MAC 协议的设计具有不同的需求,因此,目前出现了大量的、不同特点的 MAC 协议,并没有统一的 MAC 协议分类方法,但是大致可以分为如下 4 类。

(1) 根据介质访问的控制方式,可以分为分布式控制和集中式控制 MAC 协议。这类协议的设计和应用与传感器网络规模有关,为了具有良好的可扩展性,在大规模网络中通常采用分布式控制;而对于小型网络或者大规模网络的分层结构中可以采用集中式控制。

（2）根据物理信道的使用个数，可以分为单信道或多信道 MAC 协议。采用单信道 MAC 协议的节点体积小、硬件成本低，但是协议的控制帧和数据帧使用同一信道，降低了无线信道的利用率。多信道 MAC 协议有利于减少数据冲突和重传，提高了信道利用率，降低了传输时延，但是由于采用多个信道，节点的硬件成本高，而且存在无线信道频谱分配拥挤的问题。

（3）根据信道分配策略，可以分为固定分配信道、随机竞争信道和混合式的 MAC 协议。基于随机竞争的 MAC 协议不需要全局网络信息，通过竞争机制保证节点随机访问信道，该方法扩展性好，但节点间容易出现干扰，存在着隐藏站和暴露站问题。基于固定分配信道的 MAC 协议主要又分为基于分时复用 TDMA 的访问方式和基于频分复用 FDMA 的访问方式，这两种方式的共同特点是采用无冲突的信道预分配方案，在访问无线信道时，不会产生冲突，但这样的方式会一定程度浪费网络资源、灵活性不好、扩展性差，且对网络的时间同步要求高。混合式 MAC 协议是把基于预分配的固定信道使用和基于竞争的随机访问方式相结合，以适应无线传感网拓扑结构、节点业务流量等的变化。

（4）根据 MAC 协议发起方的不同，可以分为发送方发起的 MAC 协议和接收方发起的 MAC 协议。在无线传感网环境下，由于通信冲突仅对接收方节点造成影响，因此，接收方发起的 MAC 协议能够有效避免隐藏站问题，减少了冲突的概率，但是该类方案控制开销较大、实时性差。发送方发起的 MAC 协议思想简单，易于实现，然而由于缺少接收节点的状态信息，不利于实现网络访问的全局优化。

此外，根据传感器网络节点发射功率是否可调可分为功率固定的 MAC 协议和功率可变的 MAC 协议；根据是否需要满足相关性能要求，无线传感网 MAC 协议还可以分为能量高效 MAC 协议、实时 MAC 协议、安全 MAC 协议等。

3.3　竞争的介质访问协议 S-MAC

基于竞争的随机访问 MAC 协议采用按需使用信道的方式，当节点需要发送数据时，通过竞争使用无线信道。如果发送的数据产生了冲突，就按照一定策略重发数据，直到数据发送成功或多次失败而放弃发送。在无线传感网中，睡眠/唤醒调度、握手协调和减少睡眠时延是竞争协议需要重点考虑的三个主要问题。通常情况下，竞争的介质访问协议对时间同步的精度要求不高，但是为了实现及时可靠的通信和保证协议的高能效操作，需要为睡眠/唤醒调度机制和控制分组规划合理的时序关系。在无线传感网中，典型的竞争型 MAC 协议包括 S-MAC、B-MAC、Sift 协议等，本节中将详细介绍 S-MAC 协议的工作机制。

3.3.1　协议特点

S-MAC(Sensor-Medium Access Control)协议是 2002 年由 USC/ISI 的 Wei Ye 等人在 IEEE 802.11 协议的基础上，针对 WSNs 的能量有效性而提出、专用于 WSNs 的节能 MAC 协议，已经成为代表性的竞争类 MAC 协议。S-MAC 协议设计的主要目标是减少网络能量消耗，提供良好的可扩展性。作为以节能为主要目标的无线传感网 MAC 协议，S-MAC 的主要特点包括以下两个方面。

（1）周期性侦听和休眠。每个节点周期性地转入休眠状态，周期长度固定，节点的侦听活动时间也固定。节点苏醒后进行侦听,判断是否需要通信。为了便于通信,相邻节点之间,应该尽量维持调度周期的同步,从而形成虚拟的同步簇。同时,每个节点需要维护一个调度表,保存所有相邻节点的调度情况。节点进行同步时,需要广播自己的调度安排,使得新接入节点可以与已有的相邻节点保持同步。如果一个节点处于两个不同调度区域的重合部分,那么会接收两种不同的调度安排,节点可选择先收到的调度安排。

（2）消息分片和突发传输。考虑到 WSNs 的数据融合应用、无线信道误码率较高等特点,数据传输差错与消息长度成正比,短消息成功传输的概率要大于长消息。S-MAC 协议在工作时,将一个长消息分割成几个短消息,利用 RTS/CTS 握手机制一次预约发送整个长消息的时间,然后突发性地发送由长消息分割的多个短消息。发送的每个短消息都需要一个确认应答 ACK,如果发送节点对某一个短消息的应答没有收到,则立刻重传该短消息。

此外,为避免接收不必要消息,S-MAC 协议采用类似于 IEEE 802.11 的虚拟物理载波监听和 RTS/CTS 握手机制,使得不收发信息的节点及时进入睡眠状态。

S-MAC 协议的可扩展性较好,能够适应网络拓扑结构的动态变化,但协议的实现复杂性较高,而且需要占用节点大量的存储空间。S-MAC 同 IEEE 802.11 协议相比,具有明显的节能效果,但是由于睡眠机制的引入,节点不一定能及时传递数据,使得网络的传输时延增加、吞吐量下降;而且 S-MAC 协议采用固定周期的侦听/睡眠方式,不能很好地适应无线传感网的负载变化。

3.3.2　节点的侦听与睡眠

1. 周期性侦听与睡眠

在多数无线传感网应用中,如果节点没有感知到监测事件的发生,节点将处于空闲状态,这段时间节点要传输的数据量非常小,因此,没有必要使节点一直保持无线信道的侦听状态。S-MAC 协议通过让节点处于周期性休眠状态以减少节点的侦听时间,每个节点休眠一段时间,自动被唤醒并侦听是否有其他节点想和自己通信,其时间安排如图 3-6 所示。为了降低能量消耗,节点在休眠期间关闭无线电收发装置,并设置定时器,在定时时间到后自动唤醒自己。

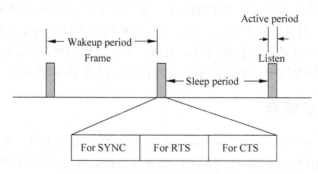

图 3-6　S-MAC 协议的周期性侦听和睡眠

侦听时间和休眠时间的一个完整周期称为一帧。在一帧中,侦听持续时间通常固定,该时间值根据协议栈的物理层和 MAC 层工作参数来决定,比如信道带宽、竞争窗口大小等。S-MAC 协议中用到了轮值周期(也称为占空比)的概念,轮值周期指侦听时间与整个帧长时间的比值,休眠间隔可根据不同的传感器网络应用需求而改变,这实际上是改变轮值周期。为简单起见,所有节点的这些参数值相同。在 S-MAC 协议中,所有节点都可以自由选择它们各自的侦听/休眠时间安排,然而,为了降低协议的控制开销,协议需要邻居节点之间保持同步,也就是说它们需要相同时刻进入侦听阶段、相同时刻进入休眠阶段。反之,比如节点 i 进入侦听阶段时,如果它的邻居节点们都处于睡眠状态,则节点 i 将找不到合适的邻居转发节点,也就不能发起数据通信。值得注意的是,在无线传感网的多跳网络结构中,并不是所有邻居节点之间都能够保持同步,如图 3-7 所示。如果节点 A 和节点 B 必须分别与不同的节点 C 和 D 同步,那么邻居节点 A 和 B 可能具有不同的时间安排,它们分别与节点 C 和 D 保持同步。

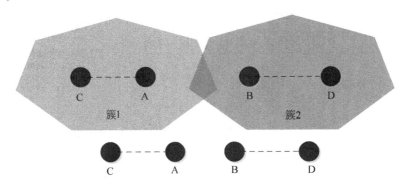

图 3-7 多跳网络的邻居节点 A 和 B 未必同步

S-MAC 协议的这种周期性侦听与睡眠机制会引起节点通信时延的增加,而且,这种时延在多跳网络中逐步累积,使得无线传感网应用的端到端时延较大,这在使用该协议时应该引起关注。为大幅减少这种时延,S-MAC 协议引入了自适应侦听机制,将在后面章节再做具体解释。

2. 时间调度表的建立与维护

为了实现节点之间的同步,需要节点周期性地向它们的直接邻居节点广播 SYNC 包(同步包,见图 3-6)来交换它们的时间表,显然该同步操作需要在节点的侦听时间内完成。实际上,节点在侦听时间内,既可执行发送操作,也会执行接收操作。在图 3-7 中,如果节点 A 想与节点 B 进行通信,节点 A 必须等待直到节点 B 进入侦听阶段。节点发送 SYN 包的时间间隔称为同步周期,在 S-MAC 协议中其值为 10 个监听/休眠周期。

S-MAC 协议工作时,每个节点需要维护一张时间安排表,用来存储其所知道的所有相邻节点的时间安排,在初始化阶段之前,该表为空。为了节点之间能够相互协调(生成、交换)它们的时间调度安排,而不是随机选择各自的调度安排,节点遵循以下步骤选择自己的时间安排并建立时间安排表。

(1)节点基于 IEEE 802.11 的避退机制计算一个随机避退时间,在该段时间后执行载波侦听,节点开始侦听,看是否有其他节点的 SYNC 同步包到来,此侦听时间至少持续一个同步周期。如果在该段时间内它没有听到从其他节点发来的时间调度表,则自己立即指定一个自己的调度表,并开始执行该调度安排。同时,立即通过 SYNC 同步包广播给其他节点,即告诉其他节点自己的调度表。此节点称为同步发起者(Synchronizer),其工作如

图 3-8 所示。

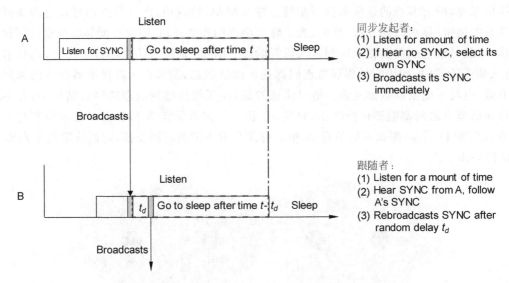

图 3-8　节点的睡眠调度控制

（2）如果在选择和广播自己的时间安排之前，节点从其他相邻节点那里接收到一个调度时间安排，它会遵从并设置与邻居节点相同的时间表，把该节点作为邻居节点，加入到自己的邻居节点表中，在随后的侦听阶段，它会竞争信道，如果竞争成功则广播这个接收到的时间表。该节点称为跟随者（Follower）。

（3）如果在节点选择并广播自己的时间安排 s 之后，节点接收到另一个不同的时间安排，那么分两种情况进行处理。一种情况是如果节点没有其他邻居节点，那么它会放弃自己当前的时间安排 s 而遵从新的时间安排；另一种情况是如果节点已经有一个或多个邻居节点遵从这个时间安排 s，那么它也会保留新接收到的调度安排，并且节点会分别在两个时间安排的监听阶段醒来，即该节点同时具有两个调度时间安排，该节点称为簇（Cluster）的边界节点。三类节点的调度安排如图 3-9 所示。

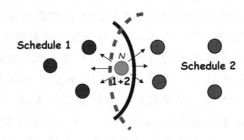

图 3-9　网内三类节点的调度安排

通过相邻节点之间的同步时间安排，图 3-9 中的节点形成了一个平面型的对等网络拓扑结构，节点在公用时间安排内形成虚拟簇，对等节点之间直接通信。该虚拟成簇的一个优点是在拓扑发生变化时，它比基于一般成簇方法有更好的适应性和可靠性，不足之处在于周期性休眠增加了节点的通信时延。

为进一步理解相邻节点时间安排表的建立过程，我们考虑这样一个网络，此网络内的所有节点能够相互接收对方的数据。首先启动的节点(仅一个)选定自己的时间安排表后,通过 SYNC 包的广播使得所有其他相邻节点同步到这个时间安排上。如果有两个或更多节点同时启动,那么它们将在相同时刻完成初始化侦听,并各自独立地选出相同的时间安排。不管哪个节点竞争得到介质访问权而首先发出 SYNC 分组,剩下的节点都将与其同步。然而,在多跳无线传感网中,两个节点如果不能直接听到对方的通信,那么这两个节点可能独立分配各自的时间安排而相继广播给其他相邻节点,此时处于两个时间安排边界的节点将可以拥有两个时间安排,其过程如图 3-10 所示。图中,节点 B 接收到节点 A 的时间同步安排后,它延迟一段时间后再把这个同步安排广播给它的邻居节点;随后,B 又接收到来自节点 C 的时间安排,那么 B 将采用两种时间安排。作为边界节点,B 仅将收到的同步包 SYNC 再广播发送一次。又如,在图 3-9 中,边界节点 N 在采用两个时间安排后,将在两个时间安排的侦听阶段醒来,从而进入活动状态。

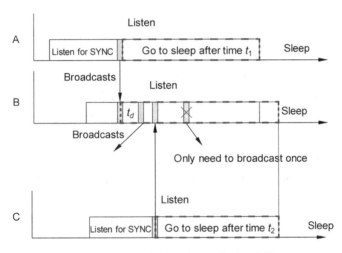

图 3-10 边界节点 B 采用两种时间安排

显然,边界节点采用两个时间安排的方案使得边界节点的睡眠时间偏少,因此,将消耗较多的能量。事实上,边界节点较少采用多种方案的时间安排,而是让其只选择一种时间安排,即只选择首先接收到的那个时间安排。因为边界节点知道有一些邻居节点遵从另一个时间安排,所以它仍然能够与这些邻居节点通信。该方法的优点是边界节点具有与其他节点一样简单的周期性侦听和睡眠模式。

如前所述,边界节点采用多种方案的时间安排情况较少,这是因为每个节点在选择一个来自其他邻居节点的独立时间安排之前,都要尽量遵从现有的时间安排。然而,新节点加入网络时,可能由于多方面原因而不能发现当前的邻居节点。一方面,这个邻居节点发送的 SYNC 同步包可能因为碰撞或干扰而被破坏,或者是由于介质忙而推迟发送 SYNC 包。如果新节点处于两个时间安排的边界上,且这两个时间安排不重叠,那么新节点可能只能发现第一个时间安排。

当两个相邻节点遵从完全不同的时间安排时,为了避免这两个节点总是相互不能通信,S-MAC 协议引入了周期性相邻节点发现机制,即每个节点周期性地侦听整个同步周期。一个节点接收到一个时间安排调度时,首先判断 SYNC 包中的同步发起者字段(syncNode)是不是新的,如果是新的,则说明这是一个新邻居节点的时间安排,然后将其加入到自己的时间安排调度表中,并记录该节点为邻居;如果不是新的,再查询邻居节点表中有没有发送该调度的节点的地址(srcAddr),如果没有则将其加入到邻居节点表中,否则丢弃。那么,节点应该多长时间进行一次邻居节点发现呢?节点执行邻居节点发现机制的频率取决于该节点所具有的邻居节点个数,没有邻居节点的节点要比具有多个邻居节点的节点更加主动、积极地执行邻居节点发现机制。需要注意的是,邻居节点发现阶段与初始化阶段一样,节点始终处于监听状态(没有休眠),节点能量开销很大,所以,不应该太频繁地执行该操作。在 S-MAC 协议实现中,同步周期的时间设置为10s,在具有至少一个邻居节点的条件下,节点每2min 执行一次邻居节点发现机制。当节点没有任何邻居节点时,那么该节点的邻居发现周期将缩短到30s。

3. 节点的同步维持

在 S-MAC 协议中,相邻节点需要相互协调各自的时间安排以同步地进入睡眠和侦听状态,由于每个节点存在时钟漂移会引起邻节点间的时间同步误差,因此,需要周期性地在邻节点之间进行同步维持。S-MAC 采用两种技术来提高节点抗同步错误的能力。首先,协议中节点交换的时间安排是相对的,而不是采用绝对的时间戳。接收节点的休眠时间是发送节点开始发送 SYNC 同步包时刻的相对时间,接收节点收到同步包时,将同步包中通知的下一次休眠时间减去该 SYNC 包的传输时间,得到新的睡眠时间安排,用该时间调整睡眠定时器。其次,协议使节点的侦听时间远大于时钟自身的误差和漂移,以减少同步误差。例如,0.5s 的侦听时间比典型的时钟漂移速率大 10^4 倍。相比于时隙时间非常短的 TDMA 方案,S-MAC 协议对时间同步的要求宽松得多。虽然长的侦听时间能够容忍相当大的时钟漂移,但是,相邻节点仍然需要周期性相互交换以更新自己的时间安排,从而防止出现累积的时钟漂移。在测试床的测试结果表明,两个节点间的时钟漂移速率不会超过 0.2ms/s,可见,同步周期可以相当长。

如上所述,S-MAC 协议中节点的时间安排通过交换 SYNC 包完成,SYNC 包非常短,主要包含发送节点地址和下一次睡眠时间等信息。为了使得节点便于接收 SYNC 包和数据包,协议将侦听时段分成两部分,第一部分用于 SYNC 同步包,第二部分用于数据包,如图 3-11 所示,其中,CS 表示载波监听,T_x 表示发送,R_x 表示接收。发送者想要发送 SYNC 包时,它在接收者监听阶段进行介质载波监听(可能有其他发送者),并随机选择一个时隙来完成载波监听,如果时隙结束没有监测到信息传输,则该发送者赢得信道,并同时发送它的 SYNC 包。发送者在赢得信道后,为发送数据,首先需要再次进行载波侦听,如果介质空闲,则发送 RTS 帧,在表示发送请求的同时可预留信道使用权,接收方收到 RTS 帧后,也要进行载波侦听,在获取信道使用权后,回送 CTS 帧给发送方,表示允许对方发送并再次预留信道使用权,发送方在收到 CTS 帧后,准备发送数据。如图 3-11 所示,在侦听阶段结束后,如果有数据需要发送不是进入睡眠阶段而是进入数据收发阶段。

4. 自适应侦听

在网络流量载荷较轻时,周期性侦听和睡眠能够大幅度减少节点处于空闲状态侦听的时间,从而减少节点的能量消耗。然而,当网络中确实出现需要处理的感知事件时,要求感知的数据在网络中的传输时延不能过大。在 S-MAC 协议中,当每个节点都严格遵从其睡

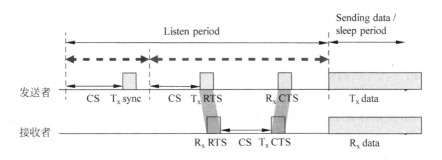

图 3-11 侦听/睡眠/数据收发阶段节点间的时序

眠时间安排时,网络的每跳转发将增加潜在的时延,其平均值与帧长成正比。为减少时延、提高响应能力,S-MAC 协议采用了自适应侦听机制,将节点从低轮值周期状态的工作方式切换到更加活跃的工作方式。

自适应侦听机制的基本思想是如果节点在进入睡眠之前,侦听到了邻居节点的信息传输,则根据侦听到的 RTS 或 CTS 控制消息,判断此次传输所需要的整个时间,然后在相应的时间后醒来一段时间。如果这时发现自己恰好是正在传输的下一跳节点,则邻居节点的此次传输就可以立即进行,而不必等待;如果节点在自适应侦听期间,没有侦听到任何消息,则判断出自己不是当前传输的下一跳节点,该节点立即返回睡眠状态,直到下一个时间调度中的侦听时间到来。自适应睡眠 S-MAC 协议在性能上通常优于基本 S-MAC 协议,特别是在多跳网络中,可以大大减小数据传递的时延。

考虑如图 3-12 所示的自适应侦听过程的定时关系(CS 表示载波侦听),如果下一跳节点是发送者的一个邻居节点,则它会接收到 RTS 帧;如果它是一个接收者的相邻节点,则它会接收到 CTS 帧。因此,发送者和接收者的邻居节点都会从 RTS 和 CTS 帧中知道本次传输的持续时长度,从而,收发节点的邻居节点能够自适应地在本次传输结束时自动醒来。自适应侦听时间不包括发送 SYNC 包的时间,而正常的侦听时间包括 SYNC 包的传输时间,如图 3-12 所示。SYNC 包必须在预定的监听时间内发送,以确保所有邻居节点能够接

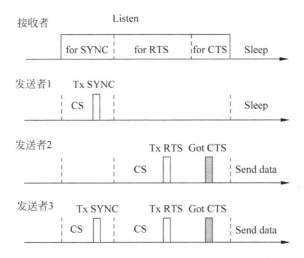

图 3-12 一个接收节点和三个发送节点间自适应侦听的时序关系

收到它从而维持节点间的同步。为了给 SYNC 包的发送操作更高的优先权,如果从上一次传输结束到正常安排的侦听时刻的持续时间小于自适应侦听时间间隔,那么 S-MAC 协议不执行自适应侦听和发送操作。值得注意的是,并不是所有下一跳节点都能够从上一次传输中旁听到前一次发送的帧,特别是前一次发送是自适应启动的情况更是如此,即不是在预先安排的侦听时间。所以,如果一个发送者在自适应监听阶段通过发送 RTS 帧来开始传输,而下一跳节点正好处于睡眠状态,则发送节点可能收不到 CTS 应答,此时,发送节点只能退回到睡眠状态,等到下一个正常侦听时间重新尝试发送。换句话说,自适应侦听机制只能提前预约一跳节点,实现在一个侦听/睡眠周期内两跳消息传输,而不能保证消息的连续传输。图 3-13 给出了基于自适应侦听机制的 S-MAC 协议数据传输过程,由图可见,节点 C 和节点 B 在自适应侦听阶段启动侦听,从而能够提前退出睡眠状态,进行数据的收发,减少了数据发送的延迟。

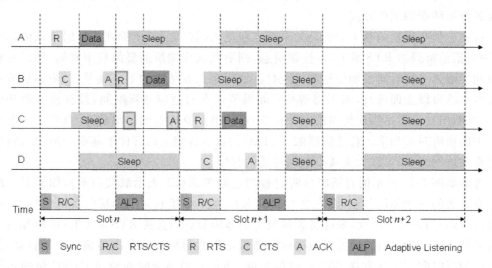

图 3-13　带有自适应监听机制的 S-MAC 数据传输过程

3.3.3　介质访问的冲突避免

1. 旁听避免

如果多个邻居节点同时想与一个节点通信,它们将试图在该节点开始侦听时发送消息,此时,这些邻居节点需要竞争介质使用权。在竞争协议中,IEEE 802.11 在冲突避免方面做得比较好,每个节点连续侦听其邻居节点的所有发送操作,以便执行有效的虚拟载波侦听,结果使得每个节点旁听到大量不是发送给自己的信息帧,浪费了大量节点能量。然而,在 IEEE 802.11 工作环境中,节点能量不是限制网络性能的关键因素,因此,这种方式可以工作得很好。S-MAC 协议采用类似的方法,包括虚拟载波侦听、物理载波侦听和解决隐藏站问题的 RTS/CTS 机制,但不采用连续侦听而是周期性侦听。在节点开始传输数据前,发送节点首先发送一个请求发送 RTS 帧给接收者,接收节点在收到该帧后回复一个清除发送 CTS 帧,发送节点在收到 CTS 帧后,则开始发送数据帧,RTS 与 CTS 的握手是为了使得发送节点和接收节点的邻居节点知道它们正在进行数据传输。周围的干扰节点在旁听到通信节点发送的 RTS/CTS 帧后，干扰节点就进入睡眠状态，从而减少旁听和冲突。那么，如果正在进行一次数据传输，哪些节点应该进入睡眠状态呢？

图 3-14 节点 A 和 B 通信时邻居节点的睡眠控制

图 3-14 中，节点 A、B、C、D、E 和 F 形成一个多跳网络，且假设每个节点只能侦听到与它直接相邻的节点传输的数据，节点 A 正在传输一个数据包到节点 B，我们来分析周围哪些邻居节点会进入睡眠状态。很明显，在 A 准备向 B 发送数据时，D 也可能有数据需要发送给节点 F；其次，需要知道在无线通信环境中，冲突发生在接收节点。在节点 B 接收来自 A 的数据时，节点 D 应该进入睡眠，因为它的传输干扰了 B 的接收。由于节点 E 和 F 的信号不能到达节点 B，所以 E 和 F 并不对 A、B 之间的传输产生干扰，它们不需要进入睡眠。然而，节点 C 需要进入睡眠吗？C 距离 B 有两跳远，它的传输不会影响节点 B 的接收，所以 C 可以自由地发送数据到它的其他邻居节点，例如节点 E。然而，节点 A 发送数据帧给节点 B 后，需要等待节点 B 发送回来的 ACK 确认帧，节点 C 的发送操作可能会损坏这个确认帧。此外，节点 C 不能够接收来自节点 E 的消息，例如，RTS 帧或数据帧，这是因为节点 E 的传输和节点 A 的传输在节点 C 处发生冲突，所以 C 的传输仅仅是浪费能量。总之，所有发送节点和接收节点的直接邻居节点在它们听到 RTS 帧或 CTS 帧后都应该进入睡眠，直到当前的传输结束，图中的 ✗ 表示必须进入睡眠状态，✓ 表示可以处于活动状态。

在 S-MAC 协议中，每个节点都保持了一个网络分配矢量（NAV）来表示邻居节点的活动时间。实际上，每个传输帧中都有一个持续时间字段来标识该帧要传输多长时间，如果一个节点收到一个传输给另一个节点的帧，该节点就能从此帧的持续时间字段知道在多长时间内不能发送数据，此段时间称为网络分配矢量（NAV）。节点以变量形式记录 NAV 值，并以此值启动一个定时器，每次计数脉冲到，节点递减定时器的 NAV 值，直到减小到 0 才能访问信道。在节点准备启动数据传输时，首先检查它的 NAV 值，如果该值不为 0，节点就认为介质忙，这就是所谓的进行虚拟载波侦听。只有当虚拟载波侦听和物理载波侦听都表明介质空闲，那么传输介质才是真正的空闲。

然而，在某些情况下也需要节点进行旁听。有些网络协议算法可能会依靠旁听来收集相邻区域的信息，用于网络监控、可靠路由或者分布式查询。在 S-MAC 协议中，如果需要节点旁听的话，可以进行应用相关的旁听配置。但是，不进行旁听的协议算法可能更适合能量受限的无线传感网。例如，S-MAC 协议中，采用的是直接数据应答，而不是隐式应答。

2. 消息分片

一条消息就是数据有意义的、相关单元的集合。在网络中，接收节点进行数据处理或进行数据融合前，一定要保证消息内容的正确，消息分片的目标是减少错误包重传时的开销，从而减少竞争的时延和能量消耗。某些情况下可能需要传输较长的消息，如果将长消息作为一个完整数据包发送，由于数据包过长很容易受突发干扰而导致几个比特的数据出错，而数据包一旦发送失败就必须重传整个数据包,但是,实际上只需要重传出错的数据部分。另一方面,把长的消息分割成数个短消息包时,由于每个短的消息包都需要单独的 RTS 和 CTS 控制包,这样将极大地增加协议的总体控制开销,降低传输效率。

S-MAC 协议将长消息分成许多小的数据分片,然后按照突发方式一起传输它们。传输时,为降低开销只使用一次 RTS/CTS 控制帧,从而一次性预约这些小数据分片传输所需要的全部时间。每当发送一个小数据分片时,发送节点等待接收节点发回的 ACK 控制帧,通过 ACK 帧解决数据传输过程中的小数据分片错误重传和隐藏站问题,如果在规定时间内没有收到 ACK 控制帧,则增加预留的小数据分片发送时间并立即重传当前数据分片。而对于解决隐藏站问题,ACK 控制帧相当于 CTS 的功能,能够防止传输期间某个邻居节点醒来或新节点加入网络对当前数据传输造成的冲突。如果某节点只是接收节点的邻居节点而不是发送节点的邻居节点,那么该节点旁听不到数据分片,此时,如果接收节点不经常发送 ACK 帧,则该节点很有可能进行载波侦听而误判无线信道是空闲的,从而启动自己的数据发送影响到当前接收节点的数据接收。与前面的做法一样,每个帧都包含一个持续时间字段,用于记录发送所有剩余数据分片和 ACK 控制帧所需的时间,邻居节点旁听到 RTS 帧或 CTS 帧,通过该字段决定进入睡眠状态的持续时间。如果当前有数据正在传输,一个节点苏醒或者新节点加入网络中,则该节点可以正确地进入睡眠状态,而不管这个节点是否是发送节点或接收节点的邻居节点。假如发送节点由于数据分片丢失或发生误码而延长了传输时间,那么正处于睡眠状态的节点并不能立即知道延长的时间,只有等到苏醒后通过旁听传输的数据分片或 ACK 帧才能获知延长的时间

在图 3-15 中,发送节点通过 RTS 控制帧一次性预约所有数据分片和 ACK 帧的传输时间,类似地,接收节点通过 CTS 帧完成同样的功能。接收节点实时检查接收到的数据分片,并且通过 ACK 控制帧通知发送方数据分片收到。如果发生错误,接收节点要求发送节点重传错误的数据分片。接收节点周围的邻居节点听到接收节点发出重传请求的 ACK 控制帧时,将会多等待一段时间,等发送者重新发送数据后才开始数据传输(读者可以在图 3-15 中画出这种情况),因此,减少了重传时可能的介质竞争,增加了网络能效。

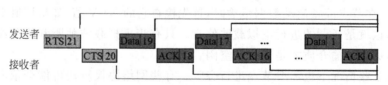

图 3-15　S-MAC 协议的分片传输机制

相比之下,在 IEEE 802.11 的分片传输控制机制中,RTS 和 CTS 帧只为第一个数据分片和第一个 ACK 控制帧预约信道,第一个数据分片和 ACK 控制帧为第二个数据分片和 ACK 帧预约信道,以此类推,直到传输完所有的数据分片。每个相邻节点在收到一个数据分片或 ACK 帧后,就知道随后还要发送数据分片,所以相邻节点必须继续侦听信道,直到所有数据分片发送完为止。IEEE 802.11 这样做的原因是为了提高介质访问的公平性,如果发送节点在发送某一个小数据分片后,没有收到 ACK 回复,就必须放弃传输,并重新竞争信道,这样,其他节点就有机会传输数据,而对于整个数据包的接收来说,就造成了较大的延时。S-MAC 的消息分片传输机制保证了在数据传输过程中基本没有竞争,因此,传送一

个完整数据包的时延大大减小,在减少控制开销的同时降低了能耗。另一方面,S-MAC协议对每条消息的传输时间延长做了限制,以防止接收节点在传输期间真正崩溃或者连接丢失。然而,对于无线传感网而言,应用层面的性能才是它的最终目标,而不必过多关心节点级介质访问的公平性。

3.3.4　协议的通信结构设计

1. 协议的分层模型

类似地,S-MAC协议采用与传统网络一样的分层协议设计模型,从而能够有效建立在传感器节点和TinyOS之上。模型的各层目标是提供标准的网络服务和接口,使得不同层上的协议可以并行设计。S-MAC协议栈实现了物理层和MAC/链路层,图3-16给出了详细的协议栈结构和每层的组件功能。

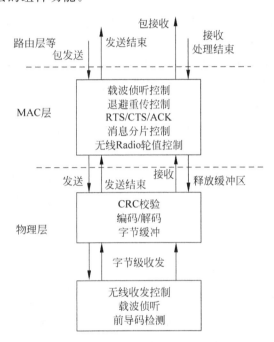

图 3-16　S-MAC 的协议栈结构和服务功能

协议栈底部的射频控制层是由许多控制无线信道的组件构成,它向上层提供了清晰简单的接口,从而上层组件能够控制无线信道进入不同的状态,包括空闲、睡眠、发送和接收 4个状态,射频控制层还实现了物理载波侦听、开始信号检测、接收帧的同步检测等功能。射频控制层之上的组件提供了到 MAC 层的物理层接口。对于发送操作,这些组件接收来自MAC 层的帧,计算 CRC 循环冗余校验,对每个字节进行编码,然后传到射频控制层。对于接收操作,物理层接收无线信道上的每个字节,在整个帧收齐后对其解码并进行 CRC 校验,最后把校验结果和整个帧一同上传到 MAC 层。在物理层之上是 MAC 层,其基本功能是控制介质的合理访问,以避免潜在的冲突。在 MAC 层,为实现数据包的单播发送,使用了RTS/CTS 机制来解决隐藏站问题,该机制也被用于旁听避免以阻止节点的能量浪费;消息发送使用分片机制,实现了长消息的有效传输,通过 ACK 和重传实现了错误帧的快速恢复；为减少能量消耗，节点采用低轮值周期，进行周期性睡眠和侦听，该轮值周期是用户可调的。

　　MAC 层接收上层的分组发送请求后，如果介质访问退避策略和载波侦听表明无线介质当前是空闲的，它将把分组下传到物理层立刻启动发送；否则，将睡眠等待直到下一个可用的传输时间，重新尝试是否能够发送。当 MAC 层接收到来自物理层正确的数据分组时，它将把该分组提交到上层。

2. 帧格式和缓冲区管理

　　在 S-MAC 协议的介质访问控制过程中，涉及两种不同的帧格式，一类是 SYNC 同步帧结构；另一类是 RTS/CTS/ACK 帧结构，分别如表 3-1 和表 3-2 所示。SYNC 帧的字段主要包括帧类型、帧长、源地址、同步者、下一次休眠时间和帧校验。帧类型占两个字节，表示当前传输的是哪一种帧。帧长占两个字节，表示 SYNC 帧的总长度。源地址占两个字节，表示发送 SYNC 帧的是哪个节点。同步者，即同步发起节点，占两个字节，表示该同步帧是由哪个节点发起。下一次休眠时间占 4 个字节，表示从现在开始到下一次休眠还需要多长时间，用来与其他节点同步睡眠/侦听的时间安排。帧校验占两个字节，用来存放整个帧的校验结果。RTS/CTS/ACK 帧的字段与 SYNC 帧的字段类似，主要包括帧类型、帧长度、目的地址、源地址、持续时间和帧校验。目的地址占两个字节，表示该帧发送给哪个目的节点。持续时间占 4 个字节，表示随后的数据和确认信息传输需要的时间，该字段用来让周围邻居节点进行虚拟载波侦听。

表 3-1　SYNC 帧结构
int type(帧类型)
int length(帧长度)
int srcAddr(源地址)
int syncNode(同步发起节点)
double sleepTime(从现在开始的下一次休眠时间)
int crc(帧校验)

表 3-2　RTS/CTS/ACK 帧结构
int type(帧类型)
int length(帧长度)
int dstAddr(目的地址)
int srcAddr(源地址)
double duration(数据传输时间)
int crc(帧校验)

　　S-MAC 协议采用嵌套的头结构来管理物理层、MAC 层和应用层的数据，这种结构使得在资源受限节点上管理协议数据具备了所需的灵活性，各层之间共享协议数据缓冲区，而不需要进行存储器复制操作。在嵌套头结构中，每一层都定义了自己的协议头部结构，该头部结构被添加到上层协议数据包中，构成了上层协议数据首部的第一个字段。图 3-17 给出了具有嵌套头结构的协议数据缓冲区。物理层首部只有一个长度字段，MAC 层在物理层首部的后面又添加了目的地址和源地址两个字段，而应用层在 MAC 层首部后面添加了类型和序号两个字段，最后，应用层定义了完整的数据包结构，包括应用层首部、数据载荷和检验字段。S-MAC 工作时，各层共享同一个缓冲区，各自访问各自的首部，从而实现了高效的缓冲区访问。

3.3.5　协议的实现

　　S-MAC 协议实现的目的是为了证明协议的能效性，并将其与没有节能特性的 MAC 协

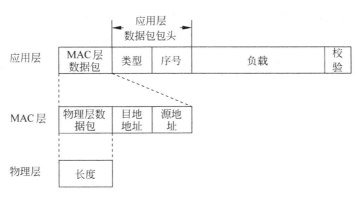

图 3-17 应用层分配具有嵌套头结构的数据包缓冲区

议进行比较。协议采用 UCB 开发的 Mote 传感器作为开发平台和测试床,在 Mote 上运行 TinyOS,其是一个专门针对无线传感网节点有效的事件驱动操作系统。

协议已经在典型的传感器节点 Mica 上实现。Mica 节点包括一个 Atmel 公司的 ATmega128L 微控制器,该控制器包含 128KB 的 Flash 存储器、4KB 的数据存储器。此外,节点上配备有 RFM TR3000 无线射频收发器,以及一根匹配的鞭状天线,调制方案是幅移键控(Amplitude Shift Keying,ASK),在射频模块处于接收、发送、睡眠时,能耗分别为 14.4mW、36mW、15μW。

S-MAC 协议的实现不是基于 TinyOS 中的标准协议栈,而是实现了自己的一套协议栈,这个协议栈包含一些 S-MAC 新的关键特征。S-MAC 协议栈采用分层的体系结构,各层提供标准的接口和服务,从而可以并行开发实现各层的协议功能。协议栈将物理层功能和 MAC 层功能明确分开,由物理层直接控制射频通信,为上层协议提供 API 服务接口,以便使射频模块进入不同的状态,包括发送、接收、侦听和睡眠。物理层完成启动符号监测、信道编/解码、字节缓冲和 CRC 校验等,此外,还提供载波侦听,但此功能完全由 MAC 层控制。为便于分组定义,该协议栈采用了嵌套头结构。每层自由定义分组类型和头部信息,并对上层传下来的分组添加本层的头部信息,上层组件在定义自己的分组格式时,必须在其头结构的第一个字段中填写其直接相邻的下层协议的分组头。因此,每个分组缓冲区包含协议各层的头结构,从而避免了跨层的存储缓冲区复制开销。

表 3-3 列出了协议实现时的一些重要参数。S-MAC 协议采用曼彻斯特编码作为信道编码方案,曼彻斯特编码是鲁棒的 DC 平衡码,其开销为 1:2,即每个数据比特经过曼特斯特编码后编成两个比特,扩大了一倍的开销。S-MAC 根据协议的需要和硬件特性来选择具体的工作参数,允许用户在编译时选择不同的选项,将协议配置成不同的工作模式。重要的参数选项包括如下几个。

(1)轮值周期选择。该选项允许用户选择 S-MAC 的各种轮值周期,其值范围在 1% ~ 99%之间。

(2)完全活动方式。该选项完全关闭周期性睡眠策略,主要是用于性能比较研究。

(3)禁止自适应侦听。低轮值周期方式下的默认方式就是自适应侦听,该选项关闭自适应侦听,每个节点严格遵守自己的侦听时间安排。

值得注意的是,S-MAC 协议的实现不但控制射频模块的周期性睡眠和侦听,而且也控

制其他的硬件适时地进入睡眠状态,例如,在无任务处理时,协议使节点的 CPU 进入睡眠
状态以节约能量。

表 3-3　在 Mica 节点上实现 S-MAC 协议时的参数

射频带宽	20kb/s
信道编码	曼彻斯特编码
控制帧长度	10B
数据帧长度	最多 250B
MAC 帧头长度	8B
轮值周期	1% ~ 99%
侦听阶段持续时间	115ms
SYNC 的竞争窗口	15 时槽
数据的竞争窗口	31 时槽

3.3.6　时延分析与性能测试

1. 时延分析

S-MAC 协议的周期性侦听睡眠机制虽然大大减少了节点的空闲侦听时间,降低了节点
能耗,但代价是数据包的延时将随经过的跳数而线性增加。对于多跳网络中传输的一个数
据包,每跳的时延包括以下 6 个方面。

(1) 载波侦听时延:发送节点进行载波帧听所花费的时间,该值取决于竞争窗口的
大小。

(2) 退避时延:信道忙(当前有数据在信道上传输)或者有冲突产生而导致载波侦听失
败而引起的时延。

(3) 传输时延:取决于信道带宽、数据包大小和信道所采用的编码方案。

(4) 传播时延:取决于发送节点和接收节点的距离。在无线传感网中,无线电信号传
播速度快,节点之间的距离通常不大,因此,该部分时延可以忽略不计。

(5) 处理时延:节点在收到数据包转发到下一跳之前,需要对该数据包进行处理(例
如,数据融合)所花费的时间。它的值主要依赖于节点的计算能力和网内数据处理算法的
效率。

(6) 排队时延:依赖于流量载荷。在重负载情况下排队时延是每跳延时的主要因素。

上述 6 个方面是采用基于竞争 MAC 协议的多跳网络固有的延迟因素,无论是对于 S-
MAC 协议还是 IEEE 802.11 都相同。S-MAC 另一个重要的时延因素是由于周期性睡眠
引起的睡眠延迟,即当一个发送节点要发送数据包时,它必须等到接收节点苏醒,这种时延
由接收节点睡眠引起,因此称为睡眠时延。为分析简单起见,假设网络负载非常轻,那么如
果只有一个数据包通过网络,就没有排队时延和退避时延;同时,我们忽略传播时延和处理
时延。因此,在分析时主要考虑载波监听时延、发送时延和休眠时延。

设数据包从源节点到汇聚节点经过 N 个转发跳,每一跳的载波监听时延随机,标记数
据包在第 n 个转发跳处所花费的载波监听时间为 $t_{cs,n}$,其均值由竞争窗口的大小决定,设值
为 t_{cs}。如果数据包长度固定,则单跳内的发送时延也是固定的,记为 t_{tx}。在不进行睡眠的

情况下,节点接收到一个数据包时,立即启动载波侦听,试图将该数据包转发到下一跳。根据上述假设,在第 n 个转发跳节点的平均时延为 $t_{cs,n}+t_{tx}$,数据包经过 N 跳的总延时为

$$D(N) = \sum_{n=1}^{N}(t_{cs,n}+t_{tx}) \tag{3-1}$$

所以,没有睡眠机制的 MAC 协议经过 N 跳的平均时延为

$$E[D(N)] = N(t_{cs}+t_{tx}) \tag{3-2}$$

式(3-2)说明,在没有睡眠机制的 MAC 协议中,多跳延迟正比于数据包经过的跳数,随跳数递增而线性增大,直线的斜率等于平均侦听时间和数据包传输时间的和。

在 S-MAC 协议中,每个转发跳都存在睡眠延时,第 n 个转发跳节点的睡眠延时为 $t_{s,n}$,为便于分析,假设路径上的所有节点都遵循相同的时间安排。一帧包括一个完整的侦听时间和睡眠时间,帧长表示为 T_f,由于侦听时间长度固定,所以可以通过调整睡眠时间来改变帧的长度。为了分析较小轮值周期情况时的延时性能,例如,轮值周期小于等于 10%,T_f 取一个很大的值,且比 t_{tx} 大得多,在包含睡眠调度安排情况下,数据包在第 n 转发跳的延时为

$$D_n = t_{s,n} + t_{cs,n} + t_{tx} \tag{3-3}$$

在没有自适应侦听的 S-MAC 中,节点都在每个帧周期开始时进行载波监听,进行信道竞争,节点在接收到一个数据包后必须等到下一个转发跳节点醒来,而下一个转发跳节点醒来时刻就是下一帧开始时刻,即必须在下一个周期才能将此数据包传输至下一跳转发节点,于是有

$$T_f = t_{cs,n-1} + t_{tx} + t_{s,n} \tag{3-4}$$

因此,可计算出在第 n 个转发跳由于睡眠造成的时延为

$$t_{s,n} = T_f - (t_{cs,n-1} + t_{tx}) \tag{3-5}$$

将式(3-5)代入式(3-3),得到在第 n 个转发跳节点的时延为

$$D_n = T_f + t_{cs,n} - t_{cs,n-1} \tag{3-6}$$

上述推导过程中,第一个转发跳的睡眠时延有所不同。因为数据包可以在源节点的第一个时间调度安排内的任一时间产生,所以,第一个转发跳节点由于睡眠导致的睡眠时延 $t_{s,1}$ 是一个分布在 $(0, T_f)$ 上的随机值。假设 $t_{s,1}$ 在 $(0, T_f)$ 上服从均匀分布,那么 $t_{s,1}$ 的均值等于 $T_f/2$。综合式(3-3)和式(3-6),可以计算出一个数据包经过 N 跳转发节点所产生的总时延为

$$
\begin{aligned}
D(N) &= D_1 + \sum_{n=2}^{N} D_n \\
&= t_{s,1} + t_{cs,1} + t_{tx} + \sum_{n=2}^{N}(T_f + t_{cs,n} - t_{cs,n-1}) \\
&= t_{s,1} + (N-1)T_f + t_{cs,N} + t_{tx}
\end{aligned} \tag{3-7}
$$

其均值为

$$
\begin{aligned}
E(D(N)) &= E[t_{s,1} + (N-1)T_f + t_{cs,N} + t_{tx}] \\
&= T_f/2 + (N-1)T_f + t_{cs,N} + t_{tx} \\
&= NT_f - T_f/2 + t_{cs} + t_{tx}
\end{aligned} \tag{3-8}
$$

从式(3-8)可以看出,在无自适应侦听的 S-MAC 协议中,当节点都严格遵循各自的睡眠

时间安排时,数据包的多跳时延和其经过的跳数成线性增长关系,直线的斜率为帧长度 T_f。与式(3-2)相比,因为轮值周期非常小,所以,通常 T_f 比($t_{cs}+t_{tx}$)大很多,从而,周期性睡眠机制给数据包的每跳转发都增加了新的时延。为减少周期性睡眠机制引起的数据包传输时延,S-MAC 协议采用自适应监听机制,该机制能够使得数据包经过 N 跳转发后,总时延减少一半,限于篇幅,本教材不再做具体阐述,有兴趣的读者可以参照文后的参考文献自行分析。

2. 协议的性能测试

性能测试的目的是为了揭示 S-MAC 协议中能量、时延、吞吐量之间的平衡关系,测试、比较协议不同模块的性能。为便于在多跳网络中测试多条消息的传输,在每个节点的应用层增加了一个消息队列,用于缓存发出的消息。

1) 能耗

为了测试射频模块的能耗,需要测量射频模块在不同工作状态下的花费时间,包括睡眠、发送、接收和空闲 4 种状态,然后分别计算每种状态下的能量消耗,将工作时间乘以工作状态下的功率即可算得能耗。采用这种间接的功耗测量方式是因为在体积小、功率低的 Mica 节点上直接测量当前能耗相当困难。

为测试节点能耗,我们以线性多跳网络作为测试结构,S-MAC 协议在 Mica 节点上实现,具有 11 个节点的多跳(10 跳)线性网络如图 3-18 所示,其中,第一个节点为源节点 Source,最后一个节点是汇聚节点 Sink,其他为中间的转发跳节点。各节点按照最小功率发送数据,每个节点间隔 1m。

图 3-18 协议测试用的 10 跳网络

实验时,通过改变源节点上的消息到达间隔来改变网络的流量载荷,消息到达的间隔周期变化范围在 0～10s 之间,0s 到达间隔表示所有的数据包在源节点一次性产生,并缓存到队列中。在每种流量载荷下,独立地进行 5 次实验,每次实验中源节点发送 20 条消息,每条消息长度为 100B,且所有消息不分片。协议在以下三种情况下进行测试。

(1) 轮值周期为 10%、没有自适应监听的 S-MAC;

(2) 轮值周期为 10%、有自适应监听的 S-MAC;

(3) 完全活动方式,没有周期性睡眠的 S-MAC。

因为周期性侦听持续时间为 115ms,10%的轮值周期意味着帧长为 1.15s,即协议的睡眠/侦听周期为 1.15s。

图 3-19 表示固定数量的数据包从源节点经过多跳网络传输到汇聚节点时,整个网络中射频模块所花费的通信能量。由图可见,在该网络结构中,具有睡眠/侦听节能机制的 S-MAC 协议在绝大多数网络负载情况(尤其在轻载荷条件)下,能耗要远小于不具有睡眠机制的 MAC 协议。通过比较两种以轮值周期为 10%的 S-MAC 协议模块,可以发现具有自适应监听的 S-MAC 协议比不具有自适应侦听的 S-MAC 协议能量效率要高,特别是在重网络载荷条件下优势更加明显,其原因主要是自适应侦听机制能够大幅减少固定数量的数据

在网络中传输的总时间。

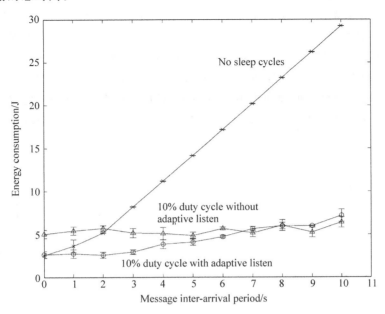

图 3-19 固定数据包个数情况下射频模块能量消耗

2）端到端的时延

因为 S-MAC 协议以增加节点数据传输时延来换取节点的低能耗，所以在多跳网络中，每个节点的周期性睡眠可能带来较大的时延，S-MAC 协议采用自适应侦听来使得这种时延尽可能降低。为了量化时延大小，并测量自适应侦听带来的好处，仍然使用图 3-18 所示的 10 跳网络拓扑结构来测试 S-MAC 协议的端到端时延。

分别考虑协议在两种极端情况下的数据包端到端时延，包括最轻流量载荷和最重流量载荷。首先，考虑最轻流量负载情况下数据包经过每跳的端到端平均时延，该条件下源节点在汇聚节点接收到前一条消息之后才产生下一条消息，为此，在汇聚节点附近布设一个协调器节点，当它了解到汇聚节点接收到源节点消息时，以最大功率直接发送信号通知源节点。由于这种流量载荷模式的数据量较小，所以在每个节点上不存在排队时延。对比没有睡眠机制的 MAC 协议，S-MAC 中额外增加的时延只是由于每个节点的周期性睡眠而引起。在最重流量载荷情况下，所有消息在同一时刻，由源节点产生并排队缓存，所以在包括源节点的每个节点上存在最大的排队时延。在这两种情况下，都是以每条消息从源节点产生时刻算起，测量数据包的端到端时延。

在每次测试中，源节点产生 20 条消息，每条消息 100B，所有消息不分片。在最轻网络流量载荷情况下，数据包产生的时间在一帧时间内服从均匀分布，每个实验测试重复 10 次，在与能耗测量一样的 10 跳网络中，进行三种不同工作模式下的数据包端到端时延测试。图 3-20 给出了最轻流量载荷情况下测得的数据包每跳平均时延，在 S-MAC 的三种不同工作方式下，时延都随着转发跳数的增大而线性增加。然而，无自适应侦听、轮值周期为 10% 的 S-MAC 协议的时延大于另两种操作模式的 S MAC 协议，其原因是每条消息在每一跳上必须等到下一个睡眠/侦听周期开始才能进行数据转发操作，从而增加了数据转发的等待时间。相比之下，具有自适应侦听的 S-MAC 协议的时延非常接近于无周期性睡眠的 MAC 协议,这是因为自适应侦听情况下,S-MAC 协议常常能够立即将消息转发给下一个节点,但是,该时延仍然高于无睡眠控制的 MAC 协议。如前所述,自适应侦听机制不能保证数据包在每个转发跳节点的立即转发,如果一个节点发送了 RTS 帧,但是没有收到预期接收节点返回的 CTS 帧,那么该节点必须等到下一个睡眠/侦听周期才能启动发送操作。图 3-20 表明,具有自适应侦听 S-MAC 协议的时延约为无睡眠机制 MAC 协议时延的两倍,第一个转发跳除外。此外,对于两种轮值周期为 10% 的 S-MAC 协议情况,时延的变化比无睡眠机制的 MAC 协议时延变化要大很多,究其原因是一些消息可能错过某些节点的睡眠/侦听周期。

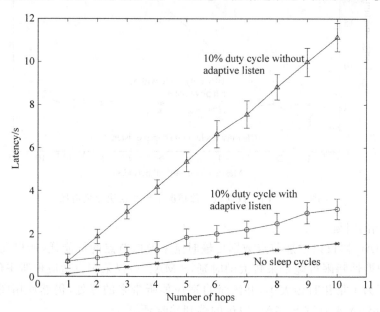

图 3-20　最轻流量载荷情况下每跳的平均数据包时延

图 3-21 给出了最重流量载荷情况下测得的数据包每跳平均时延。由图可见,无自适应侦听、轮值周期为 10% 的 S-MAC 协议的数据包时延仍然最大,而采用自适应侦听机制后,其时延接近于无睡眠机制的 MAC 协议的时延,但前者仍然大致是后者的两倍。在第一跳转发节点,两种低轮值周期工作模式(有和没有自适应侦听)下的时延相差很大,原因在于数据包在源节点的排队时延。不采用自适应侦听传输机制时,消息数据包只能等到新的睡眠/侦听周期到来时才能发送,所以最后一条消息必须至少等待 19 个周期。随着消息数据包不断向前传输,随后转发跳的排队时延越来越小,因此,总的结果是图 3-21 中没有自适应侦听、低轮值周期 S-MAC 协议的时延曲线斜率小于图 3-20 中对应的曲线。此外,图 3-21 中,自适应侦听、低轮值周期操作方式的曲线斜率与无睡眠机制操作方式的曲线斜率相同,是因为自适应侦听低轮值周期操作模式在重载荷情况下总是能够发送数据,这也减少了数据包传输时延的变化。

3) 端到端的吞吐量

由于 S-MAC 协议增加了数据包的传输时延,相应地,会降低网络的吞吐量,因此,针对图 3-18 所示的 10 跳网络,进行吞吐量评估分析。首先考虑重载荷情况下的端到端吞吐量,该吞吐量表示单位时间内递送的最大可能的数据字节数量,而不包括控制帧的字节数量。在网络中的每跳转发节点,仅统计接收的数据帧。

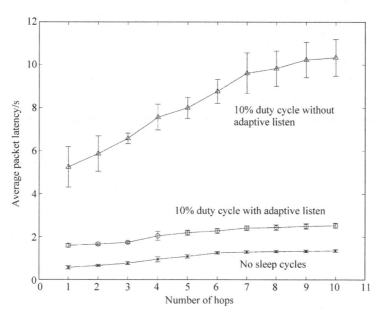

图 3-21　最重流量载荷情况下每跳的平均数据包时延

　　值得注意的是，在流量高载荷情况下，网络中的所有 10 跳转发节点上总是有数据要发送，因此，每跳都存在竞争，这大大减少了网络吞吐量。在节点 n 上测得的吞吐量表示通过 $n-1$ 跳网络中的数据量。为便于比较，也在无睡眠模式且两个节点之间无任何竞争时，通过实验测量最大吞吐量，在同样帧长条件下，该值为 636B/s。

　　图 3-22 给出了最重网络负载情况下，测得的 10 跳线性网络每跳吞吐量。如预期所示，周期性睡眠机制减少了吞吐量。与无睡眠模式相比，具有自适应侦听、低轮值周期模式下，S-MAC 协议在 10 跳节点的吞吐量只有其 1/2，而在无自适应侦听的低轮值周期模式下，吞

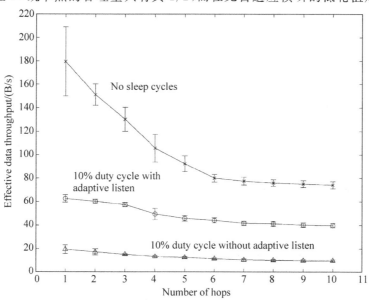

图 3-22　最重流量载荷情况下每跳的吞吐量

吐量更加低至 1/8,吞吐量低的原因是网络延迟比较长。类似于能够降低传输时延,自适应侦听也较大地改善了网络的端到端吞吐量。图 3-22 还表明,对这几种不同的 MAC 协议实现,吞吐量都随着跳数增加而降低,这是因为在多跳网络中,RTS/CTS 控制帧会引起竞争。

图 3-23 显示了在不同网络负载情况下的端到端吞吐量,具体是指在源节点不同间隔时间下产生消息,然后消息从源节点传输到汇聚节点的网络吞吐量。结果表明,无睡眠工作模式下的吞吐量和自适应侦听模式下的吞吐量都随通信负载下降而减小,当通信负载很低时,它们都接近于无自适应侦听模式下的吞吐量,这是因为三种 MAC 工作模式下,都花费大致相同的时间来完成同样数量的消息传输,而在两个消息之间的长时间间隔内,没什么数据传输发生。在这种情况下,不值得消耗更多的节点能量来提高吞吐量,因为没有足够的数据量需要传输,所以,吞吐量不可能会增加。

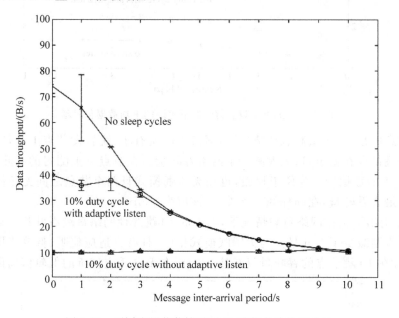

图 3-23　不同流量载荷情况下 10 跳节点处的吞吐量

综上所述,与 IEEE 802.11 MAC 协议相比,S-MAC 协议尽可能延长节点的睡眠时间,从而降低碰撞概率,减少空闲侦听所消耗的能量。通过流量自适应侦听机制,减少消息在网络中的传输延迟,采用 RTS/CTS 机制避免监听不必要的数据,通过消息分片和突发传输机制来减少控制开销和消息传递时延。因此,S-MAC 协议具有良好的节能特性,这对无线传感网的需求来说是必需的。但是,由于 S-MAC 协议中轮值周期固定不变,它不能很好地适应网络流量的变化;因为协议以长时延换取低能耗,所以,增加了传输延迟;而且协议的实现比较复杂,需要消耗节点较多资源。

3.4　混合介质访问 IEEE 802.15.4 标准

混合介质访问协议包含竞争和调度机制的设计要素,既能保持二者的优点,又可避免各自的缺陷。当时空域或网络条件改变时,混合协议可以灵活地表现为以某类机制为主、其他机制为辅的特性,从而混合协议更利于网络介质访问的全局优化。本节以无线传感网中应用非常广泛的业界标准 IEEE 802.15.4 混合介质访问协议为对象,详细讲述协议的工作机制,而其他有影响的无线传感网混合介质访问协议将在 3.5 节做简单介绍。

3.4.1 802.15.4 概述

随着通信技术的快速发展,人们提出了在自身附近几米至十几米范围内无线通信的需求,这样就出现了无线个人区域网络(Wireless Personal Area Network,WPAN)。WPAN 为近距离通信范围内的设备建立无线连接,使它们可以相互通信甚至接入 Internet。为此,IEEE 专门成立了 802.15 工作组负责这方面的工作。IEEE 802.15 工作组致力于 WPAN 的物理层(PHY)和介质访问层(MAC)的标准化工作,目标是为在个人操作空间内相互通信的无线设备提供通信标准。

在 IEEE 802.15 工作组内有 4 个任务组(Task Group,TG),他们分别制定适合不同应用的标准,这些标准在传输速率、功耗和支持的服务等方面存在差异。任务组 TG1 负责制定 IEEE 802.15.1 标准,又称蓝牙无线个人区域网络标准,这是一个中等速率、近距离的 WPAN 标准,通常用于手机、PDA 等设备的短距离通信。任务组 TG2 负责制定 IEEE 802.15.2 标准,研究 IEEE 802.15.1 与 IEEE 802.11 无线局域网 WLAN 的共存问题。任务组 TG3 负责制定 IEEE 802.15.3 标准,研究高速无线个人区域网络标准,该标准主要考虑无线个人区域网络在多媒体方面的应用,追求更高的传输速率与服务品质。最后,任务组 TG4 针对低速无线个人区域网络(Low-Rate Wireless Personal Area Network,LR-WPAN),负责制定 IEEE 802.15.4 标准,在 2003 年发布了第一个版本 IEEE 802.15.4-2003,其对应的网络协议栈结构如图 3-24 所示,包括物理层、MAC 层、网络层和应用层,其中,物理层和 MAC 层涵盖在 IEEE 802.15.4 标准中,而 ZigBee 协议向上涵盖到网络层和应用层。IEEE 802.15.4 标准把低能量消耗、低速率传输、低成本作为重要目标,旨在为个人或者家庭范围内不同设备之间的低速互连提供统一标准。后来,任务组 TG4 又发布了 IEEE 802.15.4-2006 版本。相比于 2003 版本,2006 版本并没有本质的改动,主要是对一些有问题的地方做了修正。因此,在下文中不做两种版本的明确区分,如果需要了解两个版本的区别,可以参考具体的协议标准。

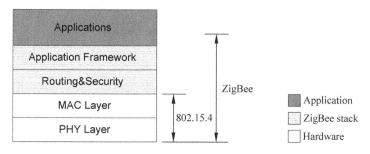

图 3-24 基于 802.15.4 的 ZigBee 网络协议栈结构

IEEE 802.15.4 标准为 LR-WPAN 制定了物理层和 MAC 层协议。任务组 TG4 定义的 LR-WPAN 特征与传感器网络有很多相似之处,因此,许多研究机构把 IEEE 802.15.4 作为传感器网络的通信标准。LR-WPAN 是一种结构简单、成本低廉的无线通信网络,它使得在低电能、低吞吐量的应用环境中使用无线连接成为可能。与 WLAN 相比,LR-WPAN 只需很少的基础设施,甚至不需要基础设施。IEEE 802.15.4 标准定义的 LR-WPAN 具有如下特点。

(1) 在不同的载波频率下实现 20kb/s、40kb/s 和 250kb/s 三种不同的传输速率;

(2) 支持星状和点对点两种网络拓扑结构;

(3) 有 16 位和 64 位两种地址格式,其中 64 位地址是全球唯一的扩展地址;

(4) 支持带冲突避免的载波多路侦听技术(Carrier Sense Multiple Access with Collision Avoidance,CSMA/CA);

(5) 支持确认(ACK)机制,保证传输可靠性。

符合 IEEE 802.15.4 标准的 LR-WPAN 在无线网络中的位置如图 3-25 所示(图中左下角),该网络强调的是省电、简单、低成本。IEEE 802.15.4 标准的物理层采用直接序列扩频(Direct Sequence Spread Spectrum,DSSS)技术,在介质存取控制层,主要沿用 WLAN 中 802.11 系列标准的 CSMA/CA 方式。物理层可使用的 ISM 频段有三个,分别是世界通用的 2.4GHz 频段,速率为 250kb/s;欧洲的 868MHz 频段,速率为 20kb/s;以及美国的 915MHz 频段,速率为 40kb/s,而不同频段可使用的信道个数分别是 16、1、10。这些信道的中心频率按式(3-9)定义,其中,k 为信道编号。

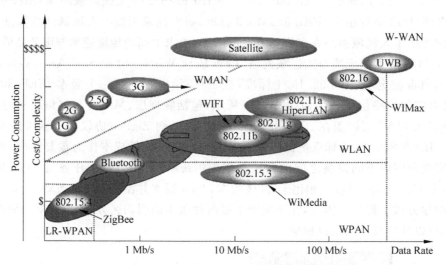

图 3-25　802.15.4 LR-WPAN 在无线网络中的位置

$$f_e = 868.3\text{MHz} \qquad\qquad (k=0)$$
$$f_e = 906\text{MHz} + 2 \times (k-1)\,\text{MHz} \qquad (k=1,2,\cdots,10) \qquad (3\text{-}9)$$
$$f_e = 2405\text{MHz} + 5 \times (k-11)\,\text{MHz} \quad (k=11,12,\cdots,26)$$

IEEE 802.15.4 标准在三种频段上的频率和信道分布如图 3-26 所示。

在 IEEE 802.15.4 网络中,根据设备所具有的通信能力,可以分为全功能设备(Full Function Device,FFD)和精简功能设备(Reduced Function Device,RFD)。FFD 设备之间以及 FFD 设备与 RFD 设备之间都可以通信,而 RFD 设备之间不能直接通信,只能与 FFD 设备通信或者通过 FFD 设备与其他 RFD 设备间接通信。FFD 设备功能比较齐全,可作为

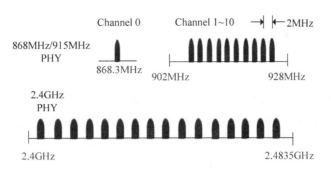

图 3-26 IEEE 802.15.4 标准的频段和信道分布

网络建立的发起者、网络中的数据转发设备或者采集传输数据的终端设备。而 RFD 设备功能简单,只包括最基本的功能,主要用于简单的控制应用,如灯的开关、被动式红外线传感器等,其传输的数据量较少,对传输资源和通信资源占用不多。在 IEEE 802.15.4 基础上,从网络组成的角度来说,FFD 设备和 RFD 设备分为三种类型,包括 ZgiBee 协调器、ZigBee 路由器和 ZigBee 终端设备。图 3-27 给出了这些设备和其组成的不同网络结构,包括星型、树型和 Mesh 型网状结构。ZigBee 协调器只能由 FFD 设备实现,它是 LR-WPAN 中的主控制器,除直接参与应用以外,还要完成网络建立、成员身份管理、链路状态管理以及分组转发等任务。ZigBee 路由器也是只能由 FFD 设备实现,主要完成路由建立、分组转发等功能。ZigBee 终端设备既可用 FFD 设备实现,也可由 RFD 设备实现,只能完成数据的采集和控制,并与 ZigBee 路由器或协调器交换数据,该设备不能进行分组转发。

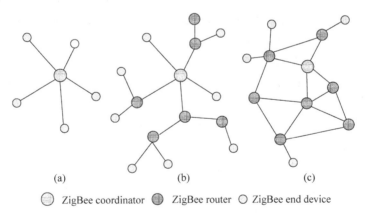

(a)　　　　　　　　　(b)　　　　　　　　　(c)

⬤ ZigBee coordinator　⬤ ZigBee router　○ ZigBee end device

图 3-27 802.15.4 WPAN 拓扑结构

3.4.2 物理层

物理层是整个协议栈的最基础部分,包括物理信号的发送、接收和处理,以及信号测量、参数设置等基本功能。

1. 基带信号的处理

物理层协议数据单元(物理层帧)生成后,按照发送端的数据发送顺序进行基带处理,IEEE 802.15.4 标准按照 868/915MHz 和 2.4GHz 两类频段进行不同的编码操作。如前所述，在868～868.6MHz频段上，仅有一个信道，编号为0，其中心频率为868.3MHz；而在902～928MHz频段上，有10个信道，编号从1～10，信道k的中心频率为$[906+2\times(k-1)]$MHz。在868/915MHz频段上的基带处理过程如图3-28所示。物理层数据比特先送入差分编码器，进行差分编码，然后经过比特-码片变换模块进行比特到码片的变换，最后，再经由BPSK调制形成基带输出。在差分编码时，每个原始数据比特与前一个已经编码的数据比特进行模二加运算，即异或运算。因为第一个数据比特前面没有数据，所以，第一个数据比特与数字0进行模二加运算。例如，设第n个数据比特为b_n，编码后的第n个数据比特为c_n，那么$c_n=b_n\oplus c_{n-1}$，其中，$\oplus$表示模二加运算，$c_0=0$。数据比特变换为码片的规则是数据比特0变换为包含15个码片的码片序列"111101011001000"，该码片序列中，左边为低位，右边为高位；数据比特1则变换为数据比特0对应码片序列的取反序列，即"000010100110111"。该变换实际上是一个直接序列扩频的过程，扩频因子为15，码片变换后，在868MHz频段码片速率为300kchip/s，在915MHz频段码片速率是600kchip/s。形成码片序列后，对码片序列进行BPSK调制。

图3-28 　868/915MHz频段发送数据的基带处理

在2.4～2.4835GHz频段，总共有16个信道，编号从11～26，信道k的中心频率为$[2405+5\times(k-11)]$MHz，信道间隔为5MHz。在2.4GHz频段上的基带处理过程如图2-5所示，其数据通信采用扩频调制，方法是将发射的高频信号频率扩展到一个较宽的范围，从而提高抗干扰能力，降低对其他设备的干扰。

物理层帧的数据比特原始速率为250kb/s，首先进行比特到符号的变换，对比特流的每4个数据比特映射为1个符号，因此，每个数据字节的高、低4个比特分别映射成1个符号。然后，每个符号再进行符号到码片的变换，即进行直接序列扩频，每个符号对应一个32位码片的伪随机序列。经过扩频因子为32的扩频后，码片速率变为2Mchip/s（250k×32/4）。码片序列形成以后，对其进行O-QPSK调制。O-QPSK调制是指偏移正交相移键控调制，相移键控是指用调制信号去控制高频载波的相位，而正交是指将基带信号分成两部分，在相位相差90°的两个高频载波上进行调制，分别称为I相位和Q相位，偏移是指将两个正交载波的相位再做一些偏移，后者比前者延迟一个码片的时间。为了实现调制，将变换得到的32位长度的码片序列分为偶数位码元和奇数位码元，分别去调制I相位载波和Q相位载波。

表3-4 　在2.4GHz频段数据比特-符号-码片的映射

Data Bit（binary）	symbol	Chip values（$c_0 c_1 \cdots c_{30} c_{31}$）
0000	0	11011001110000110101001000101110
0001	1	11101101100011100001101010010010
0010	2	00101110110110011100001101010010

续表

Data Bit（binary）	symbol	Chip values（$c_0 c_1 \cdots c_{30} c_{31}$）
0011	3	0 0 1 0 0 0 1 0 1 1 1 0 1 1 0 1 1 0 0 1 1 1 0 0 0 0 1 1 0 1 0 1
0100	4	0 1 0 1 0 0 1 0 0 0 1 0 1 1 1 0 1 1 0 1 1 0 0 1 1 1 0 0 0 0 1 1
0101	5	0 0 1 1 0 1 0 1 0 0 1 0 0 0 1 0 1 1 1 0 1 1 0 1 1 0 0 1 1 1 0 0
0110	6	1 1 0 0 0 0 1 1 0 1 0 1 0 0 1 0 0 0 1 0 1 1 1 0 1 1 0 1 1 0 0 1
0111	7	1 0 0 1 1 1 0 0 0 0 1 1 0 1 0 1 0 0 1 0 0 0 1 0 1 1 1 0 1 1 0 1
1000	8	1 0 0 0 1 1 0 0 1 0 0 1 0 1 1 0 0 0 0 0 1 1 1 0 1 1 1 1 0 1 1 1
1001	9	1 0 1 1 1 0 0 0 1 1 0 0 1 0 0 1 0 1 0 1 1 0 0 0 0 0 1 1 1 0 1 1 1
1010	10	0 1 1 1 1 0 1 1 1 0 0 0 1 1 0 0 1 0 0 1 0 1 1 0 0 0 0 0 0 1 1 1
1011	11	0 1 1 1 0 1 1 1 1 0 1 1 1 0 0 0 1 1 0 0 1 0 0 1 0 1 0 1 1 0 0 0 0 0
1100	12	0 0 0 0 0 1 1 1 0 1 1 1 1 0 1 1 1 0 0 0 1 1 0 0 1 0 0 1 0 1 1 0
1101	13	0 1 1 0 0 0 0 0 0 1 1 1 0 1 1 1 1 0 1 1 1 0 0 0 1 1 0 0 1 0 0 1
1110	14	1 0 0 1 0 1 1 0 0 0 0 0 0 1 1 1 0 1 1 1 1 0 1 1 1 0 0 0 1 1 0 0
1111	15	1 1 0 0 1 0 0 1 0 1 1 0 0 0 0 0 0 1 1 1 0 1 1 1 1 0 1 1 1 0 0 0

值得注意的是,在表 3-4 中,设符号 S_i 对应的码片序列为 CS_i,i 在 0～15 之间,当 $0 \leqslant i \leqslant 6$ 时,序列 CS_{i+1} 实际上是由序列 CS_i 向左循环移位 4 次而得到;而当 $8 \leqslant i \leqslant 15$ 时,序列 CS_i 实际上是序列 CS_{i-8} 的共轭数据,亦即码片序列中编号为奇数位置 $(b_1, b_3, \cdots, b_{31})$ 的码片取反(0 变 1,1 变 0),其他位置的码片保持不变。因此,在实现基带处理时,只需要存储码片序列 0 和两种变换方式,就可以生成所有的码片序列,减少了存储量,从而能够简化设计。

2. 物理层帧

按照分层网络体系结构,每一层都要对上层传下来的数据加上本层的协议信息,从而形成自己的协议数据单元,IEEE 802.15.4 物理层协议数据单元又称为物理层帧,其格式如图 3-29 所示,包括同步头、物理层首部和物理层载荷三部分。

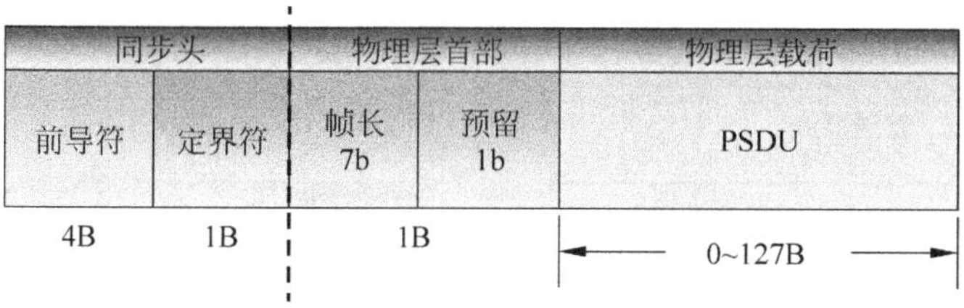

图 3-29　IEEE 802.15.4 标准物理层帧格式

1) 同步头

发送节点按一定时序连续发送数据,而接收节点必须要识别出发送数据的开始才能正确接收数据,此时收发双方实现同步,IEEE 802.15.4 采用发送同步头的方法实现双方同步。同步头包括 4B 的前导字段(Preamble)和 1B 的帧定界符(Start-of-Frame Delimiter, SFD)。前导字段是为了进行码片同步和符号同步,每个比特都是 0;帧定界符标明了同步头的结束和物理帧帧头的开始,从比特 0 到比特 7 依次为 11100101,通过帧定界符可以找到物理帧真正的起始位置。

2）物理层首部

物理层首部由 1B 组成,其中低 7 位用来表示物理层帧的长度(Frame Length),即有效载荷的数据长度,由于是 7 位二进制表示,因此,物理层净荷最大为 127B。还有 1 位是预留位,用于可扩展性设计的考虑,如果把所有位都用完了,新版本协议的功能添加只能通过增加字节来实现,使得新老物理帧长度不一致,往往造成兼容性问题。

3）物理层载荷

帧头后面是物理层净荷部分,也称为物理层服务数据单元(PHY Service Data Unit, PSDU),整个物理层数据帧又称为物理层协议数据单元(PHY Protocol Data Unit,PPDU)。一般地,高层协议数据会封装到低层协议数据帧中发送,而在接收端低层协议帧通过解封装将得到高层数据。高层协议数据称为服务数据单元(Service Data Unit,SDU),低层协议数据帧称为协议数据单元(Protocol Data Unit,PDU),对应到物理层中,PSDU 就是 MAC 层的帧数据,即 MAC 层协议数据单元(MAC Protocol Data Unit,MPDU)。值得注意的是,在IEEE 802.15.4 的物理层中,数据的发送顺序是从前导字段开始依次从左向右发送,而对于每个字节中的比特来说,是从最低位到最高位依次发送,这里的发送既包括数据在无线信道上的发送,也包括协议栈层间的数据发送。

3. 物理层主要功能

物理层功能主要包括数据收发、信道参数测量、属性管理和收发机状态设置等。每种功能都由相关原语实现,限于篇幅,本部分主要讲述数据收发和信道参数测量两种功能,其他功能可参考相关文献资料。

1）数据收发

物理层提供给 MAC 层的数据传输服务通过原语来实现。图 3-30 以原语形式给出了物理层为上层实现数据收发的过程。发送方 MAC 层通过原语 PD-DATA. request 请求物理层发送数据,物理层形成数据帧后发送给接收节点,并通过原语 PD-DATA. confirm 通知MAC 层发送是否成功。接收节点在收到数据帧后,物理层解析出数据净载荷部分,通过原语 PD-DATA. indication 把收到的数据上传到 MAC 层。

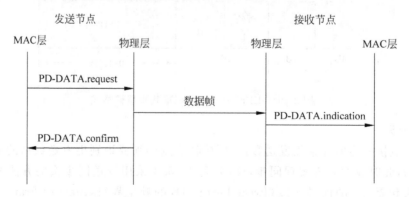

图 3-30　物理层数据收发的过程

PD-DATA. request 原语的参数包括要发送的数据长度 psduLength,如前所述,该值不能超过 127,以及要发送的数据 PSDU。PD-DATA.confirm 原语的参数只有一个,即发送数据的状态 status,该参数可取值 SUCCESS(0x07)、RX_ON(0x06)、TRX_OFF(0x08)和 BUSY_TX(0x02),分别表示发送成功、发送时接收模块已经打开(意味着当前不能发送)、收发模块已经关闭和发送模块当前正在发送,后面三种状态都表示本次发送数据失败。PD-DATA.indication 原语的参数包括接收数据的长度 psduLength、接收到的数据 PSDU 和接收数据的链路质量 ppduLinkQuality。

2) 参数测量

物理层参数测量包括接收数据的信号质量测量、信道的能量水平检测和空闲信道评估等,主要是为了给上层协议的操作提供参考依据。接收数据的信号质量测量是指对接收数据的能量、信噪比进行测量,测量结果用一个字节表示,称为链路质量指示(Link Quality Indication,LQI),取值范围在 0x00~0xff 之间,分别对应着信号最低质量水平和最高质量水平。接收节点对每一个收到的数据帧都要进行 LQI 的测量,然后通过原语 PD-DATA.indication 把测量结果通知 MAC 层。

信道的能量水平检测是指接收节点对指定信道的能量水平进行测量,检测到的信号可能包括干扰、噪声,或者是其他节点发送的数据。在高层协议评估信道质量时,可以利用该检测结果进行相关信道的选择。信道检测的持续时间至少为 8 个符号的时间,测量结果也是用一个字节表示。如图 3-31(a)所示,MAC 层通过原语 PLME-ED.request 请求物理层的能量检测服务,该原语不带任何参数。物理层通过原语 PLME-ED.confirm 把能量水平检测结果告诉 MAC 层,该原语的参数包括检测状态 status、信道能量水平 EnergyLevel。状态参数 status 为 SUCCESS 时,表示正常检测,EnergyLevel 为检测信道上的当前能量水平值;否则,表示检测异常。例如,状态 status 为 TRX_OFF,表示收发设备关闭,不能检测信道能量水平;为 TX_ON,表示当前发送模块打开,不能进行检测(因为需要进行接收操作),在这两种状态下,返回的 EnergyLevel 能量水平值无意义。

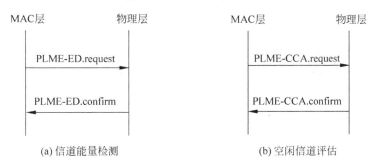

(a) 信道能量检测   (b) 空闲信道评估

图 3-31　物理层信道能量检测和空闲信道评估

空闲信道评估与信道能量水平检测相似,但功能相对更复杂一些,其目的是评估判断特定信道是否空闲,该功能可用于 MAC 子层的信道接入算法,用以选择合适的信道。在进行信道的空闲状态评估时,可以采用三种不同的方式。第一种方式是只检测指定信道上的能量水平,如果检测值超过一定的阈值,则认为该信道忙,指定的能量阈值至少要超过接收节点灵敏度 10dB。第二种方式是只检测指定信道上是否存在满足 IEEE 802.15.4 标准的信号,如果存在,则认为信道忙。第三种方式综合了前两种方式,其工作模式比较灵活。在这种方式下,既要检测指定信道上的能量水平,也检测信道上是否存在满足 IEEE 802.15.4

标准的信号。在判断信道是否空闲时,一种情况是当信道能量水平超过一定阈值且存在
802.15.4 信号时,则认为信道忙;或者是两个条件满足其一,则认为信道忙,具体采用哪一
种情况根据需要来决定。上述信道空闲状态评估的三种不同方式是由物理层属性
phyCCAMode 确定的,该属性取值从 1 到 3,分别对应着空闲信道评估的第一到第三种方
式,无论在哪种方式,信道评估的检测时间都要持续 8 个符号的时间。如图 3-31(b)所示,
MAC 层通过原语 PLEM-CCA.request 指示物理层进行信道空闲评估,而物理层在完成信
道空闲评估后,通过原语 PLEM-CCA.confirm 把评估结果通知到 MAC 层,该原语的参数
为信道状态值 status,表示信道是忙(Busy)还是空闲(Idle),或者表示节点的收发模块关闭
(TRX_OFF)状态而不能进行信道空闲评估。

3.4.3　MAC 层帧结构

MAC 层的协议数据单元(MAC 层帧)封装在物理层帧中发送,接收到的物理层帧,经
过解封装后会得到 MAC 层的协议数据单元;而 MAC 层帧的数据载荷部分来自上面的网
络层,同样,接收端的 MAC 层帧经解封装后,将把数据载荷上传到网络层,这三层的数据组
织关系如图 3-32 所示。

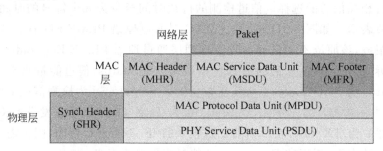

图 3-32　MAC 层与上下两层的协议数据组织结构

根据图 3-32,MAC 层的帧结构包括帧头、净荷和帧校验序列三部分,其详细结构如
图 3-33 所示。帧头的第一个域是 2 字节的帧控制,包含帧的基本信息。其中,帧类型字段
占三个比特(b0~b2),取值为 000~011 分别表示该帧是信标帧、数据帧、应答帧和命令帧,
其他值预留。b3 为安全使能位,取值 1 表示该帧使用了安全机制,取值 0 表示不使用安全
机制。b4 为帧缓存控制位,如果未来还有更多帧需要发送给接收端,该位置 1;否则,清 0。
b5 为应答请求位,表示该帧是否需要应答,如果取值为 1 表示需要对方应答,为 0 则不需要
应答。b6 为 PAN 标识压缩控制位,1 表示采取 PAN 标识压缩模式,0 表示不采取压缩模
式。b10~b11 为目的地址模式,00 表示不存在目的 PAN 标识和目的地址字段,01 取值保
留,10 表示后面的目的地址为 16 位的短地址模式,11 表示 64 位的扩展目的地址模式。
b12~b13 为帧版本字段,00 表示与 2003 版本兼容,01 表示该帧为 2006 版本,其他的值预
留。b14~b15 为源地址模式,其作用与 b10~b11 类似,控制源地址的长度。

第二个域是一字节的序列号(Sequence Number),用来区分相继发送的帧。在接收节
点,根据序列号可知当前帧是重传的帧,还是新产生的帧。此外规定,在需要应答帧的情况
下,应答帧的序列号与所应答帧的序列号一致。设备需要维护两个系列号,一个是用于信标
帧的序列号 BSN,另一个是用于数据帧、应答帧和命令帧的序列号 DSN,每发送一个帧,对

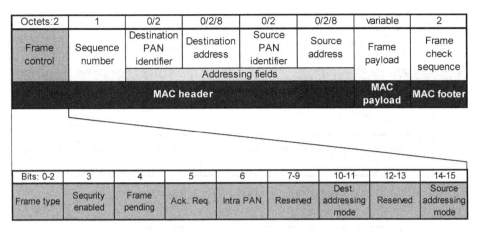

图 3-33 MAC 层通用帧结构

应的序列号计数器加 1，加到最大值后又回零。第三个域是地址域，依次是目的 PAN 标识、目的地址、源 PAN 标识和源地址等字段，这些字段的长度跟帧控制域中对应字段的取值有关。例如，如果 PAN 标识压缩控制位为 1，表示源 PAN 标识与目的 PAN 标识相同，那么在帧中就不需要携带源 PAN 标识，减小了两个字节的开销。此外，还有可选的附加安全帧头（Auxiliary Security Header），如果不采用安全机制，则不需要携带这个附加安全帧头，该域的长度可能是 5 字节、6 字节、10 字节和 14 字节。帧头后面是 MAC 层帧净荷部分，其长度可变。净荷之后是帧校验序列，占两个字节，校验值采用 CRC 循环冗余校验方法对 MAC 层帧头和净荷计算而得到。

由图 3-33 可见，MAC 层净荷之外的长度可变。如果所有可选字段都不选，最小长度为 5 字节，这种情况只适用于应答帧；如果不考虑安全性，最大长度可达 25 字节，而考虑安全性时，最大可达 39 字节。一般情况下，MAC 层帧都包含地址域，只有在表示的源或目的节点是协调器时，才不包含源或目的地址。因此，一般的 MAC 层除去净荷部分，长度为 9 字节，即 5 字节的最小长度加上 2 字节的 PAN 标识和 2 字节的短地址。在 IEEE 802.15.4-2003 版本中，规定 MAC 层最大净荷为 102 字节，即物理层最大净荷 127 字节减去不考虑安全时的最大长度 25 字节。根据上述分析，特殊情况下，MAC 层最大净荷可达 118 字节，这在 2006 版本中做了修订。

对应着图 3-33 的帧结构，在 IEEE 802.15.4 标准中具体包括信标帧、数据帧、应答帧和命令帧。信标帧是一种特殊的帧，只能由协调器发送，通告网络相关信息，以便其他设备加入网络或者了解网络的情况，并且其可用于维护网络通信的同步，其结构如图 3-34 所示。信标帧的净荷部分包括 2 字节的超帧规格、可变长度的 GTS 域、缓存地址域和信标载荷，其中，超帧规格在 MAC 子层的超帧部分再详细阐述。数据帧用于一般的通信过程，它的 MAC 净荷全都是数据载荷，如图 3-35 所示。应答帧如图 3-36 所示，用于保证通信的可靠性，结构简单，不携带任何 MAC 层净荷，它的序列号与需要应答的数据帧或命令帧相同。命令帧如图 3-37 所示，用于 MAC 层的维护，它的净荷包括 1 字节的命令帧标识（Command Frame Identifier）和可变长度的命令净荷，该帧用来标识是哪个命令，不同的命令会携带不同的净荷。

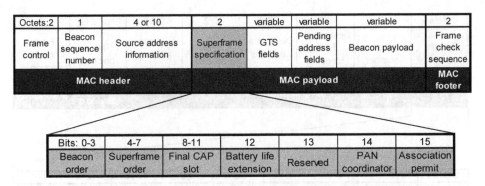

图 3-34　MAC 层信标帧

图 3-35　MAC 层数据帧

图 3-36　MAC 层应答帧

图 3-37　MAC 层命令帧

3.4.4　MAC 子层

1. 超帧

在 IEEE 802.15.4 标准中，超帧(Superframe)是一个重要的概念，它可以用来描述一跳范围内设备的信道接入资源的总体结构，这是一个周期性的时间结构，需要与前面讲述的 MAC 层几种帧结构区分开，尽管都含有"帧"，但一个是用于信道接入的时间组织结构，一个是节点的信息组织结构。每个协调器都有自己的超帧，其结构分为活跃期和非活跃期，如图 3-38 所示。在活跃期，协调器才可以进行数据传输，需要打开收发模块准备好数据的发送和接收;在非活跃期,协调器通常关闭收发模块从而减少能量消耗。值得注意的是,由于WPAN 中的设备通信距离短,所以,发送功率也比较小,从而接收操作的功耗与发送操作相当,有时候甚至要高于发送操作,因此,需要通过非活跃期关闭收发模块来大幅减少通信能耗。

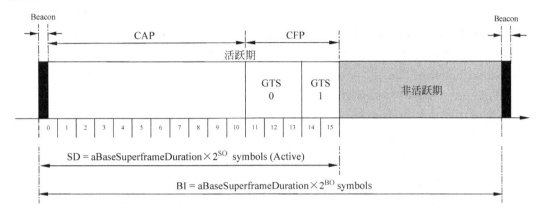

图 3-38 超帧结构

在超帧结构中,活跃期被划分为 16(aNumSuperframeSlots)个等长的时隙(编号从 0 到15),在时隙 0 的开头,协调器发送自己的信标帧,其格式见图 3-34。信标帧中包含各种网络信息,由信标帧中的超帧规格字段进行定义,该字段的组织具体如图 3-34 所示。这些网络信息用于新设备的网络加入,同时,信标帧是周期性发送,可以用于设备之间的同步。超帧规格字段中,b0~b3 为信标阶 BO(Beacon Order),用来定义信标帧的周期;b4~b7 为超帧阶 SO(Superframe Order),用来表示超帧中活跃期的持续时间;b8~b11 为最后 CAP 时隙,表示竞争接入阶段的结束时间;b12 为电池寿命扩展控制位,b13 为保留位;b14 指示发送信标帧的设备是否为 PAN 协调器,而 b15 表示发送信标的协调器是否允许其他设备进行关联。不同网络参数设置条件下,超帧活跃期长度不同,因此活跃期的时隙长度也不同,从而信标帧在发送时,可能占用几个时隙或者不足一个时隙的时间。除信标外,活跃期还包括竞争接入期(Contention Access Period,CAP)和非竞争接入期(Contention Free Period,CFP)。

在竞争接入 CAP 期间,任何 IEEE 802.15.4 网络的从设备如果想进行通信,则需要使用基于时隙的带冲突避免的载波侦听多路访问(CSMA/CA)机制,与其他设备进行竞争通信,只有在当前时隙获得信道访问权限的节点才能在该时隙内进行发送或接收 MAC 帧。在免竞争 CFP 期间,数据的传输不使用 CSMA/CA 机制,而是使用基于 TDMA 的静态分配介质访问策略,在此期间,通过保证时隙(Guaranteed Time Slot,GTS)来分配信道访问权限。只要节点分配到 GTS,则节点就可以在该 GTS 时隙内直接进行数据传输。在协议工作过程中,可能没有 CFP 阶段,而只有 CAP 阶段;或者存在 CFP,其中可能包含一个或多个 GTS,每个 GTS 属于特定的设备,通过该 GTS 与协调器进行通信。在超帧的活跃期,竞争接入 CAP 的时隙结束后紧接着是免竞争的 CFP 阶段,协调器最多可分配 7 个 GTS,每个GTS 至少占用一个时隙。超帧的活跃期必须有足够多的 CAP 时隙,从而保证为其他网络设备和希望加入网络的新设备提供信道竞争接入的机会,但是所有基于竞争的通信必须在

CFP 开始之前完成。进入 CFP 阶段,在一个 GTS 中,每个设备的信息传输必须保证在下一个 GTS 时隙或 CFP 结束之前完成。正是由于 IEEE 802.15.4 标准中定义的这种超帧结构,使得该 MAC 协议具有极低的功耗特性。

超帧的信标间隔 BI(Beacon Interval)定义为两个连续信标帧之间的时间间隔,即包括活跃期和非活跃期的总时间,如图 3-38 所示,该时间间隔可以通过信标阶 BO 进行调节和设置。活跃期长度定义为超帧持续时间(Superframe Duration,SD),该值可以通过超帧阶 SO 进行设置,最短的超帧活跃时间为 aBaseSuperframeDuration 个符号。aBaseSuperframeDuration 是一个常数,其值为 960,由 aBaseSlotDuration 乘以 aNumSuperframeSlots 得到,而 aBaseSlotDuration 值为 16,aNumSuperframeSlots 值为 60。一般的超帧活跃期长度为 SD = aBaseSuperframeDuration $\times 2^{SO}$ 个符号,而信标间隔 BI = aBaseSuperframeDuration $\times 2^{BO}$ 个符号,其中 $0 \leqslant SO \leqslant BO \leqslant 14$。

如前所述,每个超帧由协调器发出,亦即超帧是针对协调器来规定的,那么不同协调器的超帧之间需要满足什么关系呢? 显然,在同一个 WPAN 中,所有超帧的活跃期和信标期持续时间是相同的,由于超帧结构规定了协调器一跳范围内设备的介质获取和通信时间,所以,需要避免与相邻协调器超帧活跃期的冲突,为此,IEEE 802.15.4 规定一个超帧的活跃期应该在另一个超帧的非活跃期,亦即相邻协调器的超帧应该错开。从图 3-38 的超帧结构可以看出,SO 和 BO 参数的设置对 MAC 协议的特性有很大影响。信标阶 BO 越大,则信标间隔越大,新设备监听到信标帧所需的时间就越长;SO 与 BO 差值越大,活跃期在超帧中占的时间越少,则设备的节能效果越明显,相对地,在非活跃期可以容纳更多协调器超帧的活跃期,因此,网络中可容纳的节点越多,但是非活跃期的延长会导致网络平均通信时延变大。

IEEE 802.15.4 的 MAC 层除了可以工作在基于超帧的信标模式,还可以工作在非信标模式。实际上,在信标模式下,如果信标间隔变得无限长,超帧结构将不再起作用,此时,就变成了非信标模式,不存在活跃期和非活跃期之分。在这种信道接入方式下,BO 取值 15,SO 的值无意义,节点之间通信时,协调器不会周期性发送信标,而是根据需要发送信标,即收到信标请求时才发送信标。在非信标模式中,所有信息发送的信道接入机制都是采取 CSMA/CA 方式,但是与信标模式下的 CSMA/CA 方式有所不同,前者采用基于非时隙的 CSMA/CA 方式,而后者采用基于时隙的 CSMA/CA 方式。显然,在信标模式中因为使用了周期性的信标信息,所以,整个网络的所有节点在一定范围内都能够进行同步,但是同步操作的存在使得网络规模不会太大,实际上,在 ZigBee 网络中使用得更多的可能是非信标模式。

2. 基于 CSMA/CA 的信道接入

前面讲到在 IEEE 802.15.4 标准中,无论是信标方式还是非信标方式,其信道接入机制都采用了 CSMA/CA 技术。简单来说,该技术就是节点在发送数据之前先监听信道,如果发现信道空闲则可以发送数据;否则,节点就要进行随机退避,随机延迟一段时间后再进行监听,为了减少冲突,这个退避时间是指数增长,但是当退避时间增大到最大值还是不能发送时,则通知上层本次发送失败,通过这种信道接入技术,所有节点竞争共享同一个无线信道。在 IEEE 802.15.4 标准的 CSMA/CA 算法中,有几个重要的工作参数。退避次数

(Number of Backoff, NB)，表示当前因为信道忙已经延迟等待的次数；竞争窗口(Contention Window,CW)，表示发送数据之前需要确认信道空闲的次数；退避指数BE，用来控制节点的退避时间呈指数增长，直到规定的最大值。

在信标方式下，具有时隙的定义，称为退避时期，每个退避时期的长度为aUnitBackoffPeriod(20)个符号的时间,超帧的开始时刻即为第一个退避时期的开始时刻。基于时隙的CSMA/CA信道接入流程如下。

(1) 节点发送数据前，先初始化。NB值为0、CW值为2,BE的值根据MAC层属性电池寿命扩展参数 macBatteryLifeExtPeriods 进行设置，如图3-39所示，该属性为 True 时，BE的值为2和macMinBE的最小值，否则,BE的值为macMinBE。然后,找到下一个退避时期的边界,准备执行时间退避。

(2) 从找到的退避时期起始时刻开始进行随机退避，从$0 \sim (2^{BE}-1)$范围内随机选择一个数 r,延迟 r 个退避时期。

(3) 退避时间结束后，通过CCA检测信道是否空闲,具体来说,是从退避时期的起始时刻就开始检测,如果发现信道空闲,则跳转到(5);否则,顺序向下执行第(4)步。

(4) 设置CW的值为2,退避次数NB加1,BE＝min(BE＋1,macMaxBE),再检查NB的值是否大于最大退避次数 macMaxCSMABackoffs,如果已经超过最大退避次数,则发送失败,否则,转到第(2)步,尝试再次发送。

(5) 竞争窗口CW自减1,如果CW的值为0,则把数据发送出去,操作成功;否则,不能发送数据,转到第(3)步继续检测信道是否空闲。

非信标方式下，采用基于非时隙的CSMA/CA信道接入,其与上述基于CSMA/CA的信道接入方式有几点不同。首先,没有时隙的定义;其次,没有竞争窗口的定义;最后,不用考虑MAC层属性电池寿命扩展参数 macBatteryLifeExtPeriods。因此,该信道接入流程相对简单,具体过程如下。

(1) 节点发送数据前,先初始化。NB的值为0、BE的值为macMinBE。

(2) 从$0 \sim (2^{BE}-1)$范围内随机选择一个数 r,延迟 r 个退避时期。

(3) 退避时间结束后,通过CCA检测信道是否空闲,如果发现信道空闲,则发送数据,操作成功;否则,顺序向下执行第(4)步。

(4) 退避次数NB加1,BE＝min(BE＋1,macMaxBE),然后检查NB的值是否大于最大退避次数 macMaxCSMABackoffs,如果已经超过最大退避次数,则发送失败,否则,回到第(2)步,尝试再次发送。

3. 帧间间隔

IEEE 802.15.4标准MAC层规定各帧之间需要保持一定的时间间隔,一方面是由于物理层接收、处理数据需要一定的时间来完成,另一方面,节点的收发模块从接收状态到发送状态需要一定的切换时间,该时间只能遵循最大切换时间限制,其值 aTurnaroundTime 为12个符号时间。标准规定,节点相继发送的两个帧之间需要保持一定的帧间间隔IFS,同时,数据帧或命令帧与对应的应答帧之间也要保持一定的帧间间隔IFS,如图3-40所示。

如前所述,在基于时隙CSMA/CA的信标模式下,数据帧应该在时隙的起始位置发送,而发送应答帧时,其周围的节点应当保持沉默,最坏的情况是应答帧的结尾正好是下一个时

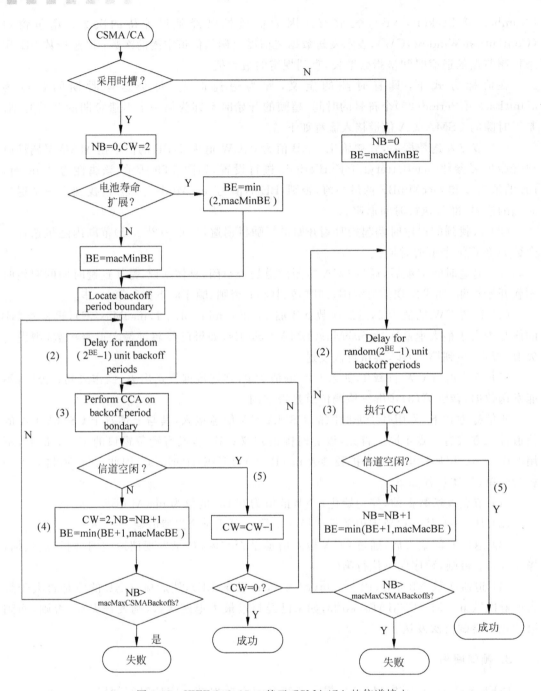

图 3-39　IEEE 802.15.4 基于 CSMA/CA 的信道接入

隙的开始,从而,下一个时隙将不能用于其他数据的发送,此时,应答帧所占用的时间就多了一个时隙。因此,IEEE 802.15.4 标准规定了应答帧推迟发送的时间范围,即从收到数据帧或命令帧到发回应答帧的时间为 t_{ack}, t_{ack} 满足 aTurnaroundTime $\leqslant t_{ack} \leqslant$ aTurnaroundTime $+$ aUnitBackoffPeriod,即在 $12 \sim 32$ 个符号时间之内,实际的推迟时间是刚好等于 aTurnaroundTime 或到下一个时隙的起始位置。在非信标模式下,无时隙的定义,因此,数

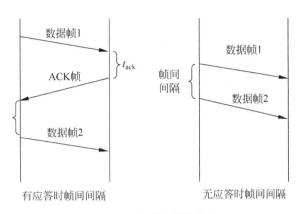

图 3-40　帧间间隔的规定

据的发送可以从任何位置开始,从而应答帧只需要从接收到数据帧或命令帧开始,经过 aTurnaroundTime 个符号的切换时间就可以马上发送。

针对所有帧之后都应当有一个帧间间隔来给物理层完成数据的接收和处理,标准规定不同数据帧后面跟着不同的帧间间隔 IFS,其主要由帧的类型和长度来决定。标准还规定了相继发送的帧的帧间间隔有一个最小值,有应答的情况从接收到应答帧开始算起,无应答的情况从前一帧发送完开始算。当帧长小于等于 aMaxSIFSFrameSize(18)个字节时,该帧为短帧;否则为长帧。如图 3-40 所示,如果前一个帧为长帧,则帧间间隔至少为 macMinLIFSPeriod(40)个符号的时间;如果前一个为短帧,则间隔至少为 macMinSIFSPeriod(20)个符号的时间。

4. 收发节点的同步

同步是指 WPAN 中设备与协调器之间的时间一致调整,即所谓的"对表"。在信标模式下,设备是通过接收协调器发送的信标帧并对其分析实现二者的同步,而在非信标模式下,设备是通过向协调器轮询数据来实现同步。在此仅简单分析信标方式下设备和协调器之间的同步。

在信标模式的 CAP 中传输数据时,使用基于时隙的 CSMA/CA 信道接入方式;而在 CFP 中传输数据时,使用基于 TDMA 的信道接入方式,这两种信道访问都基于通信设备之间的时间同步。设备通过监听超帧所属协调器的信标来实现二者的同步,显然,设备接收到信标后,就可以从信标的结束定位到 CAP 的开始,再从信标帧中的网络参数信息定位到 CFP 的起始位置。反之,如果收不到信标,则设备可能无法准确定位到 CAP 和 CFP 的起始位置,而发生不同步现象,即失步,其原因主要是设备和协调器之间的时间误差。 IEEE 802.15.4 标准规定,在物理层设备的时钟精度至少为 ±40ppm,因此,最坏情况下,两个设备之间的时钟相对误差为 80ppm。假如设备与协调器同步之后,没有收到下一个信标帧,那么二者之间的时间差距最大可能是信标周期乘以时钟相对误差,即 aBaseSuperframeDeriod×2^{BO}×80ppm。失步发生时,设备不能在所占用的 GTS 时隙传输数据,除非是协调器给失步的设备发送数据;同时,也不能用基于时隙的 CSMA/CA 信道接入机制,而只能临时采用非时隙的 CSMA/CA 信道接入机制。

为了维持同步,设备需要在适当的时候打开射频收发模块以监听信标帧,高层协议实体也可以指示 MAC 层进行设备间的时间同步。设备的高层协议通过 MAC 层管理实体的 MLME-SYNC. request 原语请求 MAC 层实现同步,该原语的参数包括逻辑信道 (LogicalChannel)、跟踪信标标志(TrackBeacon)和信道页(ChannelPage)。跟踪信标标志 TrackBeacon 为 False 时,则 MAC 层仅试图监听、获取下一个信标;如果该标志为 True,则 MAC 层会适时地(即在预期的下一个信标到来前)打开射频模块持续跟踪后续所有的信标,从而实现同步控制。如果发生失步,MAC 层通过 MLME-SYNC-LOSS. indication 通知上层,该原语的参数主要包括失步原因(LossReason)、PAN 标识(PANid)和逻辑信道 (LogicalChannel)等。

5. 四种扫描

IEEE 802.15.4 标准的 MAC 层定义了 4 种扫描,分别是能量扫描(Energy Detection, ED)、主动扫描(Active Detection,AD)、被动扫描(Passive Detection,PD)和孤立节点扫描 (Orphan Detection,OD),主要用于协调器建立网络、普通节点查找协调器加入网络等。无论哪种扫描,都会在一个或一系列信道上进行,如果需要扫描多个信道,扫描过程从最低序号的信道开始依次扫描,直到最高序号的信道。在扫描期间,设备暂停信标的发送,而且忽略与扫描无关的其他帧,直到扫描结束才恢复正常。

能量扫描是为了检测所扫描信道上的能量状况,信道能量可能包括信道上正常通信信号的能量,以及其他的干扰噪声。能量扫描过程中对每个信道进行持续的能量检测,持续的时间由原语中的参数确定。主动扫描和被动扫描的目的都是通过监听信标了解协调器的存在,二者的区别是,在主动扫描中,设备会主动发送信标请求命令,然后再监听信标;然而,在被动扫描中,设备不会主动发送信标请求命令,而是一直处于信标监听状态。在扫描结束后,设备会得到一系列信标帧中的协调器信息。孤立节点扫描是设备与协调器失去联系后,通过该扫描控制节点设备重新加入网络。失去联系时,孤立节点发出孤立节点通告命令,协调器收到该通告命令后,回复一个协调器重连接命令,但设备收到重连接命令后结束扫描过程。

3.5 其他无线传感网 MAC 协议

1. 竞争型 MAC 协议

1) T-MAC

S-MAC 协议中帧长度和轮值周期固定,帧长度受限于延迟要求和缓存大小,当网络负载较小时,空闲侦听时间较长,而且周期性睡眠造成通信延迟的累加,因此,该协议不能很好地适应网络流量的变化。T-MAC 协议针对这些缺陷进行改进,定义了 5 个激活事件,这些事件分别为帧长度超时、节点接收到数据、数据传输发生冲突、节点数据或确认发送完成、相邻节点完成数据交换。在活跃时间段引入 TA(Time Active)时隙,据此确定工作阶段的结束时间,如果在 TA 时间内没有发生任一激活事件,则节点认为信道空闲,就关闭射频模块进入睡眠状态。T-MAC 与 S-MAC 协议工作机制的比较如图 3-41 所示,其中箭头分别代表发送分组和接收分组。在 T-MAC 中,每一帧中的活跃时间可根据网络流量动态调整,从而能够增加睡眠时间,但是,随机睡眠也带来早睡问题,增大了网络延时。所谓早睡问题,是指在多个传感器节点向一个或少数几个汇聚节点发送数据时,由于节点在当前 TA 时隙没有收到激活事件,过早进入睡眠,没有监测到接下来的数据包,导致一定的网络时延。为减少时延,T-MAC 采用了未来请求发送和满缓冲区优先两种解决方案,但是未来请求发送方案减少延时和提高吞吐率的同时,相关分组带来了较大的额外通信开销。而满缓冲区优先方案虽然减少了早睡发生的可能性,并具有简单流量控制作用,但是当通信流量较大时通信的冲突概率较大。

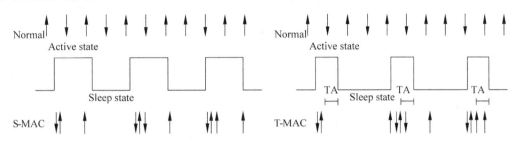

图 3-41　S-MAC 和 T-MAC 协议的基本方案

2) B-MAC

S-MAC 和 T-MAC 通过精确的时序关系控制节点的睡眠调度,因此,它们对时钟同步的要求比较高,相比之下,B-MAC 协议更多地利用了竞争协议对无线信道的抢占机制,睡眠调度控制更具主动性,同时能够一定程度上减少对时钟同步精度的依赖。

B-MAC 使用信道评估和退避算法分配信道,通过链路层确认保证传输的可靠性,同时,利用低功率侦听(LPL)技术减少空闲侦听的时间,实现低功率通信。具体来说,B-MAC 协议使用扩展前导符和低功率侦听实现低功耗通信,采用空闲信道评估技术进行信道判断,节点在发送数据帧之前先发送一段长度固定的前导序列。为保证对方能够接收到数据帧,前导序列长度要大于接收方的睡眠时间。如果节点唤醒后侦听到前导序列,则需要保持活跃状态直到接收到数据帧或信道再次变为空闲为止。由于 B-MAC 不需要共享调度信息,其唤醒时间比较短,因此,在吞吐量和延时等方面优于 S-MAC,但是在减少能量消耗上并没有太大优势。此外,较长的固定前导序列造成发送方和接收方能耗增加,发送方邻居节点容易造成串音。作为 TinyOS 1.X 中的介质访问控制协议,与 S-MAC 提供完备的链路协议不同,B-MAC 只提供了信道接入的内核,不提供解决诸如隐藏终端等问题的机制,只是提供一系列服务调度的双向接口。

2. 调度型 MAC 协议

1) C-TDMA

C-TDMA 是一种针对分簇结构无线传感网的介质访问控制协议。基于分簇结构的传感器网络如图 3-42 所示,按照固定或动态规则在传感器节点之间形成多个簇,每个簇有一个簇头节点,簇头节点收集和处理簇内节点发来的数据,并把处理后的数据发送到传感器网络的汇聚节点,同时,簇头还要负责为簇内成员节点分配时隙。C-TDMA 协议将传感器网络的节点划分为 4 种状态,分别为感应、转发、感应并转发、非活动状态。节点在感应状态时,收集数据并向其相邻节点发送;在转发状态时,接收其他节点发送的数据,再转发给下一个节点；而处于感应并转发状态的节点，需要完成上述两项功能；节点没有接收和发送数据时，就自动进入非活动状态。

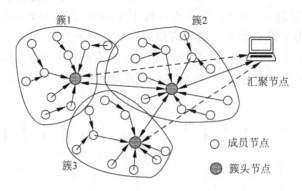

图 3-42　C-TDMA 协议工作的网络结构

因为节点在发送数据、接收数据、侦听信道等操作时，消耗的能量各不相同，各节点在簇内所处的角色也不一样，所以，簇内节点的状态处于经常变化之中。为高效地使用网络，例如，让能量相对高的节点转发数据、适应簇内节点的动态变化、及时发现新节点等，C-TDMA 协议将时间帧分为 4 个阶段。在数据传输阶段，各簇内节点在各自被分配的时隙内向簇头发送数据；在刷新阶段，节点周期性地向簇头报告其状态；在刷新引起的重组阶段，簇头节点根据簇内节点的情况重新分配时隙；在事件触发的重组阶段，当节点能量小于特定值，或者网络拓扑发生变化等情况时，簇头节点就重新分配时隙。C-TDMA 协议的优点是能够减少空闲侦听时间、避免信道冲突，也考虑了可扩展性；但是，在簇内，簇头节点和成员节点需要严格的时钟同步，且对簇头节点的处理能力、通信能力、剩余能量等都有较高的要求，能量消耗较大，因此，簇头节点选择是一个很关键的问题。

2）TRAMA

TRAMA 协议是为了保证节点根据实际流量使用预先分配的时隙，无冲突地进行通信，没有通信任务的节点进入睡眠状态，从而减少冲突和空闲侦听导致的能量消耗。

协议工作时，将一个物理信道分成多个时隙，通过对这些时隙的复用为数据信息和控制信息提供信道。每个时间帧分为随机接入和分配接入两部分，随机接入时隙也称为信令时隙，分配接入时隙也称为传输时隙；采用流量自适应的分布式选举算法选择在每个时隙上的发送节点和接收节点。所有节点首先获得一致的两跳邻居信息并进行同步，每个节点根据数据产生的速率计算调度周期 SI，并根据数据队列长度使用 AEA 算法选择 $[t, \mathrm{SI}]$ 区间中具有两跳最高优先权的若干个时隙，即获胜时隙。节点使用获胜时隙发送数据，并使用位图指定接收者，最后一个获胜时隙用于广播下一次调度信息。AEA 算法使用邻居协议（NP）和调度交换协议（SEP）选择发送节点和接收节点。节点启动后处于随机接入时隙，此时，节点为接收状态，通过在随机接入时隙中交换控制信息，NP 协议实现邻居信息的交互，节点之间的时钟同步信息也是在随机接入时隙中发送。如果节点在一段时间内都没有收到某个邻居的信标，则该邻居失效。调度交换协议中，需要进行分配信息的生成、交换与维护，根据高层应用产生数据的速率计算出一个分配间隔，确定可分配的时隙数，并生成分配信息，节点通过分配帧广播该信息，根据接收到的广播帧目标节点维护下一跳邻居的分配信息。

每个节点 u 在某一发送时隙 t 的优先权为 $\mathrm{prio}(u, t) = \mathrm{hash}(u \oplus t)$。在时隙 t 内，如

果节点具有两跳邻居内最高优先权,并且有数据需要发送,则进入发送状态;而如果节点是当前调度的指定接收方,则进入接收状态;否则,节点进入睡眠状态。TRAMA 协议的缺点是时钟同步存在一定的通信开销,随机访问和调度访问的交替进行增加了端到端延时;协议对节点存储空间和计算能力要求较高,实现难度大。

3. 混合型 MAC 协议

1) Z-MAC

Z-MAC(Zebra MAC)是一种基于 CSMA 和 TDMA 的混合 MAC 协议。在低流量负载条件下使用 CSMA 信道访问方式,提高信道利用率并降低延时;而在高流量负载条件下使用 TDMA 信道方式,减少冲突和串扰。

Z-MAC 将信道使用物化为时间帧的同时,使用 CSMA 作为基本机制,时隙的占有者只有数据的优先发送权,其他节点也可以在该时隙内发送信息帧。与经典的 TDMA 协议不同,Z-MAC 中节点能在任何时隙发送数据,但时隙拥有者的优先级更高,当节点之间产生碰撞时,时隙占有者的回退时间短,从而真正获得时隙的信道使用权。当时隙拥有者不发送数据时,其邻居节点以 CSMA 方式竞争信道,获胜者"盗用"该时隙。Z-MAC 使用竞争状态标识来转换信道访问机制,节点在 ACK 重复丢失和碰撞回退频繁的情况下,将由低竞争状态转变为高竞争状态,并发出明确竞争通告(ECN)消息。如果节点在最近一个时间段内收到某两跳邻居节点发出的 ECN,则成为高竞争级(HCL)节点,由 CSMA 机制转为 TDMA 机制,否则为低竞争级(LCL)节点,仍采用 CSMA 机制。在 LCL 状态下,节点可以竞争任何时隙,但在 HCL 状态下,只有时隙拥有者及其一跳邻居节点可以竞争使用该时隙,并在时序上早于非拥有者的发送。因此,可以认为,Z-MAC 在低网络负载下类似 CSMA,而在网络进入高竞争状态时类似 TDMA。

Z-MAC 已经在 TinyOS 上实现,与 TinyOS 的默认 MAC 协议 B-MAC 相比,Z-MAC 在中、高网络流量下能够提供更高的吞吐量,且能量消耗也更少;而在低流量情况下,性能比 B-MAC 协议稍差。作为一种混合 MAC 协议,Z-MAC 具有比传统 TDMA 协议更好的可靠性和容错能力,最坏情况下的议性能接近 CSMA。Z-MAC 协议的不足是在启动阶段需要全局时钟同步,增加了网络开销,同时仍然存在隐藏终端问题,为避免内爆,Z-MAC 协议的控制开销较大。

2) Funneling-MAC

传感器网络的多跳聚播通信方式造成汇聚节点附近分组易冲突、拥塞和丢失,即产生了漏斗效应,混合协议 Funneling-MAC 针对这种现象进行介质访问控制。该协议在全网范围内采用 CSMA/CA,而漏斗区域节点(称为 f-节点)则采用 CSMA 和 TDMA 的混合信道访问方式,因此,f-节点有更多机会基于调度策略访问信道。

协议工作时,汇聚节点周期广播信标,接收到信标的节点成为 f-节点,汇聚节点逐渐增加广播功率级别,直到网络达到饱和为止。f-节点使用 CSMA 和 TDMA 帧交替的方式访问信道,一个 CSMA 帧和 TDMA 帧合成为一个超帧,其中,TDMA 帧包含多个时槽,用于f-节点根据调度转发数据;而 CSMA 帧用于发送 f-节点产生的数据以及路由和其他控制信息。汇聚节点产生的 TDMA 调度分组在信标之后发送,信标广播周期包含的超帧数量和长度固定,因此,f-节点知道什么时候接收信标和调度分组,从而能够减少冲突概率,且未收到调度分组的节点仍然可使用 CSMA 帧发送数据,保证了协议的可靠性。Funneling-MAC 协议以 CSMA 为主,对时钟同步的要求不高,协议的网络生存时间较长,但是,仍然无法消除隐藏终端问题,集中式 TDMA 调度策略使得汇聚节点附近拓扑发生变化时,重新部署的开销较大,此外,漏斗边界的不确定性也影响了协议性能。

习题

1. 什么是 ISM 频段? 在一些国家的使用有什么不同?

2. 在进行无线传感网 MAC 设计时主要需要考虑哪些因素? 详细说明原因。

3. 详细分析无线通信中隐藏站和暴露站的成因,如何缓解这两个问题?

4. 简述 S-MAC 协议的特点。

5. S-MAC 协议采用了哪些机制来减少网络节点能耗? 简要描述。

6. 基于竞争的无线传感网 MAC 协议主要特点是什么? 从能耗、传输时延和数据传输速率等方面分别说明 S-MAC 与 IEEE 802.11 的主要区别。

7. 简述 S-MAC 的协议栈结构。

8. 简述基于 IEEE 802.15.4 标准的 ZigBee 网络协议栈结构。

9. LR-WPAN 具有哪些特点?

10. 分类描述 IEEE 802.15.4 基带信号的处理过程。

11. 详细分析 IEEE 802.15.4 标准的物理层帧格式。

12. 详细分析 IEEE 802.15.4 标准的 MAC 层各类帧格式。

13. 详细分析 IEEE 802.15.4 标准的超帧格式。

14. 简要描述 IEEE 802.15.4 标准基于 CSMA/CA 的信道接入过程。

15. 简单描述 IEEE 802.15.4 标准工作过程中的 4 种扫描。

16. Z-MAC 协议的主要特点是什么? 主要适合于什么场景?

17. B-MAC 协议实现节点低功耗的措施主要有哪些? 做简单描述。

第 **4** 章

无线传感网路由协议

本章介绍无线传感网网络层路由协议的内容,主要包括无线传感网路由协议特点、路由协议设计的核心问题,详细阐述了无线传感网分层路由协议、平面路由协议的设计,最后分析了工业标准 ZigBee 路由协议。

4.1 无线传感网路由概述

1. 无线传感网路由的特点

无线传感网能量受限,且节点能耗主要在于数据的无线传输。如前所述,节点通信能耗与节点间的距离成 d 次幂关系,d 取值通常在 $2\sim4$ 范围内,为控制通信能耗,节点的单跳传输距离不能太远,因此,要实现传感器网络的大范围覆盖,就需要路由机制。路由协议设计是无线传感网的一个核心环节,其负责将数据分组从源节点通过网内其他节点转发到目的节点,主要包括如何寻找源节点到目的节点之间的优化路径,并沿此优化路径正确转发数据包等两个方面任务。

相比之下,Ad Hoc 自组织网络、无线局域网等传统无线网络的首要目标是提供高的 QoS 特性和公平、高效地利用无线网络带宽,这些网络路由协议的主要任务是寻找源节点到目的节点之间通信延迟小的路径,同时提高整个网络的利用率,避免产生通信拥塞并均衡网络流量等,而能量消耗问题不是这类网络重点考虑的方面。无线传感网以数据为中心,与应用高度相关,其节点个数可达上千,一般没有统一编址,数量远大于 Ad Hoc 网络的几十或上百个节点,而且传感器网络的网络流量具有 many-to-one 和 one-to-many 的特点。因此,与上述传统无线网络的路由协议相比,无线传感网路由协议具有如下特点。

(1) 节点能量有限且一般难以进行能量补充,因此路由协议需要以节约能量为主要目标,高效利用能量,延长网络寿命。

(2) 传感器节点数量较大,不容易建立全局地址,节点只能获取局部的网络拓扑结构信息,路由协议要能在局部网络信息的基础上选择合适的路径。

(3) 传感器网络具有很强的应用相关性,不同应用中的路由协议可能差别很大,没有一个通用的路由协议。

(4) 传感器网络以数据为中心,所关注的是检测区域内的感知数据,而不是具体哪个节点感知的信息,因此,传感器网络通常包含多个传感器节点到汇聚节点的数据流,需要以数据为中心形成消息的转发路径。

（5）节点之间的感知数据冗余度高，因此，传感器网络的路由机制需要与数据融合相结合，路由协议需要具有良好的数据融合能力，通过减少通信量而降低节点能量消耗。

考虑到上述无线传感网路由协议的特点，在设计路由协议时需要综合考虑这些影响因素，在保证建立正确路径的情况下，尽可能延长网络寿命。

2. 无线传感网路由的分类

由于无线传感网与应用高度相关，且应用背景差别较大，单一的路由协议不能满足所有的应用需求。因此，目前，在无线传感网领域出现了多种路由协议，这些协议分别考虑节点通信模式、网络路由结构、路由建立时机、状态维护、节点标识等策略进行路由设计，具体的无线传感网路由协议分类如下。

（1）根据节点在路由建立过程中是否有层次结构、作用是否有差异，可分为平面路由协议和层次路由协议。平面路由简单，健壮性好，但建立、维护路由的开销较大，数据传输跳数多，通常适合中、小规模网络；层次路由扩展性好，适合中、大规模网络，但分层时的簇建立、维护等开销大，且簇头是路由的关键节点，其失效将导致路由失败。作为具体示例，按照该分类方法的相关路由协议如图 4-1 所示。

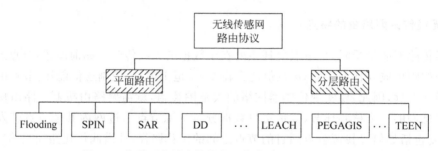

图 4-1　按是否有层次结构的无线传感网路由协议分类

（2）根据传输过程中采用路径的多少，可分为单路径路由协议和多路径路由协议。单路径路由节约存储空间，数据通信量少；多路径路由容错性强，健壮性好，且可从众多路由中选择一条最优路由。

（3）根据路由建立时机与数据发送的关系，可分为主动路由协议、按需路由协议和混合路由协议。主动路由是事先建立好路径再进行数据传输，其建立、维护路由的开销较大，资源要求较高；而按需路由是在节点需要传输数据时，才计算建立路由，建立、维护路由的开销较小，但是时延较大；混合路由则综合利用这两种方式的优点。

（4）根据是否以数据来标识目的地，可分为基于数据的路由协议和非基于数据的路由协议。在大量无线传感网应用中要求查询或上报具有某种类型的数据，这是基于数据的路由协议的应用基础，但需要一定的分类机制对数据类型进行命名。

（5）根据数据在传输过程中是否进行聚合处理，可分为数据聚合的路由协议和非数据聚合的路由协议。数据聚合能减少通信量，但需要时间同步等技术的支持，并使得数据传输时延增加。

（6）根据是否以地理位置来标识目的地、路由计算中是否利用地理位置信息，可分为基于位置的路由协议和非基于位置的路由协议。事实上，有大量无线传感网的应用需要知道突发事件的地理位置，这是基于位置路由协议的应用基础，但需要 GPS 定位系统或者其他定位方法协助节点计算位置信息。非基于位置的路由不关心具体节点的位置信息,网络开销较小,这在许多监控任务中也存在着一定的应用。

(7)根据路由建立时机是否与查询有关,可分为查询驱动的路由协议和非查询驱动的路由协议。查询驱动的路由协议能够节约节点存储空间,但数据时延较大,且不适合突发事件监测等需紧急上报的应用。

(8)根据路由建立是否由源节点指定,可以分为源站路由协议和非源站路由协议。源站路由协议中,源节点提供整条路径信息,而路径上的其他节点无须建立、维护路由信息,从而可节约存储空间,减少通信开销。但是如果网络规模较大,数据包头的路由信息开销也大,而且如果网络拓扑变化频繁,将导致路由容易失败。

(9)根据路由选择是否考虑 QoS 约束,可分为保证 QoS 的路由协议和不保证 QoS 的路由协议。保证 QoS 的路由协议是指在路由建立时,考虑时延、丢包率等 QoS 参数,从众多可行路由中选择一条最适合 QoS 应用要求的路由。

无线传感网的路由协议种类繁多,每个协议都有自己的优缺点,也都有自己的应用范围,因此不能说哪个协议更为优越,表 4-1 从路由结构、数据融合、路径条数、可扩展性等方面给出了相关路由协议的特性比较。

表 4-1　无线传感网路由协议比较

协议类型	路由结构	数据融合	多路径	节点定位	可扩展	节能策略	QoS 支持
Flooding	平面	无	是	否	一般	否	无
DD	平面	有	否	否	较好	是	无
SPIN	平面	无	是	否	一般	是	无
LEACH	层次	有	否	否	一般	是	无
PEGASIS	层次	有	否	否	好	是	无
GEAR	层次	有	否	是	一般	是	无
GAF	层次	有	否	否	好	是	无
SAR	平面	无	是	否	一般	是	有
TEEN	层次	有	否	否	好	是	无
EAR	平面	无	是	否	一般	是	无
SPAN	层次	有	否	是	一般	是	无

4.2　路由设计的核心问题

无线传感网的路由协议设计存在着诸多挑战,同时,与普通无线网络相比,存在着新的问题。在无线传感网中,节点没有统一的标志,且节点数量巨大,难以有统一的标识。传感器节点与物理环境交互密切,网络的通信架构及其所采用的路由协议都是针对每个特定的应用而设计。WSNs 的一个重要特征是能量受限,因此,WSNs 路由协议必须以节约能量为主要目标,并尽可能延长传感器网络生存时间。在 WSNs 中,网络拓扑结构会因为节点失败或链路损坏而变化频繁,路由协议必须要适应这种频繁变化的拓扑结构,具备良好的容错性。在许多应用中,传感器节点产生的数据具有较大冗余性,路由协议需要进行一定的数据融合,以减少通信量,从而节省能量和保障一定的服务质量。综上所述,通过对路由协议进行分析与总结,WSNs 路由协议设计的核心问题主要包括如下 7 个方面,在设计具体的路由协议时应根据各自的需求分别加以考虑。

(1) 如何进行负载均衡。通过设计更加合理的路由策略让各个节点分担数据传输量,平衡节点的剩余能量,以提高整个网络的生存时间。

(2) 如何保障容错能力。WSNs 节点资源有限,容易发生故障,应该尽量利用节点易获得的局部网络信息计算路由,保障在路由出现故障时能够尽快恢复,并且可采用多路径传输策略来提高数据传输的可靠性,增加网络的容错性能。

(3) 如何减少通信量。由于 WSNs 中数据传输将消耗大量能量,因此,应该努力减少数据通信量。例如,可采用过滤机制和融合机制以减少不必要的数据传输。

(4) 如何进行跨层优化。传感器网络资源有限,而面向通用网络的分层设计策略将消耗大量资源,因此,可将网络层与链路层或应用层协议等结合起来设计跨层路由协议,从而实现路由协议的优化。

(5) 如何保证可扩展性。这是衡量路由协议性能的一个重要方面,无论平面路由协议还是分层路由协议,提高协议的可扩展性以适应网络规模的扩大是一个重要问题。

(6) 如何保证 QoS。服务质量对于一些视频及图像传输等实时应用非常必要,由于 WSNs 存在着拓扑动态变化、网络资源有限等因素,QoS 保证是路由协议设计的一个重要方面。

(7) 如何保证路由安全。在恶意/敌对环境下,由于 WSNs 的固有特性,路由协议容易受到安全威胁,所以,必须考虑设计具有安全机制的路由协议。

此外,IPv6 协议已经成为下一代网络的核心,无线传感网也将朝着与 IPv6 结合的方向发展,由于受到各类资源的限制,无线传感网只能采用轻量级 IPv6 协议。

4.3　无线传感网层次结构路由协议

4.3.1　LEACH 协议

1. 协议概述

LEACH(Low-Energy Adaptive Clustering Hierarchy)是无线传感网中最早提出且具有代表性的分簇路由协议,它使用随机轮转在传感器节点间平均分配能量负载。该协议工作的假设条件是传感器网络中的节点发射功率足够大,任何节点都可以一跳到达基站,所有节点在网内的地位一样。

基于 MEMS 的传感器技术、低能量 RF 设计等的发展使得开发相对便宜的无线微传感器节点成为现实,虽然这些传感器节点没有那些昂贵的节点可靠和精确,但是它们的体积和价格使得可以应用成百上千这样的微传感器节点连接构成网络,以获得高质量、容错的无线传感网服务。微传感器网络依靠节点的高密度来获取高质量结果,网络协议必须设计成当出现单个节点失败时可以容错。此外,因为有限的无线信道带宽需要被网络中所有节点共用,这类网络的路由协议应该能够执行局部协作来减少带宽需求。传感器节点感知到的数据必须被发送到一个控制中心或者基站,从而最终使得远端用户可以获得这些数据。网络中节点感知数据存在较大的冗余性,因此,需要一种实现数据聚集的方法以得到小批量数据,从而减少网络通信开销。在完成数据融合时,可以通过加强公共信号和减少不相关噪声来获得更加精确的数据信号,此类数据融合的方法必须是应用相关。例如,声音信号经常使用 beamforming 算法实现几个信号的聚合,最终融合为包含所有相关信息的一个单一信号,从而在数据传输时可以获得较大的能量收益,因为在进行数据融合后,仅少量数据需要发送给基站。

LEACH 协议最重要的特点包括如下三个方面。

(1) 通过簇的建立和运行,进行无线传感网的局部协作和控制;

(2) 动态簇头选择和随机轮转地完成簇的建立;

(3) 利用局部压缩策略来减少全局的数据通信量,从而获得较好的能效。

LEACH 协议利用簇头发送数据到基站的机制可以使得大多数节点以短距离方式传输数据,仅要求数量很少的节点发送数据到远距离基站,整体上节省了能量开销。同时,LEACH 通过使用自适应分簇和轮转簇头方案优化了经典的分簇算法,允许整个网络系统的能量需求分配给所有传感器节点。除此之外,LEACH 协议能够在每个簇内部执行局部的数据融合来减少必须发送到基站的数据量,因为数据融合的计算操作比通信消耗的能量要少很多,从而可以使得能量的损耗大大减少。

2. 网络模型

LEACH 协议工作的网络模型如下。

(1) 基站(Sink 节点)位置固定且远离无线传感网其他节点,同时假设基站有足够的能量供应。

(2) 传感器节点之间可以相互通信,能够控制自身的发射功率,且有足够的能量与基站直接通信,即所有节点一跳可达基站。

(3) 所有传感器节点同构、初始能量相同且有限。

(4) 节点通信信道对称,即节点 A 发送消息给节点 B 消耗的能量与节点 B 发送同样大小的消息给节点 A 消耗的能量相同,且节点的无线信号在各个方向能耗相同。

(5) 传感器节点总是有数据需要向基站发送,且其采集的数据与邻近节点采集的数据具有较高的相关性,即存在较高的数据冗余现象,节点可以进行数据融合。

(6) 网络中的传感器节点静止不动。

(7) 节点的能量损耗模型是一阶无线电模式,如图 4-2 所示。

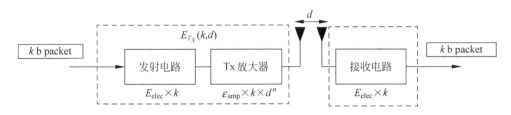

图 4-2 节点的一阶无线电模式

能量损耗模型中,参数 E_{elec} 是无线收发模块的电路部分发送 1b 消耗的能量,ε_{amp} 是信号放大器的放大倍数,d 为传输节点之间的距离,幂值 n 是由无线射频信道决定的常量,表示射频信号能量随距离变大而衰减的变化规律。当传输距离 d 较短且小于某个临界值 d_0 时，可采用自由空间传播模型，该情况下 n 取值为 2；当传输距离 d 较长且大于某个临界值 d_1 时，可采用多路衰减模型，这种情况下 n 值为 4。根据图 4-2，节点发送 k b 的数据到距离为 d 的节点所消耗的能量如式(4-1)所示，n 取值在 2～4 范围内。

$$E_{T_X}(k,d) = E_{elec} \times k + \varepsilon_{amp} \times k \times d^n \tag{4-1}$$

节点接收 k b 的数据所消耗的能量如式(4-2)所示。

$$E_{R_X}(k) = E_{elec} \times k \tag{4-2}$$

3. 协议的设计思想

LEACH 是一个自组织、适应性分簇路由协议，它使用随机轮转在网络的传感器节点中平均分配能量负载。在 LEACH 中，节点自组织它们自己加入一个局部的簇中，簇中有一个节点作为局部基站或者簇头。如果簇头被预先选出，且在系统整个生命期中保持不变，则与传统的分簇算法一样，很显然，不幸被选为簇头的节点会很快因能量耗尽而死亡，从而该簇中所有节点都将结束生命期(因为数据无法传输到基站)。LEACH 协议通过随机轮流选择簇头节点，从而避免耗尽某一个节点的能量。此外，LEACH 协议执行局部数据融合，压缩从簇发送到基站的数据量，从而更加减少节点能耗，增加了网络系统寿命。

传感器节点在给定的时间内以一个特定的概率自我选举为簇头，这些簇头节点广播它们的簇头状态给网络中的其他节点，每个非簇头传感器节点选择到其需要最小通信能量的簇头，以决定它们要加入到哪个簇，通常情况下，最接近传感器节点的簇头将成为该传感器节点的簇头。一旦所有的节点都被组织到相关簇中，每个簇头为其簇中的节点创建一个 TDMA 调度。因此，允许每个非簇头节点的通信模块除了在其发送时隙外一直关闭，从而最小化每个传感器节点的能量消耗。当簇头拥有其簇中所有节点的数据时，它融合这些数据，然后把压缩后的数据传送到基站，数据传输给基站是一个高能耗操作，然而，因为网内只存在少数簇头，这仅仅会一定时间内影响很少的节点。

作为簇头的节点将很快耗尽其能量，因此，为了将这种能量损耗分散给不同的节点，不能使用固定的簇头节点；更确切地说，这个簇头地位是在不同时间间隔里自我选举、轮流担任。图 4-3 给出了 LEACH 协议在不同时段产生的簇分布，在 t_1 时刻有一部分节点 C_1 自我选举成为簇头，但是在时刻 $t_1 + d$，新的一部分节点 C_2 自我选举成为簇头，C_1 和 C_2 在短期内不会相交。每个节点独立于网络中其他的节点决定自己是否成为簇头，这种确定簇头的机制不需要额外的节点间协商，减少了网络系统的通信开销。通过后续不断的随机轮转形成簇和选择簇头，LEACH 协议从整体上均衡了网络节点的负载。

网络系统能够预先确定网络中簇头的最优数量，这依赖于几个参数，如网络拓扑、计算与通信的相对成本等。在 LEACH 中，存在一个最优的簇头百分比 N。如果簇头比例小于 N，网络中的一些节点不得不把它们的数据发送到非常远的簇头，导致系统中总能耗变得很大。如果簇头比例大于 N，节点发送到最近簇头的通信距离并没有实质性减少，然而有更多的簇头需要发送数据到基站，而且局部数据压缩变少，整体上增加了网络能耗。对于 LEACH 的系统参数和拓扑结构来说，N 取值为 5%。

LEACH 协议的能量节省是因为有损压缩和数据路由的结合，显然，在数据输出质量和数据的压缩量之间有个平衡,在这种情况下,来自单个信号的一些数据信息将丢失,但是使得网络系统的总体能量损耗大大减少。除了减少能量损耗,LEACH 协议另外一个重要优点是节点实质上以随机方式死亡,协议通过在网络节点中分散能量损耗,使得节点死亡随机发生,而且以平均相同的速度进行。

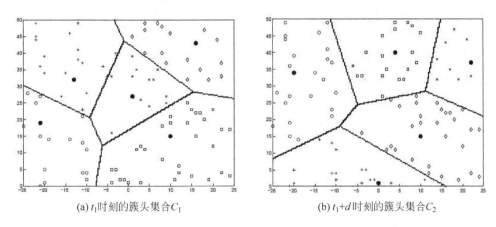

(a) t_1 时刻的簇头集合 C_1　　　　　　(b) t_1+d 时刻的簇头集合 C_2

图 4-3　LEACH 协议中不同时段产生的簇集合(黑色圆代表簇头节点)

4. 协议的执行步骤

LEACH 协议把时间分成很多轮,轮的周期固定,每轮从簇建立阶段开始,这个阶段形成簇,其后是稳定工作阶段,这个阶段传输数据到基站。一定时间后进入下一轮重新开始分簇、数据传输工作。LEACH 协议的工作过程如图 4-4 所示。为了最小化开销,稳定阶段的时间比簇建立阶段的时间长得多,这样可以大幅减少网络的成簇开销。

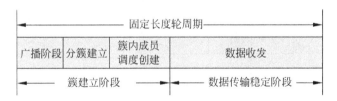

图 4-4　LEACH 协议工作过程

1) 广播阶段

最初,当创建簇时,每个节点自行决定在当前轮中是否成为簇头,这个决定基于网络建议的簇头比例(预先确定)和当前轮数,节点 n 通过产生一个在 0 和 1 之间的随机数来决定是否成为簇头。如果该随机数小于阈值 $T(n)$,则节点成为这一轮的簇头,阈值如式(4-3)。

$$T(n) = \begin{cases} \dfrac{P}{1 - P \times \left(r \bmod \dfrac{1}{P}\right)} & n \in G \\ 0 & \text{其他} \end{cases} \qquad (4-3)$$

其中,参数 P 为预先确定的簇头占总节点数的百分比值,比如 0.05;参数 r 是当前轮数,初值为 0;参数 G 是过去 r 轮中还未当选簇头的节点集合。使用阈值 $T(n)$,每个节点会在 $1/P$ 轮的期间某个时刻当选为簇头。在第 0 轮,每个节点有概率 P 的可能性成为簇头,而在第 0

轮当选过簇头的节点,在接下来的 $1/P-1$ 轮里不会再成为簇头,因此,剩下的节点成为簇头的概率一定会增加。当 $1/P-1$ 轮后,所有没有成为簇头的节点其阈值 $T(n)$ 为 1,剩下的节点一定能成为簇头。在 $1/P$ 轮后,所有节点再一次有资格成为簇头,LEACH 协议重新进入新一轮大循环工作。

每个自我选举成为当前轮簇头的节点广播公告信息给其他节点,在这个"簇头公告信息"阶段,簇头使用基于 CSMA 的 MAC 协议,并且所有簇头用同样的发射能量发送它们的公告信息。在此阶段,非簇头节点必须打开射频接收器,收听所有簇头节点的公告信息。这个阶段完成以后,每个非簇头节点决定这一轮加入哪个簇,这个决定依赖于收到公告的信号强度,假设信道的射频信号传输是对称的,以接收到簇头公告信号最强的节点为自己的簇头,从而只需要最少的发送能量就能与该簇头通信。

2) 分簇建立阶段

在每个节点决定加入哪个簇后,必须通知簇头节点它将成为该簇的成员,每个节点用基于 CSMA 的 MAC 协议把这个信息发回给簇头,在这个阶段,所有簇头节点必须打开射频接收模块。

3) 簇内成员调度创建

簇头节点接收到所有想加入该簇的节点消息,基于簇中节点的数量建立 TDMA 调度,告诉每个节点什么时隙可以传输消息,这个调度信息被簇头广播给簇内成员节点。

综合 1)、2)和 3)步,LEACH 协议的分布式成簇算法过程如图 4-5 所示。

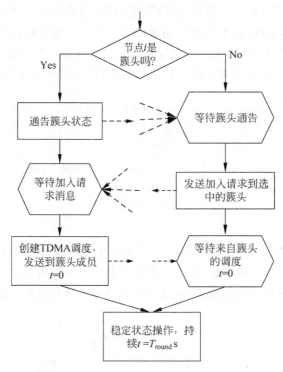

图 4-5　LEACH 协议的分布式成簇算法

4) 数据收发

一旦簇建立而且 TDMA 调度确定下来,则就可以进行数据传输。假设簇内成员节点总是有数据要发送,在分配给其的时隙内向簇头发送信息,这只需要较少的能量,而在其余时隙内关闭无线射频模块,从而能够大幅度减少能量消耗。簇头节点必须一直打开无线射频模块以接收所有成员节点的信息,接收到所有数据后,簇头进行簇内数据融合,压缩数据成单一的信号,再传输到基站,簇头在这个过程中能耗较大。这个阶段是 LEACH 协议的稳定工作阶段,在事先确定的一段较长时间后,下一轮分簇过程重新开始,每个节点再确定自己是否在这一轮成为簇头而且广播通告信息。

在 LEACH 协议的工作过程中,临近簇的无线数据传输可能会存在簇间相互影响。例如,在节点通信时,节点 A 的数据传输虽然目标节点是节点 B,但有可能却破坏了到节点 C 的任何传输,在 WLAN 中,通过采用 RTS/CTS 机制一定程度上可解决该问题。LEACH 协议为了减少这种类型的干扰,对每个簇采用了不同的 CDMA 码片序列。因此,当一个节点决定成为簇头时,它随机地从一列 CDMA 编码序列中选择一个,它通知簇中的所有节点采用该编码发送数据,从而邻近簇的数据传输信号将被过滤掉,不会破坏各自簇中节点的数据发送。

4.3.2 链路估计父节点选择协议

链路估计父节点选择(Link Estimation and Parent Selection,LEPS)协议是 TinyOS 1. x 系统中的多跳路由协议,适用于多对一的无线传感网数据聚集应用,其通过节点之间的邻居信息交换机制,建立到汇聚节点的最短路径。该协议建立了一个以汇聚节点为根节点的树状拓扑,普通节点选择跳数最少、信道质量最好的邻居节点作为父节点,父节点是唯一的下一跳节点,所有的数据源节点都有一条到汇聚节点的优化路径。

1. LEPS 协议概述

LEPS 路由协议目的是建立一个以汇聚节点为根节点、普通节点为枝干或枝叶的树状路由结构。在节点需要发送采集到的数据时,每个节点向其父节点发送数据,父节点再转发数据给它的父节点,而基站发送的命令等则是从父节点向子节点传输。在 LEPS 路由协议中,每个节点要维护自己到邻居节点之间的双向链路质量评估,并根据评估结果选择邻居节点中跳数最小、链路质量最好的节点作为父节点。LEPS 协议主要分为路由建立、路由发现和维护两个阶段。在路由建立阶段,节点主要根据自己到汇聚节点的跳数信息,以跳数最少作为选择依据来选择合适的父节点,建立起到汇聚节点的最短跳数路由;在路由维护阶段,节点通过评估到邻居节点的通信质量,选择最小跳数下通信质量最好的节点作为父节点。从生成网络拓扑结构的过程来看,LEPS 协议属于平面路由,最终得到一种树状多跳路由结构。

2. LEPS 协议的路由建立

在 LEPS 路由协议建立路由过程中,包括汇聚节点在内的所有节点都周期性地广播自己的路由状态信息,主要包括节点自己的地址、到汇聚节点的跳数、广播消息的序列号、到邻居节点的链路质量评估信息等。节点把接收到的邻节点路由状态信息保存在自己的邻居表(路由表)中,如果原来不存在就增加一个表项,如果存在则更新对应的表项信息。同时,节点定期检查路由表,并在路由表中查找跳数最小的节点作为父节点(下一跳节点)。如果有多个跳数最小的节点,则选择其中链路质量最好的作为父节点。此外,节点还会检查与各个邻节点的连接时长,如果超时,则将该邻居节点信息标注为无效,直到再次收到该邻居节点的路由信息广播帧后,才再次置为有效。

在节点初始化时,汇聚节点将自己的跳数设置为零,除汇聚节点以外的其他所有节点都把自己的跳数初始值设置为最大值 0xff。汇聚节点的邻居节点在收到汇聚节点的广播通知后,选择汇聚节点作为自己的父节点,并将自己的跳数设置为 0x01。这些邻居节点在下次广播自己的路由状态时,将把路由状态广播中的跳数信息设置为跳数值 0x01。这是一个迭代过程,直到网络中所有节点都设置了自己到汇聚节点的跳数为止。这样,整个网络就形成了一个以汇聚节点为根节点的树状路由结构。显然,一个深度为 N 跳的网络至少需要经过 N 个广播周期才能建立完整的树状路由结构。

3. LEPS 协议链路质量评估和路由维护

显然,无线信道没有有线信道那样稳定可靠,在节点通信过程中,会以较大概率发生链路故障、通信碰撞和节点失效等。如何评价两个节点之间的链路质量是路由算法必须要考虑的重要问题,LEPS 协议在选择父节点时往往选择跳数最小、链路质量最好的作为自己的父节点,而节点间的双向链路质量通过邻居节点间的通信成功率来衡量。

1) 链路质量估计

在 LEPS 路由协议中,链路估计的基本思想是节点统计一定时间内从某个邻居节点接收到的分组占该邻居节点向该节点发送的分组数量的比值,链路质量评估包括发送代价估计和接收代价估计两个部分,并用这两个估计值来表示节点之间链路的双向通信代价。为提高链路质量估计的精度,LEPS 协议还利用老的估计值,进行加权求和得到新的链路估计值。

设网络中任一节点 u,节点 u 在收到邻居节点发来的数据分组,或者接收到来自邻居节点的路由状态广播分组后,将更新从该邻居节点接收的分组个数,同时,节点 u 在周期性路由状态广播分组中会包括自己到每个邻居节点的发送分组个数,从而邻居节点在接收到节点 u 的分组后,很容易就知道节点 u 在这段时间内给自己发送了多少分组,可以计算出自己与节点 u 之间的链路质量。以节点 A 为例,经过一段时间的统计后,它可以得到来自邻居节点 B 的接收分组数目 repCountA,而节点 B 在自己的路由状态广播分组中包含向节点 A 发送分组的数目 sndCountB,这二者的比值就是节点 A 接收节点 B 发送分组的接收成功率 rcvSuccEstAB,节点 A 进行的接收成功率计算如式(4-4)。

$$rcvSuccEstAB = repCountA \ / \ sndCountB \qquad (4-4)$$

类似地,节点 B 也可以计算出接收节点 A 发送分组的接收成功率 rcvSuccEstBA。在节点 B 的周期性路由状态广播中,包含自己到所有邻居节点的接收成功率 rcvSuccEstBi(i 是节点 B 的邻居节点,i 可取值为 A),节点 B 的邻居节点 A 将 B 的接收成功率作为自己的发送成功率 sndSuccEstAB,如式(4-5)所示。

$$sndSuccEstAB = rcvSuccEstBA \qquad (4-5)$$

因此,节点 A 到邻居节点 B 的双向链路质量估计 biLinkQEstAB 为 A 的发送成功率和接收成功率的乘积,如式(4-6)所示。

$$biLinkQEstAB = rcvSuccEstAB \times sndSuccEstAB \qquad (4-6)$$

考虑到无线信道质量容易受到多种因素的影响，为减少短时间内链路评估的抖动，LEPS 路由协议进一步采用指数加权移动平均（Exponential Weighted Moving Average，EWMA）机制计算最终的链路质量估计值。假设前一次计算的链路质量估计值（biLinkQEstOld）所占权重为 α，则新计算得到的链路质量估计值（biLinkQEstNew）所占权重为 $1-\alpha$，因此，最终的链路质量估计值（biLinkQEstFinal）为二者的加权平均，如式（4-7）所示。

$$\text{biLinkQEstFinal} = \text{biLinkQEstOld} \times \alpha + \text{biLinkQEstNew} \times (1-\alpha) \qquad (4\text{-}7)$$

在 LEPS 路由协议实现中，α 取值为 0.75。

2）路由维护

LEPS 路由协议工作过程中，节点需要周期性地广播路由状态信息，使得邻居节点可以更新到汇聚节点的跳数信息，同时，每个节点会根据上述链路质量评估方法对邻居节点进行链路质量估计。当节点完成跳数更新和链路评估后，将根据这些新的路由信息重新选择父节点，节点按照跳数优先、链路质量其次的顺序选择最优的邻居节点作为自己的新父节点。节点在更新自己的新父节点后，不会立即通知其邻居节点，需要等到下一次路由状态消息广播时，才会将更新的父节点信息广播给周围邻居节点，此时，邻居节点才能相应地更新自己的路由状态，产生新的父节点。

由于环境变化、噪声干扰、节点移动等因素，节点的父节点可能失效，这种状况表现为节点之间的链路代价上升和丢包数上升，当链路代价上升到超过一定阈值，或者一个路由更新周期内的丢包数达到最大允许数时，节点将认为父节点无效。在未来路由更新时，节点将同样地在邻居表中选择跳数最小、链路质量最好的节点作为其父节点。

4. LEPS 协议的实现

在 TinyOS 1. x 平台上，已经实现了 LEPS 路由协议，其路由功能的实现框架主要包括 MultiHopEngineM 组件和 MultiHopLEPSM 组件两部分，图 4-6 给出了这两个组件之间的相互关系。MultiHopEngineM 是模块组件，负责转发分组；MultiHopLEPSM 也是模块组件，是 LEPS 路由功能的实现模块；这两个模块组件通过配置组件 MultiHopRouter 连接起来，同时，通过 MultiHopRouter 组件向用户提供多跳路由服务的相关接口，比如，Send 接口、Receive 接口和 RouteControl 接口等。MultiHopEngineM 模块通过 RouteControl 和 RouteSelect 接口连接到 MultiHopLEPSM 路由协议实现模块上，并与该路由协议模块交互以得到当前的路由状态信息。由图可见，MultiHopEngineM 路由引擎模块只是通过少数几个接口和路由协议模块 MultiHopLEPSM 交互，其实现独立于任何路由协议功能模块的实现，这非常有利于 TinyOS 平台上第三方路由协议的设计、开发。

LEPS 协议的路由功能在 MultiHopLEPSM 模块中实现，包括对路由信息的处理以及定时更新父节点两部分。节点以一定时间间隔广播自己的路由通告信息，邻居节点在收到该信息后，交给 MultiHopLEPSM 模块进行处理。该路由功能实现模块利用下层数据链路层提供的比特流或字节流传输服务，来完成本层的功能，具体是通过调用通信组件 Comm 和队列发送组件 QueuedSend 等的接口函数来实现。Comm 组件主要是用来收发数据，每当该组件接收到一个完整的协议帧时，在校验正确的情况下，将通过接口函数向上层 MultiHopLEPSM 和 MultiHopEngineM 模块报告，由它们来做进一步处理。当路由功能模块要发送数据时，将调用组件 QueuedSend 的接口函数，管理数据的发送操作。

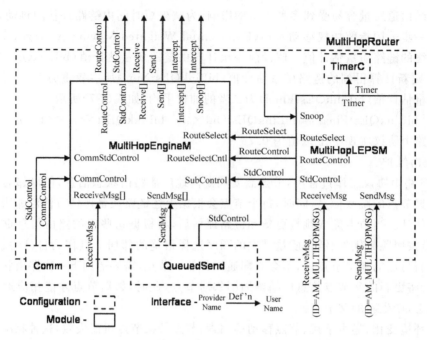

图 4-6 LEPS 路由协议网络层功能实现的组件结构

　　节点启动后,将把协议的相关参数设置为默认值。汇聚节点设置的父节点为其自身,且到汇聚节点的跳数为 0;其他节点的父节点设置为空,到汇聚节点的跳数为 0xff。然后,第一次启动定时任务 TimerTask(),并启动一个重复时间为 20s 的定时器,以后每隔 20s 将执行一次定时任务 TimerTask()。LEPS 协议在 TimerTask() 定时任务中完成路由表更新、父节点选择和路由更新通告发送三个任务,并形成一个路由通告广播分组,通过 send 接口广播到所有邻居节点。邻居节点接收到路由通告分组后,将根据该广播分组中的信息更新自己的路由表。LEPS 路由协议的实现过程如图 4-7 所示。updateEst() 函数完成链路质量的更新评估功能,在 updateTable() 函数中通过调用该函数完成对路由表中每个表项的更新;在 chooseParent() 函数中利用更新后的路由表,选择跳数和通信代价最优的节点作为父节点,其中通过调用 evaluateCost() 函数实现对通信代价的评估;在 SendRouteTask() 函数中将选择的父节点、到汇聚节点的跳数、通信代价等信息封装到一个路由分组中,然后广播给所有邻居节点。

　　LEPS 协议的路由分组按照活动消息 AM 进行管理,其消息类型 ID 值等于 250,活动消息是一个嵌套的数据格式,路由分组活动消息结构如图 4-8 所示。AM 消息包含 5 个字节的首部,分别表示下一跳地址、消息类型、组号和分组长度,crc 校验序列在数据域后面,占两个字节。AM 消息的 data 净荷部分为 MultiHopMsg 路由分组,该分组首部包括 7 个字节,其字段分别是分组的源地址、目标地址、分组序列号、经过的跳数。MultiHopMsg 路由分组的数据字段是一个结构体 RoutePkt,包括 parent、estEntries、estList 三个字段。

　　接收节点在收到一个包含路由分组的活动消息后,通过 receive 接口函数进行数据处理。节点会检查发送该分组的节点是否在其路由表中已经存在,如果存在,则将根据 RoutePkt 中的字段更新邻居节点的信息,包括 parent、hop、sndSuccEst、liveliness 等;否则,需要为该邻居节点创建一个新的路由表项。由于路由表的项数大小固定为 16,当路由

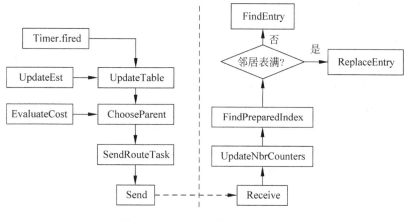

图 4-7　LEPS 路由协议实现过程

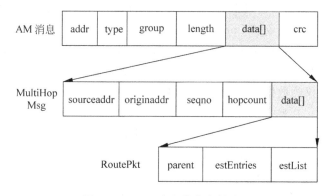

图 4-8　LEPS 路由状态广播分组

表已经满时，需要替换路由表中一个老的表项。LEPS 路由协议选择、替换发送成功估计值最小的那个节点，因为发送成功估计值越小表明到该节点的通信质量越差，但是由于 LEPS 路由协议选择跳数最小的节点作为自己的父节点，因此，有可能将原先选定的父节点替换掉。

4.3.3　汇聚树协议 CTP

1. 汇聚树协议概述

CTP(Collection Tree Protocol，汇聚树协议)是 TinyOS 2. x 中实现的一个数据汇聚路由协议，它提供到无线传感网任一根节点的尽最大努力、任播数据传输服务，是一种距离矢量路由算法。在构建路由树时，父节点是唯一的下一跳节点，从而建立起一个以汇聚节点为根节点的树状路由结构。CTP 适用于中、小规模的无线传感网应用，所有数据采集节点形成一条到汇聚节点的优化传输路径。虽然 CTP 路由协议的数据传输可靠性很高，但是，随着网络规模的增大，汇聚树构建所需时间也不断增大。感知数据节点并不是向指定的根节点发送数据分组，而是通过选择下一跳节点隐式地选择根节点，即不断由下一跳节点转发，最终数据分组可以到达某一个根节点，这些中间转发节点根据路由梯度形成到根的路由。CTP 路由协议假设数据链路层向网络层提供了以下功能。

（1）提供有效的本地广播地址；

（2）为单播分组提供同步的确认信息；

（3）提供协议分发字段以支持多种高层协议；

（4）具有单跳的源和目的地址字段。

CTP假设某节点具有部分邻居节点的链路质量估计信息，该信息提供了本节点与邻居节点之间通信过程中成功传输单播分组的次数。虽然CTP有一些提高传输可靠性的机制，但是，它并不能保证100%地可靠递送。CTP路由协议是为通信速率相对较低的网络而设计，因此，对于带宽有限的系统要传输较多的数据，可能使用别的协议更加合适，例如，能将多个小的数据单元组装成单个数据分组的协议。

2. CTP中的分组格式

CTP作为TinyOS 2.x系统中实现的网络层协议，其构建在IEEE 802.15.4标准的链路层和物理层之上。如前所述，IEEE 802.15.4标准包含4种类型的MAC帧，分别是信标帧Beacon、数据帧Data、命令帧Command和确认帧Ack。CTP中主要用到两种分组，即数据分组和路由分组，数据分组用于发送有效数据，而路由分组也叫作信标，用于生成和维护网络的树状路由结构。为传输信息，CTP只使用了链路层的Data帧和Ack帧，而Data帧封装了CTP路由协议的数据分组和路由分组。

1）路由分组

路由分组，也称为路由信标，其格式如图4-9所示。

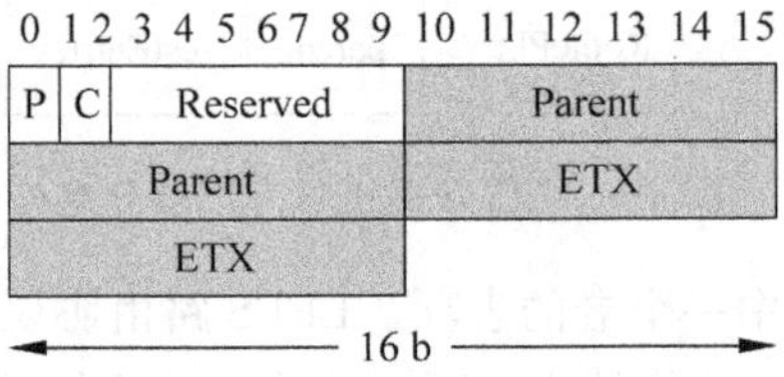

图 4-9 CTP 的路由分组格式

P为拉路由位，占一个比特，P位允许节点从其他节点请求路由信息。如果节点收到一个P位置1的数据分组，则该节点应当传输一个路由分组。C为拥塞标识位，占一个比特，如果节点由于某种原因，在本地丢弃了一个CTP数据分组，则该节点必须将下一个传输的路由分组的C位置1。Parent字段占16个比特，表示节点的当前父节点。期望传输值ETX字段占16个比特，表示节点的当前路由度量值。CTP使用ETX作为路由梯度，根节点的ETX值为0，其他节点的ETX为其父节点的ETX值加上到父节点链路的ETX值，这种累积的方法需要假设节点使用了链路层重传机制。为给出一种有效的路由，节点运行CTP，选择ETX值最小的父节点作为自己的下一跳节点。ETX值用精度为0.01的16位定点实数表示，例如，若ETX值为451，则实际表示的ETX值为4.51，同样，若ETX值为109，则实际表示的ETX值为1.09。

当节点接收到一个路由分组时，它必须马上根据新得到的信息更新自己的路由表。该信息来自于两个方面，一方面是路由分组自身所包含的邻居节点的路由信息，另一方面是这个路由分组本身成功被节点接收所代表的链路状况信息。如果这个路由分组带来的信息是网络状况发生了巨大变化,例如,邻居节点的 ETX 值的变化超过某阈值,那么,CTP 将会发送一个 P 位置 1 的广播帧,从而告诉其他邻居节点更新各自的路由表,这样做是为了尽快通告一个失效的分组,或是尽快使用一个链路状况大大改善的链路。路由分组中的 Parent 字段记录了发送数据节点的下一跳地址,这可以用于检测路由环路,同时,如果父节点检测到一个孩子节点的 ETX 值比自己的小,它必须以最快的速度发送路由分组,以消除可能的路由错误。节点本地的路由表表项内容如图 4-10 所示,若干个这样的路由表项构成了节点本地的路由表。

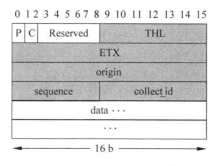

```
typedef struct {
    am_addr_t    parent;          typedef struct {
    uint16_t     etx;                 am_addr_t    neighbor;
    bool         haveheard;           route_info_t info;
    bool         congested;       } routing_table_entry;
} route_info_t;
```

图 4-10　节点本地路由表中的路由表项

2) 数据分组

数据分组格式如图 4-11 所示。

```
 0 1 2 3 4 5 6 7 8 9 10 11 12 13 14 15
┌─┬─┬──────────┬──────────────────────┐
│P│C│ Reserved │          THL         │
├─┴─┴──────────┴──────────────────────┤
│               ETX                    │
├──────────────────────────────────────┤
│              origin                  │
├──────────────────┬───────────────────┤
│    sequence      │     collect_id    │
├──────────────────┴───────────────────┤
│              data · · ·              │
├──────────────────────────────────────┤
│                · · ·                 │
└──────────────────────────────────────┘
         ◄──────── 16 b ────────►
```

图 4-11　CTP 的数据分组格式

P 为拉路由位,占一个比特,作用同路由分组中的 P 位。P 位允许节点向其他节点发送路由信息请求,当一个节点收到一个设置了 P 位的数据包时,它将以最快的频率向外发送自己的路由表。C 为拥塞标志位,占一个比特,如果节点丢弃了一个 CTP 数据分组,它必须在下一个传输的数据分组中把 C 位置 1。THL 字段为有效存活时间,占 8 个比特。节点产生一个 CTP 数据分组时,它必须将其 THL 字段设为 0。当节点接收到一个 CTP 数据分组时,它必须把 THL 值加 1,如果节点接收到的数据包 THL 值为 255,则将它回绕为 0(8 位的全 1 再加 1,即为全 0)。ETX 字段,占 16 个比特,表示发送该数据包节点的路由梯度值,当一个节点发送自己产生的 CTP 数据分组或转发其他节点产生的 CTP 数据分组时,它必须将自己通过当前链路到达根节点的 ETX 值填入该字段。origin 字段表示数据分组的源地址,占 16 个比特,所有中间转发节点不能修改这个字段。seqno 字段表示源节点数据分组的序列号,占 8 个比特,由源节点设置这个字段,中间转发节点不能修改该字段。collect_id 字段表示高层协议标识,占 8 个比特,由源节点设置这个字段,中间转发节点也不能修改该字段。data 字段表示数据分组的数据载荷,占 0 个或多个字节,同样,中间的转发节点也不能修改这个字段。

origin、seqno 和 collect_id 三个字段合起来唯一标识了一个源数据分组,而 origin、seqno、collect_id 和 THL 这 4 个字段合起来唯一标识了网络中的一个数据分组实例,针对路由循环中的重复抑制,二者的使用有很大不同。通过源数据分组可以判断一个节点是否具有重复的数据分组,而通过数据分组实例则可以判断一个数据分组是否是由于路由环路又回到该节点的数据分组,如果又回到该节点,则该数据分组将会继续被转发。

3. CTP 的实现

CTP 是一个基于树的汇聚路由协议,网络中的少数节点将自己设置为 ROOT 根节点,网络节点之间通过交换链路质量估计信息从而形成到根节点 ROOT 的树集合。CTP 没有地址的限制,节点并不是向固定的根节点发送数据包,而是通过选择下一跳节点隐式地选择根节点,节点根据期望传输值 ETX(路由梯度)形成到根的可靠路由。CTP 路由协议的实现主要包括三个模块,如图 4-12 所示。链路质量估计模块负责估计节点单跳的 ETX 值,路由引擎模块根据链路质量估计和网络层的信息(如拥塞情况)来决定哪个邻居节点作为自己的下一跳节点(父节点),转发引擎模块负责维护发送分组队列、决定是否发送和发送的时机等。

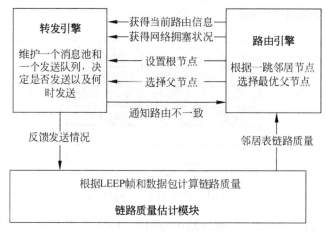

图 4-12　CTP 的实现框架

1) 链路质量估计模块

该模块负责建立和维护当前节点与邻居节点之间的链路质量信息,维护一张最多含 10 个节点信息的邻居表,从而为建立路由提供依据;通过使用两类分组来估计链路质量,分别是周期性的 LEEP(Link Estimation Extension Protocol)分组和数据分组。CTP 把路由信标作为 LEEP 分组来使用,通过这些分组中承载的信息,可以计算出双向的 ETX 值并对邻居表进行修改。此外,链路质量估计模块利用数据分组的传输成功率更新 ETX 值,当两个节点之间的总传输分组数达到一个固定值时,则利用总传输数据分组数目和成功接收数据分组数目来更新 ETX 值。LEEP 分组的发送速率由一种与 Trikle Dissemination 协议类似的动态算法根据网络状况动态决定,这个发送间隔以指数形式不断增长,使用一个以指数级随机递增的定时器来控制发送,当发生以下三个状况之一时,CTP 将发送间隔重新设定到一个较小的值。

（1）路由表为空（这也将设置 P 位）；

（2）节点的路由 ETX 值增幅不小于 1；

（3）节点收到一个 P 位置位的分组。

最终，链路质量估计模块通过指数加权移动平均合并两类分组估计产生的 ETX 值，链路质量估计由组件 tos/lib/net/le/LinkEstimatorP 实现。

2）路由引擎模块

该模块的功能由组件 CtpRoutingEngineP 实现，通过提供接口 RootControl 以保证节点能动态地被配置为根节点。路由引擎模块需要维护一个路由表，该表中存放了各邻居节点的路由信息，包括它们当前的父节点和路径 ETX，其主要是利用上述链路质量估计模块提供的链路质量 ETX 为每一个节点选择最优的父节点，构建通向根节点的树状路径结构。为了维护这个树结构，节点之间必须周期性地广播路由状态信息。由于节点的无线链路质量处于波动之中，节点的父节点可能失效，在协议中表现为链路代价的上升和丢包数量的上升。当节点的父节点拥塞或者节点的邻居节点 ETX 值小于其父节点的 ETX 值，并且二者之差小于一个阈值（例如 15），该节点将认为当前的父节点无效，因此，在下一次路由更新时，查询邻居表，节点将选择 ETX 值最小的节点作为自己新的父节点。

3）转发引擎模块

该模块的功能由组件 CtpForwardingEngineP 实现，提供了接口 Packet、Send、Receive 和 Snoop 等的功能以供上层应用程序调用，主要涉及分组接收 receive()、分组转发 forward()、分组传输 sendTask() 和决定传完之后做什么的 sendDone() 等 4 个关键函数。

转发引擎模块具有如下 5 个功能。

（1）向下一跳传输分组、需要时进行重传、根据是否收到确认向链路质量估计模块传递相应的信息；

（2）决定什么时候向下一跳传递分组；

（3）检测路由不一致性，并通知路由引擎模块；

（4）维护需要传输的分组队列，该队列包含本地产生的分组和需要转发的分组；

（5）检测由于丢失 ACK 而引起的单跳重复传输。

具体来说，转发引擎模块管理一个先进先出（FIFO）的发送队列，当节点收到来自子节点的数据分组时，首先对数据分组中的 THL 字段加 1，然后检查发送队列和发送缓存确定其是否是重复的分组，如果是则丢弃。在确定数据包不是重复分组后，如果自己就是根节点，则触发 receive 事件；如果不是根节点，则调用 forward 函数将数据分组送入发送队列，然后再检测路由是否存在循环，如果存在，则通知路由引擎模块立即广播路由分组，期望发送节点收到后能更新它的路由表，从而打破循环。如果未检测到路由循环，则立即启动任务 sendTask 发送分组。sendTask 检查位于发送队列首部的分组，请求路由信息，并提交到活动消息 AM 层进行发送。发送完毕时，触发事件 sendDone 以检查发送是否成功。如果收到 ACK 确认消息，则将该分组从发送队列中移除。如果分组是由本地产生，则还要向上触发 sendDone 事件；而如果分组是转发的，则将分组暂存到消息缓冲区以备检查分组重复。如果发送队列中还有剩余的分组（例如，没有被 ACK 确认），则启动一个随机定时器以重新 post 发送任务，如果达到最大重传次数还未被确认，则丢弃该分组。

4.4 无线传感网平面结构路由协议

4.4.1 洪泛路由协议 Flooding

洪泛路由协议是一个简单而有效的路由协议,其不要求维护网络的拓扑结构和相关的路由计算,基本思想是每个节点都通过广播方式转发收到的数据分组,如果收到重复的分组则进行丢弃处理。该协议会使得数据分组以源节点为中心进行扩散,为了不引起大面积扩散占用过多网络资源以及使数据扩散尽快收敛,需要给协议设定合适的生存期限(Time to Live,TTL)值,每经过一次转发,分组的 TTL 值减 1,减到 0 时,则丢弃该分组,从而保证数据分组在网络内部只能经过有限跳的路由。此外,为了有效检测重复分组,每个节点需要维护一个数据分组序号 SEQ 和一张路由表,源节点每发送一个数据分组则将序列号 SEQ 增1,并将该 SEQ 值添加到数据分组首部,转发节点收到数据分组后会将该 SEQ 值记录到路由表中,并根据 SEQ 值进行重复分组检测。

洪泛路由协议最大的缺点是会产生大量的重复分组,占用网络资源,使得转发节点和链路的资源浪费过多,数据传输效率低。但是,洪泛路由协议简单、可靠,在节点移动、进出网络频繁的情况下,洪泛路由是有效的数据传输方式,具有极好的健壮性,其也可以作为衡量、评价其他路由协议性能的标准。

4.4.2 定向扩散路由协议 DD

定向扩散(Directed Diffusion,DD)路由协议是基于数据、查询驱动的路由协议,该协议用属性/值对来命名数据。为建立路由,Sink 节点洪泛包含属性列表、上报间隔、持续时间、地理区域等信息的查询请求兴趣。该路由算法以数据为中心,每个节点在全网中没有唯一的标识地址,信息收集节点,即 Sink 节点,只关心是否获取到监控信息的内容,而不关心发出该信息的节点具体是哪个。为实现路由功能,DD 算法主要涉及数据命名、兴趣扩散、数据传播、路径加强等操作。

1. 命名机制

在无线传感网中,节点通常没有全局唯一的编号标识,每个传感器节点仅知道邻近节点的情况,而不知道全局所有传感器节点的信息,因此,为了保证源节点产生的数据能够传输到目的节点,需要把兴趣和采集的数据以某种方式对应起来。定向扩散路由协议是一种以数据为中心的路由协议,所有的任务数据都要经过数据命名,而这种命名方式通过命名机制来实现,该命名机制是一种简单的属性和值的配对列表,从而对兴趣消息进行匹配。例如,可以对狮子这种动物的跟踪任务描述如下。

```
Type = lion                 //兴趣类型
Interval = 60ms             //事件的传输时间间隔
Duration = 30s              //兴趣的持续时间
Area_rect = [80,80; 400,400]   //兴趣的监测区域坐标
```

对一项任务的描述就是所谓的兴趣,而对兴趣的响应也是使用类似的命名方案。所以,一个传感器节点检测到狮子路过时,可能会产生如下的数据。

```
Type = lion                        //类型
Number = 3                         //狮子的只数
Location = [100,160]               //狮子的位置
Intensity = 0.7                    //信号强度
Confidence = 0.50                  //匹配的确信度
Timestamp = 22/06/2008 02:30:16 am //监测到的时间
```

以数据为中心的无线传感网中,每个节点只知道全网的局部拓扑信息,且没有全网唯一的地址标识,因此,任务无法通过地址等信息定位到具体的源节点,DD 路由协议通过兴趣与数据之间的匹配将数据从源节点发送到目的节点,好的命名机制对提高 DD 路由协议的执行效率有重要作用。

在 DD 路由协议中,兴趣用来表示查询的任务,表示网络用户对监测区域内感兴趣的数据,例如,监测区域内动物的运动轨迹、温湿度、光照等信息,一个查询任务作为一个兴趣在无线传感网中传播,具体由 Sink 节点广播兴趣消息。此外,梯度(Gradient)也是一个重要的概念,它是在接收某个兴趣的每个节点上所建立的方向状态。梯度方向是考虑有利于从邻节点接收兴趣而建立的,某节点上的数据分组可通过该节点的不同邻节点转发出去,所以,每个邻节点对应一种路径选择,而每条路径有着不同的路径属性,例如,时延、最小能耗、最小跳数等,梯度就是用来表示并存储这些属性值的数据结构,即梯度是节点发送数据给其邻节点的路径选择。

2. 定向扩散路由协议实现结构

定向扩散是由汇聚节点发起的主动式查询路由协议,整个过程包括兴趣扩散、梯度建立以及路径加强三个阶段,如图 4-13 所示。黑色圆点表示汇聚节点(Sink)和源节点,白色圆点表示中间节点。图 4-13(a)为兴趣扩散阶段,汇聚节点向全网广播兴趣消息,寻找具有数据的源节点,在该过程中,收到兴趣消息的节点查看有无与兴趣相匹配的数据,如果有则自己就是源节点,如果没有则继续向其他节点转发该兴趣消息。图 4-13(b)为梯度建立阶段,指定了相邻节点之间的数据传输速率和数据发送方向。图 4-13(c)为路径加强和数据传输阶段,汇聚节点按照预定策略加强与其中一个邻节点的路径,该邻节点也向它的上一跳节点加强一条路径,直到源节点。最后,源节点通过该加强路径将数据传输到汇聚节点。

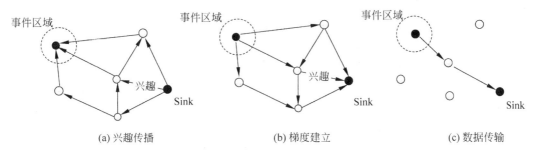

图 4-13　DD 路由协议的实现框架

1）兴趣扩散

兴趣消息由汇聚节点 Sink 发出，由于无线传感网不能保证百分之百地传输可靠，汇聚节点需要周期性地向其邻节点广播兴趣，以确保兴趣消息可以到达源节点。一个兴趣对应着一个任务，Sink 节点同时需要记录任务的持续时间，当时间超过"兴趣"属性值对中设定的终止时间后，Sink 节点便会将这个任务清除。

每个节点维护一个兴趣缓冲区，存放收到的兴趣条目，缓冲区内的某一个条目与"兴趣"相对应，如图 4-14 所示，该缓冲区对于整个定向扩散路由算法的实现具有至关重要的作用。只要两个"兴趣"的类型属性、间隔属性或是坐标属性的取值不同，都认为二者是不同的"兴趣"。兴趣缓冲区显然会随着当前不同"兴趣"数量的变化而变化，而传感器自身的计算处理能力，能够使缓冲区对先后收到的相同"兴趣"信息进行融合，例如，一个节点先后收到两个"兴趣" i_1 和 i_2，如果它们有相同的类型、完全重叠的坐标属性以及相同的间隔时间，那么，通常就认为这两个"兴趣"相同，将对它们进行合并，且仅用一个缓冲区条目表示。

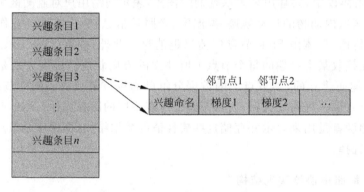

图 4-14　兴趣缓冲区和兴趣条目

在兴趣扩散过程中，设存在两个中间节点 A 和 B，且节点 A 发送兴趣消息给节点 B，则节点 B 收到兴趣消息后，分以下三种情况进行处理。

（1）节点 B 的兴趣缓冲区中无此兴趣消息，则新建兴趣消息条目，增加指向节点 A 的梯度，该梯度用于表示信息传递的方向及传输速率；

（2）节点 B 的兴趣缓冲区中有该兴趣消息，但是没有指向节点 A 的梯度值，则在该兴趣消息条目中增加指向节点 A 的梯度；

（3）节点 B 的兴趣缓冲区中既有该兴趣消息，也存在该兴趣消息指向节点 A 的梯度，则只需要更新该兴趣消息指向节点 A 的梯度所对应的时间戳。

在节点 B 收到"兴趣"消息后，将会再转发给它的邻居节点。对节点 B 的邻节点来说，虽然"兴趣"消息可能来自于远方的 Sink 节点，但此时该节点只知道这个"兴趣"消息来自于它的上一跳邻居节点 B，至于"兴趣"消息是如何到达上一跳邻节点 B，以及"兴趣"来自哪个 Sink 节点，该节点一概不知，这是定向扩散路由协议本地交互的典型表现。值得注意的是，缓冲区中的梯度信息并不是一直有效，它的生命期是由对应的"兴趣"消息引入到条目里的梯度字段，当梯度期满时，它就会从节点的"兴趣"条目中被清除，而当一个"兴趣"条目中的所有梯度都期满时，这个"兴趣"条目就会整个从缓冲区中清除。

2）梯度建立

在无线传感网中，梯度明确指定了节点之间的数据速率和数据发送方向，在兴趣扩散过程中,每对相邻节点建立一个指向对方的梯度。值得注意的是,网络中的一个节点从其相邻节点接收到一个兴趣时,它无法判断此兴趣是否是自己已经处理过的,或者是否和另一个方向的邻节点所发来的兴趣相同,这样就导致一个节点可能会收到多个同样的兴趣。相邻节点互设梯度,能够加快针对失败路径的修复过程,有利于经验路径的加强,从而不会产生持久的环路。总之,定向扩散协议是在传感器节点和汇聚节点 Sink 之间建立梯度,以便可靠地传输数据。

3) 路径加强和数据传输

为获得监测数据,Sink 节点最初以较低速率在网络中洪泛兴趣,同样,提供数据的源节点以较低速率建立起梯度,即称之为"探索"梯度。源节点采集到匹配的数据后,首先沿着"探索"梯度从多条路径发送给 Sink 节点。当 Sink 节点开始接收数据信息时,它会加强其中一条路径,并从该路径取回自己所需要的数据,该路径称为数据梯度。路径建立过程中,有如下三种情况需要处理。

(1) 采用正加强建立路径。"探索"梯度建立好之后,Sink 节点以一个更小的时间间隔(即更高的数据速率)再次广播兴趣给邻节点。当邻节点收到兴趣后,发现自己已经接收过相同的兴趣,并且当前的新数据率比以前的速率更高,通过查看兴趣条目缓冲区发现如果当前的新数据率还要比此时所拥有的"探索"梯度值大,那么该邻节点以同样方式进一步加强它的邻节点,直到到达源节点为止。

(2) 失败路径的修复和重建。如前所述,正加强由 Sink 节点触发,在定向扩散协议中,为了实现失败路径的修复和重建,协议规定已经加强过的路径中的节点可以再次触发、启动路径的加强。例如,当某节点 P 能正常收到来自其邻节点的事件,但是长时间没有收到来自数据源的事件,节点 P 就断定它和数据源之间的路径出现故障,此时,节点 P 将主动触发一次路径正加强,以重新建立它和数据源之间的路径。

(3) 采用负加强切断路径。节点采用正加强机制建立的路径可能会导致不止一条路径被加强。当 Sink 节点已经加强了与邻节点 A 的路径,然而由于又收到来自节点 B 的事件,将对与节点 B 的路径进行错误加强,因此,从数据源到 Sink 节点就有两条路径被加强了,就会浪费较多的能量。所以,在定向扩散协议中可以采取负加强机制来处理这种情况。经过短暂的运行时间,Sink 节点发现节点 B 的事件总是来得比节点 A 的早,Sink 节点就发送数据率较低的兴趣给节点 A,让它降低与 Sink 节点之间的梯度值。此外,节点 A 还会进一步把刚才收到的兴趣转发给所有给它发送过数据的邻居节点,对与它相邻的这些节点进行负加强,直到到达源节点为止。

当"兴趣"消息指定的矩形区域内某个传感器节点接收到一个兴趣后,就开始采集对应的数据信息,然后在缓冲区中搜索相匹配的兴趣条目。针对前述动物监测示例,兴趣匹配是指传感器必须在兴趣所指定的范围内,并且传感器所检测到的目标类型也是狮子。在兴趣匹配之后,传感器节点在它所拥有的梯度信息中,计算出数据率的最大值,以这个速率把数据信息发送给其相邻节点。传感器节点生成的数据信息如下。

```
Type = lion              //看到的动物类型
Number = 1               //狮子的只数
Location = [90,210]      //狮子的位置
Intensity = 0.85         //信号强度
```

```
Confidence = 0.85                          //匹配的确信度
Timestamp = 26/08/2008 05:26:42 pm         //监测到的时间
```

在源节点到 Sink 节点的路径上,当某节点从它的相邻节点接收到一个数据消息时,首先在缓冲区中查找是否有相匹配的兴趣条目,如果没有匹配的,则该数据消息就被丢掉,如果找到了匹配的兴趣条目,就在数据缓冲区中查找最近是否收到过相同的数据消息(防止形成环路),如果不存在相同的数据消息,就把其加入到数据缓冲区中,否则就再次丢掉该数据消息。通过检查数据缓冲区,节点还可以确定再次发送接收到的数据消息的速率。如果所有邻节点的梯度值大于刚刚接收到的数据消息的速率,那么该节点仍以同样的数据率再次发送数据消息,而如果有相邻节点的梯度值小于此数据率,那么该节点就降低对此邻节点的数据发送速率。

4.4.3　AODV 路由协议

AODV(Ad Hoc On-demand Distance Vector)路由协议是 Nokia 研究中心 Charles E. Perkins、加州大学 Santa Barbara 分校的 Elizabeth M. Belding-Roryer 和 Cincinnati 大学 Samir R. Das 等人共同研究开发,已经被 IETF 的 MANET 工作组于 2003 年 7 月正式公布为无线自组网路由协议的 RFC 标准。AODV 是一种按需路由协议,目标是在多个移动节点间建立和维护一个动态、自启动、多跳路由的无线通信网络,其核心机制包括路由发现、路由维护、逐跳(Hop-by-Hop)路由、目的节点序列号和路由维护阶段周期更新等,使得移动节点能快速获得通向新目的节点的路由,并且节点仅需要维护通向它信号所达范围内邻节点的路由,更远节点的路由信息则不需要维护,使得移动节点能对网络拓扑结构的变化做出适时响应。该路由协议已经在无线传感网中得到广泛应用。

1. AODV 路由协议的控制报文

AODV 协议使用三种控制信息,分别是 RouteRequest(RREQ)消息、RouteReply(RREP)消息和 RouteError(RERR)消息,在 IP 网络中,这些消息都在 UDP 上使用 654 端口号。

1) RREQ 消息

路由请求消息 RREQ 用于源节点发起一次在网内建立路由的请求,其消息组成格式如图 4-15 所示。

(1) Type(类型):长度 8b,取值为 1。

(2) J(加入标志):长度 1b,为多播保留。

(3) R(修复标志):长度 1b,为多播保留。

(4) G(免费路由回复标志):长度 1b,指示是否该向下述目标节点 IP 地址域指定的节点发送一个免费路由回复消息。

(5) D(仅允许目的节点回复标志):长度 1b,标志置 1 则仅允许目的节点回复本条路由请求。

(6) U(未知序列号):长度 1b,指示目标节点序列号未知。

(7) Reserved(保留):长度 11b,发送时设为 0,接收时忽略该字段。

(8) Hop Count(跳数):长度 8b,从请求发起节点到处理该请求消息节点的跳数。

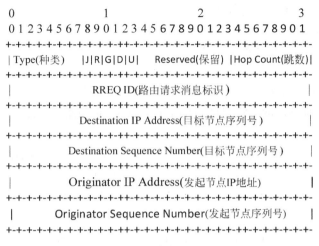

图 4-15　AODV 路由请求消息 RREQ 的格式

（9）RREQ ID(路由请求标识)：长度 32b,这是一个序列号,它和发起节点的 IP 一起就可以唯一标识一个 RREQ 信息。

（10）Destination IP Address(目标节点 IP 地址)：长度 32b,表示目的节点的 IP 地址,本 RREQ 消息的任务就是旨在发起节点和该目的节点之间建立一条路由。

（11）Destination Sequence Number(目标节点序列号)：长度 32b,发起节点在以前通往该目标节点的路由信息中能找到的最新序列号;序列号是节点本地维护的一个递增数值,用来确定信息的新鲜度。

（12）Originator IP Address(发起节点 IP 地址)：长度 32b,发起本条路由请求消息的节点 IP 地址。

（13）Originator Sequence Number(发起节点序列号)：长度 32b,表示发起节点的路由表项中正在使用的序列号。

2）RREP 消息

路由应答消息 RREP 用于对源节点发送 RREQ 消息的应答,其消息组成格式如图 4-16所示。

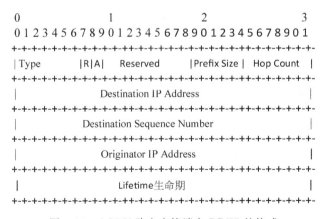

图 4-16　AODV 路由应答消息 RREP 的格式

（1）Type(类型)：长度 8b,取值为 2。

（2）R(修复标志)：长度 1b,用于多播。

（3）A(需要确认)：表示需要应答。

（4）Reserved(保留)：长度 9b,发送时设为 0,接收时忽略该字段。

（5）Prefix Size(前缀长度)：长度 5b,如果取值非 0,则代表下一跳节点可以作为任何具有相同路由前缀的节点被请求时的目的节点；这个"相同路由前缀"就是 Prefix Size 字段定义的前缀。

（6）Hop Count(跳数)：长度 8b,从发起节点到目标节点之间的跳数；对多播路由请求,这个跳数则是从发起节点到多播节点组里产生 RREP 消息的节点跳数。

（7）Destination IP Address(目标节点 IP 地址)：长度 32b,表示一条路由对应的目的节点地址。

（8）Destination Sequence Number(目标节点序列号)：长度 32b,表示与这条路由联系在一起的目标序列号。

（9）Originator IP Address(发起节点 IP 地址)：长度 32b,发起 RREQ 消息的节点 IP 地址,路由将被提供给这个节点。

（10）Lifetime(路由生命期)：长度 32b,单位为 ms,在这段生命期内,接收 RREP 消息的节点会认为这条路由是有效的。

注意到 Prefix Size(路由前缀)使得一个子网的路由器能够为子网内所有主机提供路由信息,而这个所谓"子网"则是由该路由前缀来定义,路由前缀由子网路由器和前缀长度值共同决定。为了利用这个特性,子网路由器必须保证它和其他所有具有相同子网前缀的主机都是可达的。当前缀长度非零时,所有路由信息都必须遵循子网路由,而不是单独地包含子网内目的主机的地址。

3）RERR 消息

路由应答消息 RERR 用于链路断开或节点不可达时的错误消息通知,其消息组成格式如图 4-17 所示。

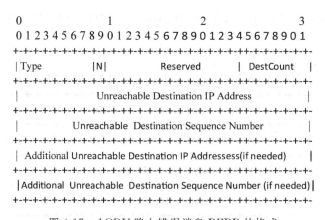

图 4-17　AODV 路由错误消息 RERR 的格式

（1）Type(类型)：长度 8b,取值为 3。

（2）N(不必删除标志)：长度 1b,当一个节点已经对一条链接做了本地修复时,这个标志位置 1,这样上游节点就不用删除这条路由。

（3）Reserved(保留)：长度 15b,发送时设为 0,接收时忽略该字段。

（4）DestCount(目的节点计数器)：长度 8b,本消息内包含的不可达目的节点数目,必须至少为 1。

（5）Unreachable Destination IP Address(不可达目的节点 IP 地址)：长度 32b,因为链接断开而不可达的目的节点 IP 地址。

（6）Unreachable Destination Sequence Number(不可达目的节点序列号)：长度 32b,表示路由表项里不可达目的节点的序列号,该不可达节点的 IP 就是上述 Unreachable Destination IP Address 字段指定的值。

当一条链接断开而导致一个或多个节点不可达时,就会发出 RERR 消息。此外,当收到一条控制位 A(需要确认)被置 1 的 RREP 消息时,必须回送一条路由回复确认消息 RREP-ACK 作为响应。当网络中存在单向链接而导致路由发现的往返过程无法完成时,通常就将 RREP 消息的 A 位置 1,要求发送相应的应答确认消息。

2. 序列号管理

每个节点的每一个路由表项必须包含关于目的节点 IP 地址的序列号最新可用值,该序列号叫作“目的序列号”。任何时候如果一个节点接收到了新的(即未失效的)序列号信息,而这个信息跟 RREQ、RREP 或者 RERR 消息(这些消息跟目的节点可能有关)中的序列号有关,目的序列号就会被更新。AODV 路由协议要求网络中的每个节点都要拥有并维护其作为目的节点的目的序列号,以保证朝向该目的节点的所有路由路径都无环路。在如下两种情况时,节点会增加它自己的序列号。

（1）在一个节点发起一个路径发现请求之前,它必须增加自己的序列号。因此,对于已经建立好且朝向 RREQ 消息发起者的反向路由来说,可以防止本次请求与其相冲突。

（2）在目的节点生成 RREP 消息以响应 RREQ 消息之前,它必须更新自己的序列号,新值是它目前的序列号和 RREQ 消息分组中目的序列号的较大者。

目的节点以无符号数的格式来增加它的序列号,为了完成序列号的循环轮转,如果序列号已经达到 32 位无符号整型变量所能达到的最大值(即 4 294 967 295),那么当它再增加时,这个数字将会归 0。此外,如果序列号的当前值是 2 147 483 647,也就是 32 位以 2 的补码形式表示的最大有符号值,那么下一个数字将是 2 147 483 648,这是在该计数系统下的负数最小值,实际上,此负数的表示形式与 AODV 协议的序列号增加无关。

为了确定某目的节点的信息是否过时,该节点会拿自己当前的序列号值与接收到的 AODV 包中的序列号值相比较,而为了完成序列号的循环轮转,比较时必须使用 32 位有符号数格式。如果从接收到消息包中的序列号值减去当前序列号值的结果小于 0,那么这个接收到的有关目的节点 AODV 信息就是过时的,必须丢弃,因为与节点当前所保存信息相比,接收到的信息更加陈旧。

此外,节点为修复路由路径中丢失的或者过期的下一跳链路,可能会改变其路由表项中的目的序列号,这也是除以上情况之外唯一需要改变目的序列号的情况。节点通过查询其路由表来了解有哪些目的节点使用了该不可用下一跳节点。在这种情况下,对于每一个使用这个节点的目的节点,当前节点会增加其序列号并把此路径标记为不可用。而一旦节点接收到一个足够新的序列号,并且是来自于已经标记相应路由表项为不可用节点的路由信息时,当前节点应该以新的信息来更新其路由表信息。综上所述,节点在以下情况时,需要改变目的路由表项中的序列号。

(1) 它自己就是目的节点,并且提供了一个到它自己的新的路由;

(2) 它接收到一个拥有关于目的节点序列号的新 AODV 消息;

(3) 通向目的节点的路径过期或者崩溃。

3. AODV 路由表管理

一个节点从它的邻居节点接收到一条 AODV 控制消息后,或者为某特定目的节点创建或更新它的路由表时,该节点将检查它的路由表中是否有一个表项对应到那个目的节点。当没有相关表项时,将建立新的路由表项。此时,要么就是从 AODV 控制消息中提取序列号,要么就是把路由表项的"序列号有效"这个字段标明为"无效"。新序列号满足下列三种条件之一时,需要更新路由。

(1) 新序列号比路由表项原来的目的序列号大;

(2) 序列号相等时,新的消息包里包含的跳数加 1 还要比原来的跳数小;

(3) 新序列号是一个未知序列号。

路由表项的"有效期"字段值要么从控制消息里直接获得,要么设置为 ACTIVE_ROUTE_TIMEOUT(有效路由超时)。节点使用路由表项表示的路由发送数据包,并且能满足其他节点的转发请求,每当使用路由表项转发数据包时,该数据包中源节点、目的节点和下一跳节点的路由"有效期"字段会被更新,新值不小于当前时间加上 ACTIVE_ROUTE_TIMEOUT 值。鉴于每对发起节点和目的节点之间的路由是对称的,因此,转发节点的上一跳节点(即指向发起节点路径上的下一个节点)的路由"有效期"也会被更新为不小于当前时间加上 ACTIVE_ROUTE_TIMEOUT 值。对于每个路由表项对应的有效路由,每个节点还会维护一张先驱表,这些先驱节点可能会沿着这条路由转发数据包,当检测到下一跳链路断开时,这些先驱就会从本节点收到通知。路由表项里的先驱列表包含的都是本节点的相邻节点,路由回复信息将会被发送到这些节点。

4. 路由请求消息管理

AODV 路由协议工作时,当一个节点无法找到可用的到某个目的节点的路由时,它会广播一条路由请求 RREQ 消息,之所以出现这种情况可能是由于该节点以前并不知道有这样的目的节点,也可能是由于到该目的节点的有效路由过期,或是被标记为无效。RREQ 消息的 Destination Sequence Number 字段应该设置为最近一次获得的该节点的目的节点序列号,该序列号可直接从路由表中 Destination Sequence Number 字段复制得到,而如果尚未获得任何目的节点序列号,则"序列号未知"标志必须被置 1。RREQ 消息里的 Originator Sequence Number 就是发起节点自己的序列号,在把它放入 RREQ 消息里前,先自增 1;RREQ ID 字段则是将当前节点以前用过的 RREQ ID 值加 1,每个节点只维护一个 RREQ ID,Hop Count 字段设置为 0。

在广播 RREQ 消息前,发起节点会将消息的 RREQ ID 和 Originator IP address 两个字段值缓存一段时间,这个时间由 PATH_DISCOVERY_TIME 值决定。因此,当该节点从邻居节点接收到具有相同 RREQ ID 和 Originator IP address 值的 RREQ 消息时,它认为这是一个发回来的重复消息包而将它丢弃。发起节点总是想和目的节点建立双向通信路径,目的节点必须拥有回到发起节点的路由。为了有效实现这个功能,每个中间节点在生成路由回复消息 RREP 回发给发起节点时,还必须执行相应操作,告知目的节点一条指向发起节点的路由。因此,当发起节点需要让中间节点实现该功能时,它需要将 RREQ 消息的 G 标志位(Gratuitous RREP flag,免费路由回复标志)置 1。

发起节点每秒广播的 RREQ 消息数目受参数 RREQ_RATE_LIMIT 的限制,当广播出去一条 RREQ 消息后,它会等待 RREP 路由应答消息,或者其他带有目的节点的当前路由请求消息的控制消息。如果路由应答消息在 NET_TRAVERSAL_TIME 毫秒内还没收到,该节点将尝试发送一条新的 RREQ 请求消息再次发起路由寻找操作,最多可以以最大 TTL 值发送 RREQ_RETRIES 次请求,每次发送新的 RREQ 消息时都必须将 RREQ ID 加 1。在路由建立过程中,节点上等待发送的数据包应当被缓冲在本地缓存里,缓冲区遵循“先进先出”的访问原则。如果一个路由寻找过程已经在最大 TTL 值下尝试了 RREQ_RETRIES 次,仍然没有收到 RREP 应答消息,则所有被缓冲的送往该目的节点的数据包都应当被丢弃,并且需要向上层应用程序回送一个“目的不可达”消息。为减轻网络拥塞状况,源节点向单个目的节点建立连接的尝试必须遵从二进制指数退避原则。当节点第一次广播 RREQ 路由请求消息时,它会等待 NET_TRAVERSAL_TIME 毫秒以接收 RREP 路由应答消息。如果在这段时间内 RREP 没有到达,源节点会重新广播一个新的 RREQ 消息,第二个 RREQ 的回复应答消息 RREP 的等待时间就应当是第一次等待限制的二倍,即等待时间应该为 $2 \times$ NET_TRAVERSAL_TIME 毫秒。相应地,如果在这段时间内 RREP 应答消息仍然没收到,则第三个 RREQ 请求消息继续发送。AODV 协议规定,在第一个 RREQ 请求消息广播之后,最多还可以再尝试 RREQ_RETRIES 次路由建立请求,对于每一次尝试,它的等待时间都是上一次尝试时间的二倍,因此,等待时间满足二进制指数退避。

5. 路由应答消息管理

一个节点在以下两种情况之一会生成路由应答消息。

(1) 它自己就是目的节点。

(2) 它到目的节点有一条有效路由,且路由表项内的目的节点序列号有效并且不小于 RREQ 请求消息内的目的节点序列号,且 RREQ 消息内的“仅目的节点回复”标志位(D)未被置 1。

当生成一条 RREP 应答消息时,该节点会将 RREQ 请求消息内的目的节点 IP 地址和发起节点序列号复制到 RREP 应答消息内的相应区域。RREP 消息生成后,将被送往指向发起节点的下一跳节点,这个节点由路由表里指向发起节点的路由表项给出。当 RREP 消息被转发回发起节点时,该消息内的“跳数”字段每一跳都会加 1,因此,当 RREP 消息到达发起节点时,这个跳数值应当和发起节点到目的节点的跳数一致。

6. AODV 路由协议的运行

1) AODV 路由发现

AODV 路由协议是典型的按需驱动路由协议,所有节点只有在需要通信时,才去发现和维持到另一目的节点的路由,仅仅在源到目的路径上的节点才参与数据传输,而不在此活跃路径上的节点不会维持任何相关路由信息,也不会参与任何周期性路由表的信息交换。考虑到节点的移动性,为了获得移动节点间的局部连接性,主要使用 Hello 消息广播的方式,该方式在需要节点间建立路径时,广播 Hello 消息分组,以获取一跳节点之间的连通性信息,实现邻居节点检测。进一步地,AODV 使用路由请求和路由应答消息的广播路由发现机制,依赖中间节点动态建立路由表来进行数据分组的传送,为了维持节点间的最新路由信息,AODV 采用消息序列号的控制方式,利用这种机制能有效防止路由环路的形成。当源节点想与另外一个目的节点通信,而它的路由表中又没有相应的路由信息时,该节点将发起路由发现,通过向自己的邻居节点广播 RREQ 请求分组来启动路由发现过程。

2) 反向路由的建立

在 RREQ 请求分组中包含两个序列号,即源节点自身的序列号和源节点所知道的目的节点最新序列号,源节点序列号用于维持到源节点的反向路由特性,而目的节点序列号表明到目的节点的最新路由。当 RREQ 分组从一个源节点转发到不同目的节点时,沿途所经过的节点都要自动建立到源节点的反向路由,沿途节点通过记录收到的第一个 RREQ 分组的邻居节点地址来建立对应的反向路由,这些反向路由会维持一定时间,这段时间足够 RREQ 分组在网内转发以及产生的 RREP 响应分组返回到源节点。当 RREQ 请求分组到达目的节点,目的节点将产生 RREP 响应分组,并利用已经建立的反向路由来发送 RREP 分组到源节点。

3) 正向路由的建立

RREQ 请求分组最终将到达一个有效节点,该节点可能就是目的节点,或者该节点是具有到达目的节点路由的中间节点。中间节点会比较路由项里的目的序列号与 RREQ 请求分组里目的序列号的大小来判断自己已有的路由是否是新的。如果 RREQ 请求分组里的目的序列号比路由项中的序列号大,则表示已知路由是旧的,这个中间节点将不能使用已有的路由信息来响应该 RREQ 分组,只能继续广播这个 RREQ 请求分组。中间节点只有在路由项中的目的序列号不小于 RREQ 分组中的目的序列号时,才能直接对收到的 RREQ 分组做出响应。此外,如果中间节点有到目的节点的最新路由,而这个 RREQ 请求分组还没有被处理过,该中间节点将会沿着已建立的反向路由发回 RREP 响应分组。在 RREP 分组转发回源节点的过程中,沿这条路径上的每一个节点都将建立到目的节点的正向路由,也就是记录下 RREP 分组是来自哪一个邻居节点,然后,更新有关路由项的定时器信息并记录下 RREP 分组中目的节点的最新序列号。而对于那些建立了反向路由,但 RREP 分组并未经过的节点,它们建立的反向路由会在一段时间(ActiveRouteTimeout 值)后自动变为无效。收到 RREP 响应分组的节点将会对到某个源节点的第一个 RREP 分组进行转发,对于其后收到的到同一个源节点的 RREP 分组,只有当后到的 RREP 分组中包含更高目的序列号或虽然有相同目的序列号但所经过的跳数更少时,节点才会重新更新路由信息,并转发这个 RREP 分组。该方法有效抑制了向源节点转发的 RREP 分组数,而且确保了最新、最快的路由信息。源节点在收到第一个 RREP 响应分组后,就开始向目的节点发送数据分组,如果以后源节点收到更新的路由信息,它将会再次更新。

此外,节点的路由表中除了存储源和目的节点的序列号外,还存储了其他有用信息,这些信息成为有关路由项的软状态。与反向路由相关的是路由请求定时器,该定时器的目的是清除一段时间内没有使用的反向路由项,定时时长的设置依赖于自组网的规模大小。与路由表相关的另外一个重要参数是路由缓存时间,即在超过这个时间后,对应的路由表项就变为无效。在路由表中,还要记录本节点用于转发分组的活跃邻居,如果邻节点在最近一次活跃期间(ActiveTimeout 值)发起或转发了到某个目的节点的分组,那么就称这个节点为活跃节点。因此,当到达某目的节点的链路出现问题时,所有与这条链路有关的活跃节点都可以被通知到,只要一个路由表项还存在活跃邻居,就可以认为路由信息是有效的。最终,通过各个活跃路由项所建立的源节点到目的节点的路径,就是一条活跃路径。网内节点为每个相关目的节点都维护了一个路由表项,每项包含目的地址、下一跳地址、跳数、目的序列号及路由项的生存时间等信息。每次依据路由表项传送一个分组后,它的生存时间都要重新开始计算,即用当前时间加上 ActiveRouteTimeout 值。

总之,AODV 路由协议是一种距离矢量路由协议,主要具有如下优点。

(1) 基于传统的距离向量路由机制,思路简单、易懂。

(2) 支持中间节点应答,能使源节点快速获得路由信息,有效减少了广播次数。

(3) 节点只存储需要的路由,减少了内存需求和不必要的复制。

(4) 能够快速响应活跃路径上的断链。

(5) 通过使用目的节点序列号来避免路由环路,解决了传统基于距离向量路由协议存在的无限计数问题。

(6) 具有良好的网络可扩充性。

4.5 ZigBee 路由协议

4.5.1 ZigBee 概述

ZigBee 这个词本身在不同场合可以表示不同的含义,经常用来指基于 IEEE 802.15.4 标准的近距离无线多跳网络路由协议,IEEE 802.15.4 处理 MAC 层和物理层工作,而 ZigBee 对网络层和相关 API 进行标准化。从技术层面说,ZigBee 是一种新兴的短距离、低速率、低功耗的无线网络技术,主要用于近距离无线连接,具有低复杂度、低功耗、低速率、低成本、自组网、高可靠、超视距的特点,主要应用于工业自动控制、智能家居、环境监控、医疗护理等领域,其功能可以嵌入到各种网络设备内,实现远距离控制。

在 ZigBee 网络中,可以包含多达 65 535 个无线数据传输节点,每一个 ZigBee 网络节点间可以相互通信。为实现数据的无线传输,ZigBee 节点可以工作在 2.4GHz(全世界)、868MHz(欧洲)和 915 MHz(美国)等三个频段上,分别具有最高 250kb/s、20kb/s 和 40kb/s 的传输速率,一般情况下它的传输距离在 10~75m 范围内。与 ZigBee 相关的技术和标准制定都由 ZigBee 联盟来实现,ZigBee 联盟在 2002 年成立,从最初的几个成员单位已经发展到三百多个成员单位,包括国际著名半导体生产商、技术提供者、代工生产商以及最终使用者等。联盟的主要目标是通过设备加入的无线网络功能,为消费者提供更富弹性、更易使用的电子产品,使得相关厂商利用 ZigBee 标准化无线网络平台,设计简单、可靠、便宜又省电的各种产品。

ZigBee 联盟负责 ZigBee 标准的制定,在 IEEE 802.15.4 物理层、数据链路层基础上,于 2003 年 5 月发布了第一个 ZigBee 标准，ZigBee 联盟还开发了安全层，以保证网络节点设备不会意外泄露其私密信息。2006 年，联盟推出了比较完善的 ZigBee 2006 标准；2007 年年底，又推出了 ZigBee PRO 标准；2009 年，进而推出 ZigBee RF4CE 标准，其具备更强的灵活性和远程控制能力；同年，ZigBee 基于 IPv6 采用了 IETF 的 6LoWPAN 标准作为新一代无线自组网技术体系标准，致力于形成全球统一的、易于与互联网集成的网络，从而实现端到端的网络通信。

4.5.2 ZigBee 协议栈

网络协议栈形象地反映了网络中由上层协议到底层协议的组织过程，ZigBee 协议栈在 IEEE 802.15.4 定义的 PHY 层和 MAC 层基础上，定义了 NWK 层协议和 APL（Application Layer）层的结构，该协议栈在 PHY 层和 MAC 层规范之上实现了 NWK 层和 APL 层，并在 APL 层内提供了 APS（Application Support Sublayer）和 ZDO（ZigBee Device Object）两个子层。协议栈体系结构如图 4-18 所示。

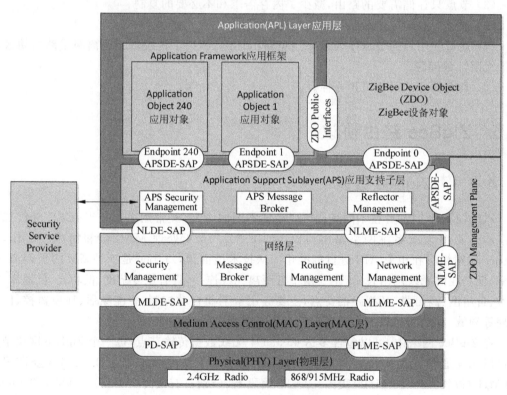

图 4-18　ZigBee 协议栈架构

由图 4-18 可见，ZigBee 网络协议栈主要分为 4 层，物理层和介质访问控制层由 IEEE 802.15.4 标准定义，网络层及应用层则由 ZigBee 协议来定义。

1. 物理层（PHY）

定义了 MAC 子层与物理无线信道之间的接口，并提供物理层管理实体服务（PLME-

SAP)和物理层数据服务(PD-SAP)这两种服务。此外,它还提供空闲信道评估、信道选择、能量检测、链路质量检测和管理无线收发器等功能,如果工作在 2.4GHz 频段,结合 16 相调制技术,可提供高达 250kb/s 左右的传输速率,缩短了数据收发时间。

2. 介质访问控制层(MAC)

MAC 层负责相邻节点间的单跳数据通信,其利用与物理层的接口实现与物理层的功能交互,并能够向网络层提供 MAC 数据实体服务(MLDE-SAP)和 MAC 管理实体服务(MLME-SAP),具有产生协调器网络信标并保持节点同步、支持设备安全性、处理和维护保护时隙(GTS)机制等功能。

3. 网络层(NWK)

网络层在媒介访问控制层 MAC 之上,是 ZigBee 协议栈中最重要的一层,它在 MAC 层提供可靠数据通信的基础上,又提供了路由发现、路由维护、数据多跳转发等功能。路由功能是指源节点发送数据到目的节点过程中,寻找合适的中间节点,从而共同构成一条数据传输路径。ZigBee 网络层支持星状(Star)、树状(Tree)、网格(Mesh)等多种网络拓扑结构。

4. 应用层(APL)

应用层包括应用程序支持子层 APS、ZigBee 设备对象 ZDO 和应用程序对象(Application Object)三个部分,其中,APS 能够维护绑定表以及在绑定设备之间传递消息,ZDO 定义了设备在网络中的角色、发起和响应绑定请求、在设备间建立安全机制以及负责发现网络中的新设备。

在 ZigBee 协议中,协议层之间的信息交互主要由一个协议层向其上一层提供服务来完成,这个服务通常由层之间的服务接入点(Service Access Point,SAP)来完成,低层协议通过 SAP 为高层协议提供服务,SAP 本质就是低层协议给高层协议提供服务的接口,而这个接口的具体表现形式就是一系列原语。在两层之间,这些信息交互都是以一系列的离散事件来描述,每个事件都发送一组服务原语,一种服务包含一个或多个原语,这些原语构成了服务的执行命令。值得注意的是,原语是在设备内部传递的信息。

通常情况下,SAP 不会出现跨层的情况,只有在 ZDO 中由于网络管理需要直接调用网络层时,网络层才通过 NLME-SAP 给 ZDO 直接提供服务,而一般的应用只能从应用支持子层 APS 获得服务。此外,安全服务(Security Service Provider,SSP)并不是一个单独的协议层次,而是一系列的安全功能,分别实现在网络层和应用层功能中。最后,ZDO 也会给其他应用对象提供一些功能,称为 ZDO 公共接口(ZDO Public Interface),实际上,每个应用对象也有可能给其他应用对象提供可使用的功能接口。

4.5.3　ZigBee 拓扑结构

1. 设备类型

在 ZigBee 网络中,按功能强弱分为两类不同类型的设备,称为全功能设备(Full Function Device,FFD)和精简功能设备(Reduced Function Device,RFD),而按照设备角色可划分为协调器(Coordainator)、路由器(Router)和端设备(End-Device)三类。FFD设备可以作为ZigBee网络中的协调器、路由器或者端设备,并且FFD设备可以和其他FFD或RFD之间进行通信,而RFD设备只能作为端设备使用,且只能与协调器或路由器进行通信,两个RFD设备之间不能直接进行通信。

协调器主要负责ZigBee无线网络的建立、网络参数的配置以及网络的维护,当网络配置完成之后,其功能就基本退化成一个路由器,一个ZigBee网络中只能拥有一个网络协调器。路由器主要负责数据的转发,并能接纳新节点加入网络,在ZigBee网络中可以拥有多个路由器。端节点在整个ZigBee网络中位于最末端,功能比较简单,主要负责ZigBee网络的数据采集和控制命令的执行,在网络中可以拥有多个端节点。

2. 网络拓扑结构

星状网络具有一个网络中心,呈发散形状,如图4-19(a)所示,由一个ZigBee网络协调器和一系列端节点组成。在星状网络拓扑结构中,以协调器为中心,其他所有端节点只能与协调器进行通信,两个端节点之间不能直接进行数据传输。而如果两个端节点需要相互通信,需要先由一节点将数据发送给协调器,再由协调器转发给另一个节点。星状网络结构简单、设备成本低,适于小规模简单应用场合,但是由于网络中所有节点通信都要经过协调器,因此,协调器的负担重,可能会成为系统性能的瓶颈。

与星状网络不同的是,树状网络由一个协调器和若干路由节点以及端节点组成,如图4-19(b)所示。在树状网络中,协调器负责建立和维护ZigBee网络,同时需要确定一些网络参数,这些参数决定了网络拓扑结构,主要包括网络设备地址分配、网络深度、孩子节点数量和路由孩子节点数量等。树状网络意味着端节点通常需要经过多跳才能把数据传输到树的根节点,也就是常说的汇聚节点Sink,因此需要ZigBee路由器来实现该转发功能。形象地说,协调器是树的"根",路由器是树"枝干",而端节点是树的"叶子"。在树状网络中,除协调器之外,每个节点都有一个唯一的父节点,两个节点之间的数据传输遵循树路由方式,即只能沿着树的路径进行数据传输。树状网络增大了通信范围,路由机制也比较简单,是一种常用的ZigBee组网机制。

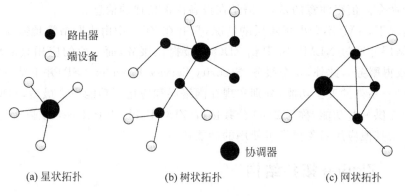

(a) 星状拓扑　　　(b) 树状拓扑　　　(c) 网状拓扑

图4-19　ZigBee网络拓扑

网状拓扑如图4-19(c)所示,也包括ZigBee协调器、路由器和端节点等设备,这种拓扑结构比较灵活,不需要在建立网络时指定网络形状,并且节点之间的数据传输可以通过最优路径进行。由于协调器需要具有维护网络管理的功能,并且兼有路由器功能,其复杂度和成本最高,对存储能力和计算能力等要求也最高;路由器由于负责路由的建立和维护,同时要维护路由表等信息,其复杂度和成本较高;而端节点则结构、功能最简单。ZigBee 网络层通过规定一个常数 nwkcCoordinatorCapable 来表示设备是否具备协调器能力,取值为 0x00 表示不能作为协调器,而取值 0x01 表示可以作为协调器,值得注意的是,节点具备协调器能力并不代表该节点一定就作为协调器,它可以作为路由器甚至端节点加入到 ZigBee 网络。与树状网络不同,网状网络中路由节点之间的地位平等,可以在其通信范围内与所有节点直接进行通信,网络拓扑具有更加灵活的路由选择策略,其鲁棒性也更强。如果网络中某节点由于某种原因离开网络,通常并不会造成通信网络中断,因为与其相关联的其他节点会主动寻找别的路由,实现路由路径的修复更新,但是,网状网络具有更大的控制开销。

　　ZigBee 网络的拓扑结构与其 MAC 层 IEEE 802.15.4 标准的工作模式有密切关系。如前所述,IEEE 802.15.4 MAC 层有两种工作模式,即信标使能模式和非信标使能模式。信标使能模式只能用于星状拓扑和树状拓扑,而非信标使能模式可用于各种拓扑。为简化网络控制,ZigBee 网状拓扑不使用信标使能模式,在信标使能模式当中,节点周期性发送信标,而网状拓扑网络中,一个节点周围可能有多个节点,如果采用信标使能模式,如何合理安排周围每个节点信标发送的时序是个很复杂的问题,因为节点信标发送时刻的选择要考虑避开相邻节点和两跳节点的信标时刻。

4.5.4　网络层帧结构

1. ZigBee 节点地址

　　ZigBee 节点有两种类型的地址,一种是 64 位的 IEEE 地址,即 MAC 地址,另一种是 16 位的网络地址。64 位 IEEE 地址是全球唯一的标识,并且一旦分配将伴随设备整个生命周期,它通常由制造商给出,这些地址由 IEEE 特定组织来维护和分配。16 位网络地址是在设备加入网络后分配,它在网络中是唯一的,用来识别设备。

　　在 ZigBee 网络层经常采用的编址方案之一是树形编址,通过分布式的寻址方案来分配节点网络地址,该方案能够保证在整个网络中所有分配出去的网络地址唯一。树形寻址方案的分布性特征保证了设备只需与它的父节点通信以接收一个网内唯一的网络地址,而不需要在整个网络范围内进行地址分配,这大大提高了节点地址分配效率。

　　在每个设备加入之前,树形寻址方案需要知道和配置一些 ZigBee 网络参数,这些参数包括网络最大深度 MAX_DEPTH、节点的最大路由孩子个数 MAX_ROUTERS 和节点的最大孩子数 MAX_CHILDREN。这些参数是协议栈特性集规范的一部分,ZigBee 2007 协议栈的 ZigBee 特性集中已经规定了这些参数的值,MAX_DEPTH 取值为 5,MAX_CHILDREN 取值为 20,MAX_ROUTERS 取值为 6。ZigBee 协调器(Coordinator)的深度值 0,它的儿子节点深度为 1,而儿子的儿子深度值为 2,以此类推。MAX_DEPTH 参数决定了 ZigBee 网络在物理上的长度,MAX_CHILDREN 参数决定了一个路由节点(Router)或者协调器节点可以处理的儿子节点的最大个数,而 MAX_ROUTERS 则决定了路由节点或者协调器节点可以连接具有路由功能的儿子节点的最大个数,显然,该参数不超过 MAX_CHILDREN 参数值,孩子节点为端节点的最大个数是 MAX_CHILDREN − MAX_

ROUTERS 值。

2. 不同功能的帧结构

在 ZigBee 网络中,为了实现节点的路由功能和数据传输,定义了不同类型的帧结构,主要包括链路状态帧、路由请求帧、路由应答帧和数据帧等。

ZigBee 网络节点寻找路由前,为了检测与邻居节点链路的对称性,协调器和路由器需要周期性地广播链路状态帧,该帧格式如图 4-20 所示。链路状态帧携带发送节点的所有相邻节点的链路状态信息,包括出代价和入代价,出代价是指节点到其邻节点的链路代价,而入代价是指邻节点到节点自身的代价,这里的代价往往用节点间的数据传输成功概率来衡量。此外,帧中还包括相邻节点的网络地址。相邻节点的链路状态信息用三个字节表示,如果相邻节点的数目很多,一个帧中放不下所有相邻节点的链路状态信息,则可以用多个帧来广播相邻节点状态信息。状态帧的命令选项域 b0~b4 位表示帧中相邻节点链路状态的条目个数,b5 位表示是否第一个链路状态帧,b6 表示是否最后一个链路状态帧,b7 为预留位。一个节点如果因邻居节点过多而需要本地广播多个状态帧,则第一个帧的 First frame 比特置 1,而最后一个帧的 Last frame 比特置 1,其他帧的这两个比特均清 0。当然,如果节点仅广播一个状态帧,这两个比特位都要置 1。为了避免本地状态帧广播之间的冲突,在节点广播帧之前都需要随机延时一段时间。

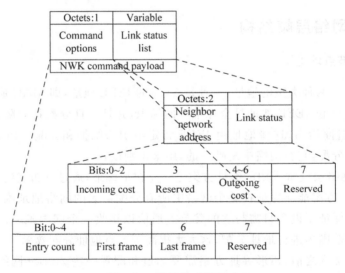

图 4-20　链路状态帧格式

为了在源节点与目的节点之间建立一条路径,源节点需要广播路由请求帧。路由请求帧中包含命令选项、路由请求序号、目的节点地址、累积路径代价等参数,其帧格式如图 4-21 所示。Command options 字段指出此控制分组的类型,取值 0x01,表示是 RREQ;Route request ID 字段是指发起路由请求节点产生的请求帧序列号,值越大则表示请求帧越新;Destination address 是指发起路由请求节点希望建立路径的目的地址;Path cost 指从 RREQ 最初发起节点到当前接收 RREQ 节点的路径开销。

路由请求帧到达目的节点后,目的节点会向发起节点回复一个路由应答帧,该帧中包括命令选项、路由请求标识、发起节点地址、响应节点地址、路径代价等字段,格式如图 4-22 所

Octets:1	1	2	1	0/8
Command options	Route request identifier	Destination address	Path cost	Destination IEEE Address
NWK command payload				

图 4-21　路由请求帧格式

示。Command options 字段指出此控制分组的类型,取值 0x02,表示是 RREP;Route request ID 表示该响应帧所应答的路由请求帧的路由请求标识符,Originator address 表示原路返回的下一跳地址,也就是本地路由发现表项当中记录的发送地址,Responder address 表示该条路由的目的节点地址,即响应 RREQ 请求帧的节点网络地址;Path cost 表示从最初发送 RREP 响应帧的节点到当前接收 RREP 帧的节点的路径开销。

Octets:1	1	2	2	1	0/8	0/8
Command options	Route request identifier	Originator address	Responder address	Path cost	Originator IEEE address	Responder IEEE Address
NWK command payload						

图 4-22　路由应答帧格式

　　节点收到本地应用层数据发送请求原语后,网络层利用一定的路由机制发送数据帧,其格式如图 4-23 所示。第一个字段是 2 字节的帧控制域,b0 和 b1 位表示帧类型,取值 00 和 01 分别表示数据帧和命令帧,其他值预留。b2~b5 表示协议版本,b6、b7 表示路由发现选项,取值 00 和 01 分别表示抑制路由发现和允许路由发现。b8 是组播标志,取值 1 和 0 分别表示是组播帧还是单播或广播帧。b9 是安全标志,取值 1 和 0 分别表示是否使用网络层安全机制。b10 是源路由标志,取值 1 和 0 分别表示是否使用源路由机制。b11 和 b12 分别表示是否携带目的和源 IEEE 地址,取值 1 和 0 分别表示携带和不携带,b13~b15 是预留位。第二字段和第三字段分别是 2 字节的目的地址和源地址字段,然后是 1 字节的半径字段,该字段限定了网络层数据帧的发送范围,其初始值由应用层决定,每经过一跳传输(即一个节点的转发),半径字段减 1,当这个字段减到 0 时就不再转发该数据帧。半径字段后面是 1 字节的序列号,然后是可能的 8 字节目的 IEEE 地址和 8 字节源 IEEE 地址,用于解决网络层地址冲突。再后面是可能的 1 字节组播控制域,接着是可变的源路由子帧域,最后是

Octets:2	2	2	1	1	0/8	0/8	0/1	Variable	Variable
Frame control	Destination address	Source address	Radius	Sequence number	Destination IEEE Address	Source IEEE Address	Multicast control	Source route subframe	Frame payload
NWK Header									payload

Bits:0~1	2~5	6~7	8	9	10	11	12	13~15
Frame type	Protocol version	Discover route	Multicast flag	Security	Source Route	Destination IEEE Address	Source IEEE Address	Reserved

图 4-23　网络层数据帧格式

来自应用层的网络层帧净荷。

4.5.5　ZigBee 协议的路由机制

ZigBee 网络可以采用多种路由机制,比如树路由、网状网路由、多对一路由和多播路由等,本节主要介绍树路由和网状网路由。

1. 树路由

树路由是 ZigBee 网络中最基本的路由方式,顾名思义,就是数据帧沿着树的路径传输,它依赖于节点的树形编址。树形编址的机制使得根据本身地址与目的地址的比较,就可以知道下一跳节点的地址。

在树形编址中,父节点计算 CSkip(dpn) 函数来给其路由器子节点预分配地址块,参数 dpn 为父节点的深度,地址块的第一个地址是路由器子节点本身的地址。因此,对于路由器节点来说,如果目的地址不在自己地址段范围内,就意味着目的地址节点不是自己的子孙节点,显然下一跳应该是父节点。也就是,如果目的节点地址是 D、路由器节点本身的深度为 d、网络地址为 A,那么如果 $D<A$ 或者 $D>A+\mathrm{CSkip}[d-1]$,则应该把数据帧发往父节点;否则,应该把数据帧发往其中一个子节点。那么,应当发给哪个子节点呢? 如果地址值 D 大于 $A+\mathrm{CSkip}(d)\times R_m$,$R_m$ 即为 MAX_ROUTERS,则表示目的节点是路由器节点的端设备类型的子节点,下一跳应该直接到达目的节点,否则,目的节点是路由器类型的子节点。由于每个路由器子节点占用 CSkip(d) 个地址的地址段,所以 $\lfloor(D-A-1)/\mathrm{CSkip}(d)\rfloor+1$ 表示目的节点属于第几个路由器子节点的地址段,下一跳节点地址应该为 $A+1+\lfloor(D-A-1)/\mathrm{CSkip}(d)\rfloor\times\mathrm{CSkip}(d)$,其中,符号 $\lfloor\ \rfloor$ 表示取整运算。

树路由仅需要存储几个必要的网络拓扑参数,不需要再存储其他信息,计算比较简单,因此,路由协议开销小。然而,由于只能沿着树的路径传输数据,路径单一,传输效率通常比较低,而且灵活性不足。

2. 网状网路由

ZigBee 网络另一类重要的路由机制是网状网路由,其采用的是 AODV(Ad Hoc On-Demand Vector)算法的简化版本 AODVjr,比较适合于网络拓扑结构易于变化或通信环境时有变化的场合。

为了实现节点的路由功能,ZigBee 定义了两个重要的数据结构,分别是路由表和路由发现表,这两个表的内容如表 4-2 和表 4-3 所示。路由发现是在网络中设备互相合作的条件下,选择并建立路径的一个过程,该过程通常与特定源地址和目的地址相对应。ZigBee 网状路由建立的过程可以分为从源节点开始寻找到目的节点的正向过程,以及从目的节点返回源节点的反向过程。

表 4-2　ZigBee 节点的路由表

名　称	大小	描　述
目的地址 (Destination address)	2B	单播网络地址或组播网络地址,对于树路由,这个域保存父节点地址

名　　称	大小	描　　述
状态(Status)	3 b	路由表项的状态,0x0～0x4 分别表示当前有效(ACTIVE),正在进行路由发现(DISCOVERY_UNDERWAY)、路由发现失败(DISCOVERY_FAILED)、非活跃(INACTIVE)、正在验证有效性(VALIDATION_INDERWAY)等状态,其他预留
无路由缓存标志(No route cache)	1 b	用于多到一路由当中指示目的节点是否无法缓存源路由信息
多到一标志(Many-to-one)	1 b	表示目的节点是发起多到一路由发现的汇聚节点
路由记录标志(Route record required)	1 b	表示在发送数据包之前是否需要先发送路由记录命令到目的节点
组织识标志(GroupID flag)	1 b	表示是否组播地址
下一跳地址(Next-hop address)	2 B	到目的节点的下一跳节点

表 4-3　ZigBee 节点的路由发现表

名　　称	大小	描　　述
路由请求标识(Route request ID)	1 B	路由请求命令序列号,每次发起新的路由请求序列号增加
源地址(Source address)	2 B	发起路由请求的设备地址
发送节点地址(Sender address)	2 B	对应最低代价路径的发送路由请求命令的节点
向前代价(Forward cost)	1 B	从源节点到本节点累积的路径代价
剩余代价(Residual cost)	1 B	从本节点到目的节点累积的路径代价
过期时间(Expiration time)	2 B	表项有效时间,初始值为 nwkcRouteDiscoveryTime(0x2710) ms

从源节点开始广播路由请求命令,收到路由请求命令的节点如果是目的节点,或者是目的节点的父节点(在目的节点是端设备的情况下),则进入反向过程,需要注意的是,当目的节点是端节点时,由其父节点负责进行路由操作。如果收到路由请求帧的是中间节点,则由该节点继续转发路由请求。当中间节点以前没有收到过此相同路由请求命令时,则把路由请求的内容记录在本地路由发现表中、更新累积代价,并重新广播路由请求命令帧。路由发现表的每一项包括路由请求序号、源地址、发送地址、前向代价、剩余代价、有效时间等参数。其中,路由请求序号和源地址是所收到路由请求命令帧中对应的两个字段,这两个参数是识别路由请求命令帧是否相同的唯一参数,也就是判断以前有没有收到过相同的路由请求命令帧。在路由发现表项中,发送地址是指发送路由请求命令帧的上一跳节点地址,要注意区分这个节点地址与源节点地址。前向代价是指从源节点到当前节点这一段路径的累积代价,收到路由请求命令帧后,当前节点会把上一跳节点到自己这一段链路的代价加上命令帧中的前向代价,从而形成新的累积代价,存储到路由发现表项的前向代价字段中,并且更新路由请求命令帧的累积路径代价字段。剩余代价是指从当前节点到目的节点这一段路径的累积代价,显然,在正向建立路由过程中这个代价是未知的。过期时间字段表示路由发现表项的有效期,路由发现表项只是用于辅助生成对应的路由表项,因此,所有的发现表项都需要设定一个有效期,过期之后,无论路由有没有建立起来,都可以把这个路由发现表项删除。

在节点本地,除了路由发现表项以外,还需要建立路由表项,在正向路由建立过程中,路由尚未建立起来,因此,需要设置路由表项的状态为 DISCOVERY_UNDERWAY,表示该路由表项正处于路由发现过程中,正在等待建立这个表项。

另一方面,如果中间节点现在又收到一个相同的路由请求命令帧,那么就需要做一个比较,以选择一个代价更低的路径。首先,计算出当前路由请求命令帧中记录的累积代价加上发送节点到自身这一段链路的代价,其值设为 NC;然后,比较 NC 与对应路由发现表项中记录的前向代价。如果记录的代价值较低或相同,则说明新接收的路由请求命令帧所经历的路径并不比已知的好,因此,不需要再通知其他节点,于是把该帧丢弃;然而,如果已记录的代价值较高,说明当前路由请求命令帧所经历的路径更优,于是更新路由请求命令帧的发送地址和前向代价,然后重新广播路由请求命令帧,通知其他节点有更优路径。

经过中间节点的多次广播,路由请求命令帧通常最终都会被目的节点接收到。目的节点类似于中间节点,也以相同的方法建立或更新路由发现表项,但是,目的节点不会继续广播路由请求命令帧,而是生成一个路由应答命令帧原路返回,该路由应答信息从目的节点一直返回到源节点的过程称为反向过程。具体来说,就是在目的节点首次收到路由请求命令帧或者收到的路由请求命令帧中累积代价更低时,返回一个路由应答命令帧,帧中带有路由请求序号、发起节点地址、响应节点地址、累积代价等参数。

路由应答帧的发送采用单播方式,每一跳的目的地址对应本地路由发现表项当中的发送地址,即以前给自己发送路由请求命令帧的各节点当中累积代价最低的那个发送节点。因此,当收到路由应答命令帧的节点判断自己就是该帧的目的节点时,计算帧中的累积代价与命令帧发送节点到自己这段链路的代价之和 AccumSum,再与路由发现表项中的剩余代价进行比较,如果是第一次收到该路由应答命令帧,则需要把剩余代价设置为 AccumSum 值,然后更新对应的路由表项。如果路由表项的状态是 Discovery-Underway,则说明该节点还没有记录路由信息,于是,该路由应答命令帧发送节点的地址就作为下一跳地址记录在路由表项中,并且将路由表项的状态修改为 Active;而如果路由表项的状态已经是 Active,则把下一跳地址更新为响应命令帧发送节点的地址。此外,如果该节点不是第一次收到路由应答命令,则路由发现表项中已经存在剩余代价字段的值,经过比较如果原来记录的剩余代价字段的值比较高,则说明当前收到的路由应答命令所经历的路径更优,因此,需要更新剩余代价和对应的路由表项;另一方面,如果记录的剩余代价值较低,则直接将刚接收到的路由应答命令帧丢弃。最终,当源节点收到路由应答命令帧时,整个从源节点到目的节点的路由路径就建立起来了。

综上所述,路由建立的过程就是源节点以洪泛方式广播发送路由请求命令,这些命令当中的一些沿不同路径到达目的节点,并且沿路记录了返回源节点的路径,收到路由请求命令的目的节点选择一条最佳路径,并且原路返回路由应答命令帧到源节点,这样就建成源和目的节点之间的路径。

3. 路由的修复

由于节点移动或者通信环境变化引起的拓扑变动,使得已经建立的路由可能因一段或几段链路中断而失效,此时应该进行路由修复、寻找一条新的可用路由。为了避免偶然的误判,不能仅单凭某一次发送失效就判定路由已经中断,因此,节点可以在邻居表中记录到每一个邻节点的发送成功率,如果发送失败次数过多且失败概率不能忍受,就认为路由已经中断,需要触发路由修复过程,具体的修复方法是触发源节点重新建立路由。当路径上的中间节点发现路由中断时,就发送一个网络状态命令帧到源节点,报告当前状态是"路由中断"。当源节点收到该网络状态命令后,知道到目的节点的路由已经中断,于是,删除到达目的节点的路由,重新建立路由。

4.6 其他无线传感网路由协议

1. RPL 路由协议

2004 年成立的基于低功耗无线个域网的 WPAN-IPv6 工作组致力于研究优化基于 IEEE 802.15.4 标准构成的低功耗无线个域网(The IPv6 over Low-power Wireless Personal Area Network,6LoWPAN)。RPL(IPv6 Routing Protocol for Low-Power and Lossy Networks)是为 6LoWPAN 设计的一种距离矢量路由协议,其工作在传感器网络协议栈的网络层。

RPL 路由协议通过使用目标函数、路由度量和路由约束构建以目的节点为导向的有向无环图(Directed Acyclic Graph,DAG),其中,目标函数定义了 RPL 路由节点如何将一个或多个度量转变成深度值 Rank,以及在 DAG 中如何选择并优化路由,从而利用度量和约束条件计算出最优路径。值得注意的是,由于无线传感网节点资源受限,RPL 最终采用距离向量 RIP 路由协议而不采用链路状态协议 OSPF,这是因为 OSPF 协议中所有节点都需要知道详细的拓扑结构,这需要大量资源,而且协议工作中的流量控制、数据库同步、链路状态数据库建立等都需要巨大开销。

RPL 协议用 4 个参数来标识并建立、维护网络拓扑结构,包括 RPL 实例标识(RPL Instance ID)、有向无环图 ID (DAG ID)、DAG 的版本信息(DAG Version)和深度值(Rank)。RPL Instance ID 表示一个 RPL 实例的标识,其值是唯一的,该实例一般由一个或多个 DAG 组成。DAG ID 表示面向目的节点的有向无环图的 ID 标识,一个 DAG 中只有一个目的节点,即 DAG 的根节点。DAG Version 表示 DAG 的版本信息,由于网络拓扑的变化,DAG 可能存在多个不同版本。Rank 是一个表示深度的整数值,表示节点在 DAG 中相对于 root 根节点的位置,一般情况下,DAG 的 root 节点 Rank 值最小。

RPL 协议新定义了两种消息,包括 DAG 信息对象(DIO 消息)和 DAG 目标通告对象(DAO 消息),通过这两种消息的传播完成节点发现。DIO 消息由 RPL 父节点发送,向下通告 DAG 和发送者的特征信息,也就是说,DIO 消息用于 DAG 的发现和维护;而 DAO 消息由 RPL 子节点发送,向上传播发送者的特征信息,填充父节点的向下路由表。RPL 路由协议通过 DIO 和 DAO 消息的广播应答建立 DAG,整个创建过程从 DAG 的根节点开始。首先,创建一个只有根节点自己的 DAG;然后,开始广播 DIO 消息,逐步发现其他节点;最后,收到 DIO 消息的节点加入到 DAG 并发送 DAO 消息通知根节点,经过这样的多次迭代,最终形成完整的 DAG。协议的实现分为上行方向和下行方向的路由构建,具体如下。

1) 上行方向路由构建

RPL 网络中的节点(作为潜在的父节点)会定期探测感知区域内是否存在未加入网络

的新节点。上行方向路由构建从 root 根节点广播 DIO 消息进行探测开始,离 root 节点较近的节点(假设为 A)在接收到该 DIO 消息后,加入 DAG,并选择 root 节点作为其最优父节点,最后,节点 A 向 root 节点(父节点)返回一个 DAO 消息,这样便加入了父节点所在的网络,而父节点将构建下行方向的路由;然后,A 节点更新 Rank,生成新的 DIO 消息并继续广播发送。收到来自前述节点的 DIO 消息的节点(假设为 B)加入 DAG,并通过比较 Rank 值选择该值较小的节点作为自己的最优父节点,以此类推,DIO 消息在网络中逐步广播传输,最终所有节点都加入 DAG,并选择了自己的最优父节点。

需要说明的是,在新节点完成初始化时,节点一直处于等待接收 DIO 消息的状态,以便加入网络。如果迟迟没有父节点发送 DIO 消息邀请它加入,新节点在定时器到期后,主动发送一个路由请求消息,主动请求附近的父节点发送 DIO 消息。

2)下行方向路由构建

RPL 协议有"存储"和"非存储"两种运行模式,下行方向的路由构建因为 RPL 运行模式的不同而有所区别。在"存储"模式下,所有的节点都需要记录路由信息,所以当节点接收 DAO 消息后,会记录一条下行路由信息,该路由的目的地址为 DAO 消息中设置的节点地址,而下一跳地址为 DAO 消息的发送者,在记录并更新相关信息后再生成新的 DAO 消息,且将该 DAO 消息发送给自己的最优父节点,父节点接收到 DAO 消息后进行类似的处理,最后,DAO 信息在网络中逐级传输、处理到达 root 节点,root 节点记录并更新路由信息后不再传送,整个"存储"模式下的一次 DAO 消息处理过程结束。在"非存储"模式下,只有 root 节点需要存储下行路由信息,而非 root 节点在接收到 DAO 消息后仅转发处理,将该 DAO 消息转发给自己的最优父节点,直至 DAO 消息被转发到 root 节点,root 节点再根据消息添加下行路由信息。

网络运行一段时间后,由于新节点的加入或者老节点的变动,可能会出现一些最优路由变得不再最优。因此,为了得到更好的路由,需要对网络进行更新。更新过程由父节点发起,子节点进行响应处理,父节点向子节点发送一个 DIO 消息,子节点收到消息后,立即对该消息进行处理,处理过程首先取出 DIO 消息中的父节点信息,然后与自己的已存在首选父节点信息进行比对,得出较为优质的那个父节点。最后,把对比得出的优质父节点更新为上行路由,然后,子节点向上发送 DAO 消息,从而可更新祖先节点的下行路由。

2. SPIN 路由协议

信息协商算法(Sensor Protocol for Information via Negotiation,SPIN)是一种以数据为中心的自适应路由协议,通过使用节点间的协商机制和资源自适应机制来解决 Flooding 算法中的"内爆"和数据冗余问题。

为了避免出现洪泛法中信息爆炸和部分重叠问题,传感器节点在传送数据之前彼此首先进行协商,以传输有用的数据。节点间通过发送元数据 meta-data(即描述传感器节点采集数据属性的数据),而不是采集的整个数据进行协商。因为元数据规模远小于采集的数据,所以,传输元数据消耗的能量相对较少。为了避免盲目使用资源,所有节点必须监控各自的能量变化情况。在传输或接收数据之前,每个节点都必须检查各自可用的能量状况,如果处于低能量水平,则必须中断一些操作以降低能量消耗。

SPIN 协议采用三种消息以建立协商机制,即 ADV 消息、REQ 消息和 DATA 消息。

ADV 消息用于新数据广播,当一个节点有数据需要传输时,它用 ADV 消息(包含元数据)向外广播。REQ 消息用于请求发送数据,当一个节点希望接收 DATA 数据消息时,发送 REQ 消息。DATA 消息包含附上元数据头的传感器数据。

为了传输数据,传感器节点首先向它的一跳邻居节点发送包含对 DATA 描述的 ADV 消息。接收到 ADV 消息的邻居节点如果对 DATA 感兴趣,将返回接收数据请求 REQ 消息,接收到返回数据请求 REQ 消息的节点将 DATA 数据包发送给请求节点,类似地进行下去,DATA 数据包可被传输到远方的汇聚节点或基站。为了进一步改进 SPIN 算法,出现了功耗感知的 SPIN-EC 算法、基于广播网络的 SPIN-BC 算法和具有可靠性的 SPIN-RL 算法。SPIN-EC 算法通过设置节点剩余能量门限值来判断节点剩余能量是否达到该值,一旦节点剩余能量低于门限值,将不参与数据交换。SPIN-BC 算法设计了广播信道,使所有在通信半径内的节点可以同时完成数据交换,为了防止产生重复的 REQ 请求,节点在听到 ADV 消息后,设置一个随机定时器来控制 REQ 请求的发送,其他节点在听到该请求时,主动放弃请求权利。SPIN-RL 算法进一步对 SPIN-BC 进行完善,针对无线信道发生传输错误时,允许接收到 ADV 消息而未接收到 DATA 消息的节点请求邻居节点发送数据包给自己,提高了数据传输可靠性,同时,限制了节点重传周期,使得节点在特定时间内不重复转发 DATA 数据包。

3. REAR 路由协议

实时节能路由(Real-time and Energy Aware QoS Routing,REAR)协议是一种事件驱动的多路径路由协议,为减少能量消耗和数据延迟,它使用包含元数据的数据包来建立路径,元数据指节点采集数据属性特征值的有序组。当源节点需要向目的节点传送数据时,它就向各邻居节点广播包含元数据的数据包,对此信息感兴趣的节点将继续广播转发,直到到达目的节点。在建立路径时,REAR 协议考虑了每个节点的剩余能量,其路由发现的步骤如下。

(1) 当源节点 S 需要向目的节点传输数据时,就立刻向自己的邻居节点 A 发送一个包含元数据的 ADV 数据包,同时启动一个定时器 T_S,源节点 S 的等待时间上限值是 T_{max},S 在此段时间内等待真实数据的发送。

(2) 邻居节点 A 接收到 ADV 数据包后,如果对元数据描述的数据感兴趣,则检查自己是否已经拥有该数据。如果节点 A 没有该数据,则向源节点 S 发送 REQ 请求消息,并将自己的基本信息,包括 ID、地址、剩余能量等,填入刚接收的 ADV 数据包中,然后向自己的下一跳邻居节点发送该 ADV 数据包,同时启动定时器 T_A。另一方面,如果已经收到过相同的 ADV 数据包,则不进行元数据包的发送。

(3) 如果节点 A 在时间 T_{max} 内接收到邻居节点的 REQ 消息,则将这些邻居节点添加到候选路由表中;如果在时间 T_{max} 内没有收到 REQ 消息,则停止元数据的发送。

(4) 下一跳节点重复(2)和(3)。

(5) 当元数据到达目的节点 D 时,将随机选择一条路径将 REQ_Dest 消息发送到源节点 S。

(6) 如果源节点 S 在时间 T_{max} 内没有收到 REQ_Dest 消息,就停止发送实际的数据包;否则,根据 QoS 路由算法选择一条最佳路径传输数据。

　　REAR 路由协议改进了 Dijkstra 算法,传统的 Dijkstra 算法只使用单个参数(路径长度)来选择最佳路径,而且在路径选择过程中需要计算所有路径。与 Dijkstra 算法不同的是,REAR 路由协议使用邻节点间协商机制以减少邻居节点的数据交换,并将能量较低的节点排除在外,且路径的选择综合考虑了时延、带宽和节点剩余能量等因素。

习题

1. 阐述无线传感网路由协议的分类和特点。
2. 简要介绍无线传感网路由设协议计的挑战。
3. 描述 LEACH 协议的主要思想。
4. 简要分析 CTP 协议的工作过程及其实现组件。
5. 洪泛路由协议存在的主要问题是什么? 该协议的优点是什么?
6. 分析 AODV 路由协议中网络层帧的结构,总结出协议的主要工作思想。
7. 阐述 ZigBee 网络的协议栈结构。
8. 简要介绍 ZigBee 网络的树路由过程及树形编址。
9. 详细分析 ZigBee 网络的网状路由过程。

第5章

无线传感网同步技术

本章介绍无线传感网同步技术,主要包括无线传感网时间同步的必要性、同步技术的分类,分析了无线传感网的时间同步模型,最后详细阐述无线传感网经典的时间同步机制,主要包括 RBS 时间同步协议、TPSN 时间同步协议、LTS 时间同步协议。

5.1 同步技术简介

时间同步问题是所有分布式系统都要解决的一个重要问题。在集中式系统中,由于任何进程或模块都可以从系统唯一的全局时钟获取时间,因此系统内任何两个事件都有着明确的先后关系。而在分布式系统中,由于物理上的分散性,系统无法为彼此间相互独立的模块提供一个统一的全局时钟,由各个进程或模块各自维护它们的本地时钟。这些本地时钟的计时脉冲、运行环境存在不一致性,因此即使所有本地时钟在某一时刻都被校准,一段时间后,这些本地时钟间也会出现失步现象。为了让这些本地时钟再次达到相同的时间值,必须进行时间同步操作。时间同步就是通过对本地时钟的操作,为分布式系统提供一个统一时间标度的过程。

5.1.1 WSN 时间同步的必要性

无线传感网是联系物理世界和节点计算机系统的桥梁,对物理世界的观测必须建立在统一的时间标度上,相对于通常的分布式系统,无线传感网对时间同步的需求更为强烈,可以说,时间同步是无线传感网的一项重要支撑技术。

节点之间相互独立并以无线方式通信,每个节点维护一个本地时钟。时钟的计时信号一般由晶体振荡器(简称晶振)提供,由于晶振制造工艺的限制,在运行过程中易受外界因素的影响,导致网络中节点计时速率存在偏差,从而造成网络节点时间的失步。由于传感器节点的时钟并不完美,会在时间上发生漂移,所以用户观察到的时间对于网络中的节点来说存在一定的误差。在很多网络协议的应用中,都需要一个共同的时间以使得网络节点全部或部分同步。一些情况下,传感器节点所获得的数据必须具有准确的时间和位置信息,否则采集到的信息不够完整。此外,传感器节点的数据融合、TDMA 定时、休眠周期的同步等,都要求传感器节点具有统一的时钟,不同的无线传感网和不同的应用对时间同步的要求不一样。从精度上来说,一些时间同步的要求比较严格,在像目标跟踪这样的任务中,需要达到微秒级精度,而在有的应用中只需要达到毫秒级。从同步范围来看,一些无线传感网只需要局部时间同步,如邻居节点间信号协同处理只需要邻居节点间的时间同步,而有的则需要网络全局时间同步。这些诸如此类的因素,使得无线传感网时间同步相对于其他分布式网络的时间同步更加复杂。

5.1.2　WSN 时间同步分类

无线传感网的应用领域非常广泛,由于与实际应用的紧密结合,它的同步协议与其他分布式系统同步协议有相似之处,但也有很大不同,现有同步算法可根据同步问题和应用依赖特征进行分类。

1. 同步问题

无线传感网通过融合每个传感器节点的数据形成单一的结果,这种数据融合技术需要节点有一个共同的时间标准,该共同的时间标准可以使参与同步的所有传感器节点时钟达到同步。

1) 主从同步与同级同步

主从同步通常先指定一个节点作为主节点,其他节点作为从节点。从节点将主节点的本地时钟读取值作为参考,并尝试与其同步。一般来说,主节点需要与从节点数目相当的CPU资源,可选用处理器能力强或负载轻的节点作为主节点。主从同步结构的协议具有简单、无冗余等特点,时延测量时间同步(Delay Measurement Time Synchronization)就是一种主从结构的同步算法。参考广播同步(Reference Broadcasts Synchronization)是一种同级同步协议,这类协议算法假设网络中的任何节点都可以直接与所有其他节点通信,该方式消除了因主节点失败而阻止同步过程顺利进行的潜在问题,同级同步算法灵活性好,但是比较难以控制。

2) 时钟校正与无关联时钟

实际上,许多同步方法都是通过参照全球时间标准或原子钟提供的时间信息以修正节点的时钟,使得节点之间达到同步,上述时延测量时间同步协议就是采用该种方式。无关联时钟意味着不通过节点时钟同步来实现共同的时间标准,这样能节省时钟同步所需的大量能量。参考广播同步协议建立一个有关节点本地时钟与其他节点时钟的参数表,并用这个表比较本地时间戳,然后让这些节点时钟无关联运行,同样能保持一个全局的时间标准。当节点之间交换时间戳时,此时间戳会根据该准则转化为依照接收节点本地时钟所显示的时间值,该过程需要考虑两个节点之间信息传输所消耗的往返延迟。

3) 内部同步与外部同步

内部同步的目的是为了尽量减少各个节点本地时间读取值之间的差异,而在外部同步中,利用通用时间(UTC)来提供时间标准,不需要全球时间基础,因为原子钟能提供现实世界的时间,通常称之为参考时间,类似于网络时间协议这样的同步算法,由于是外部同步,更适合因特网这样的网络。应用于无线传感网的时间同步算法一般不执行外部同步,除非是应用需求,因为外部时间源通常消耗大量的能量,不符合无线传感网对能量效率的要求。内部同步可以是主从式同步或同级同步,而外部同步不可能是同级同步,它需要一个主节点,这个主节点能够与时间服务器通信。

4）发送端与接收端同步以及接收端与接收端同步

大多数现有的同步方法是通过传输节点当前的时间戳使发送端与接收端同步，这类方法容易在信息延迟中发生偏差。参考广播同步算法采用以某次所有的接收端收到同样的时间信息作为参考，使接收端之间达成同步，这种做法减少了协议中的不确定性误差。发送端与接收端同步一般由如下三个步骤完成。

（1）发送端节点定期向接收端节点发送一个消息，消息中包含发送时的本地时间作为时间戳。

（2）接收端根据这个时间戳与发送端进行同步。

（3）发送端与接收端之间的信息延迟是信息传输往返的测量时间，指从接收端发送同步请求时的时间到实际收到答复时的时间之差。

该算法的缺点显而易见，发送端和接收端之间的信息延迟不是固定的，产生差异的原因是网络延迟（尤其在多跳网络中）和参与节点的工作量，大多数同步算法采用多次传输消息后计算消息延迟的平均值。

接收端与接收端同步方法利用了物理广播介质的性能，如果在单跳网络中，任何两个接收端收到相同的信息，那么它们接收到信息的时间大致相同。接收端不与发送端通信，而是与其他接收端交换接收到相同信息时的时间，根据接收时间的差异计算出它们的时钟偏差。该方法最明显的优势是减少了信息延迟的不确定性，而缺点是由于传播延迟造成的各种接收端接收信息时的时间差。

2．应用依赖特征

无线传感网与实际应用紧密相关，因此它的同步协议也随着应用需求的不同而发生变化。可移动性是无线网络的优势，但是增加了网络在实现同步过程中的难度，这是由于网络拓扑频繁变化，因此需要同步协议具有良好的适应性。在静态网络中，节点不可移动，这类网络中，一旦节点在监测区域布置好，通常来说，同步协议将维持不变，例如，参考广播同步就是一种适用于静态网络的同步协议。

在动态网络中，传感器节点能够移动，只有在其他节点进入自己的通信范围时，传感器节点才会与其他节点进行信息交换，拓扑结构的变化通常会导致节点的邻居以及所属节点簇发生变动，从而必须重启节点同步过程。

5.2　时间同步模型

为了分析同步问题中的时间偏差，有如下基本概念的定义。

（1）时间：$C_p(t)$表示网络节点p的时间，当$C_p(t)=t$，表示p的时间与标准时间t同步。

（2）振荡频率：时钟所拥有的振荡频率，在t时刻p节点的时钟频率为$C_p(t)'$。

（3）时钟偏差：表示某时钟与标准时钟的偏差，用$C_p(t)-t$表示。两个不同节点p和q的时钟在t时刻的偏差可表示为$\text{Offset}=C_p(t)-C_q(t)$。

（4）频率偏差：表示某时钟和标准时钟的频率偏差，两个不同节点的时钟频率偏差等

于 $C_p(t)' - C_q(t)'$。如果频率偏差限制在 ρ 内,标准时钟频率为 1,则时钟频率将在 $(1-\rho, 1+\rho)$ 中变化,快慢时钟与标准时钟的比较如图 5-1 所示。

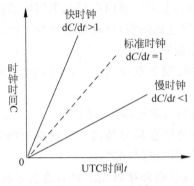

图 5-1　三种时钟的比较

(5) 时钟偏移:表示时钟函数的二阶导数 $C_p(t)''$,两个不同时钟的偏移 Drift $= C_p(t)'' - C_q(t)''$。

从图 5-1 可以发现,即使时钟在开始是同步的,经过一段时间后,由于时钟频率的不同,不断积累的时钟偏差将越来越明显。

网络传输总会产生消息延时,因此一个节点的时间戳在到达对方节点时已不能代表自身的时间,这就需要对网络延时做充分的分析,确定延时带来的误差程度。无线传感网中消息发生延时的环节很多,其中主要存在于发送时间、访问时间、传送时间、广播时间、收到时间、接收时间、中断处理时间、编码时间和解码时间等,其中每个环节都可能带来延时误差,对误差充分、准确的估计才能设计出精度高、负载低的时钟同步算法。

5.2.1　时钟模型

无线传感网的时间同步涉及物理时间和逻辑时间两个方面,物理时间用来表示人类社会的绝对时间,而逻辑时间表示事件发生的顺序关系,是一个相对概念。

1. 节点物理时钟

传感器网络中节点的物理时钟依靠对自身晶振中断计数实现,晶振的频率误差和初始计时时刻不同,使得节点之间物理时钟不同步。任一节点在物理时刻 t 的物理时钟读数可以表示如式(5-1)所示。

$$C_i(t) = \frac{1}{f_0} \int_0^t f_i(t)\,dt + C_i(t_0) \tag{5-1}$$

其中,f_0 为节点晶振的标称频率,$f_i(t)$ 为晶振的实际频率,t_0 代表开始计时的物理时刻;$C_i(t_0)$ 代表节点 i 在 t_0 时刻的时钟读数。因存在制造误差,通常情况下,f_0 和 $f_i(t)$ 不相等。晶振频率在短时间内相对稳定,节点时钟又可以表示如式(5-2)所示。

$$C_i(t) = a_i(t - t_0) + b_i \tag{5-2}$$

其中,$b_i = C_i(t_0)$ 为计时初始时刻的时钟读数,简称初相位;$a_i = f_i/f_0$ 为相对频率,有 $1-\rho \leqslant a_i \leqslant 1+\rho$,$\rho$ 为绝对频差上界,由晶振生产厂家标定。一般情况下,ρ 常在 $1\sim100$ppm 左

右,即一秒钟内会偏移 $1 \sim 100 \mu s$。例如,在 Mica2 mote 系列节点上,产生的时间漂移为 $40 \mu s/s$。

一般来说,会有以下三个原因导致传感器节点的时钟出现不一致的现象。

(1) 所有节点的时钟都是在不同时刻开启,就是说时钟开启时刻是随机的,因此它们的初始时间就不相同;

(2) 每个节点的石英晶体振荡器的频率不同,随着时间的推移,会引起时钟值的偏离,这称为时间偏移;

(3) 振荡器的频率会发生变化。有短期变化,如由温度、电压、空气压力等变化引起;还有长期变化,如由振荡器老化引起。这种由晶振固有频率导致的在每秒钟产生的时间差异称为时间漂移。

在无线传感网中,时间偏移和时间漂移是反映时间度量性能的两个主要参数。

2. 节点逻辑时钟

根据硬件时钟值构造出本地的逻辑时钟,或者说是软件时钟(Software Clock)。无线传感网中 ID 为 i 的节点 t 时刻的软件时钟表示如式(5-3)所示。

$$LC_i(t) = la_i \times C_i(t) + lb_i \tag{5-3}$$

其中,$C_i(t)$ 为当前物理时钟读数,即硬件时钟;la_i、lb_i 分别为频率修正系数和初相位修正系数。采用逻辑时钟的目的是对物理时钟进行一定的换算以达成同步。

为了保持本地时间的连续性,时间同步协议往往不直接修改节点的本地时钟,根据应用的需要改变上述软件时钟实现同步,采用的方法是改变 la_i 和 lb_i,影响逻辑意义上的读数,达到时钟校准的目的。因此,时间同步的基本原理就是被同步的时钟选择一个可以参考的时钟,然后彼此交换时间信息,传递各种有关参数,通过一定的运算,使得被同步的时钟的时间漂移和时间偏移得到修正,达到两者同步的目的。两个节点的逻辑时钟存在如式(5-4)的关系。

$$C_i(t) = a_{ji}C_j(t) + b_{ji} \tag{5-4}$$

其中,a_{ji} 是节点 i、j 之间的相对漂移率,b_{ji} 是节点 i、j 之间的相对偏移量。由此可以得到两种不同的时间同步原理,分别是时间偏移补偿和时间漂移补偿,如图 5-2 所示。

对于时间偏移补偿,通过一定的算法求出两个节点之间的相对偏移量,就可以实现时钟同步。这种方法没有考虑时钟漂移对精度的影响,即假设每个节点具有相同的时间漂移率,因此,它们之间的时间偏差线性递增。同步的间隔越大,两者之间的误差就越大,为了满足精度的需要,就必须增加同步频率、缩短同步间隔,但是同时也引入了更多的开销。

对于时间漂移补偿,通过一定的算法估计出本地时钟与被参考时钟的相对漂移率,在构造本地逻辑时钟时,不再单纯依赖本地时钟速率的变化,可以考虑被参考时钟的变化,从而弥补时钟漂移的影响。如果对相对漂移率的估计较为准确,那么在相对较长的时间间隔上就不会产生太大的误差,所需的时间同步周期也可以延长,降低了同步频率。

5.2.2 通信模型

无线传感网的许多应用都需要传感器节点本地时钟的同步,不同应用将要求不同程度的同步精度。无线传感网自组织、多跳、动态拓扑和资源受限,尤其节点的能量资源、计算能

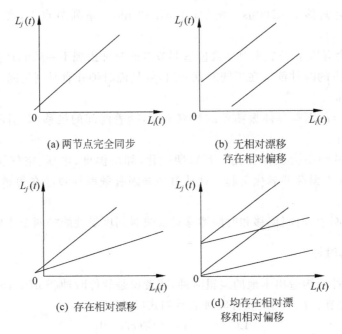

(a) 两节点完全同步

(b) 无相对漂移
存在相对偏移

(c) 存在相对漂移

(d) 均存在相对漂
移和相对偏移

图 5-2　两种不同的时间同步原理

力、通信带宽、存储容量有限等特点,使得时间同步方案有特殊的需求。因此,针对无线传感网同步过程,具有以下几种不同的通信模型。

通过节点时间校正技术建立合适的通信模型,其是保证无线传感网时间同步的核心和基础。无线传感网节点同步通信过程中的时间校正包括以下几种模型,主要是单程报文传递、双向报文交换、广播参考报文和参数拟合技术。

1. 单向报文传递

如图 5-3 所示,节点 i 在本地时间 T_{ia} 时刻向节点 j 发送一个报文,包含时间戳 T_{ia}。假设节点 j 在本地时间 T_{jb} 时刻收到上述报文,节点 j 只知道该报文的发送时间 T_{ia} 在报文被接收到的本地时间 T_{jb} 之前,而不知道报文的传递时延 d,所以只能对 d 估计,如果知道 d 的上界 $d_{\max}$ 和下界 $d_{\min}$,那么可以得到如式(5-5)的 d 数值估计。

$$d = (d_{\max} + d_{\min})/2 \tag{5-5}$$

进而估计节点 i 和节点 j 之间的时间偏差如式(5-6)所示。

$$\theta = T_{jb} - T_{ia} - d = T_{jb} - T_{ia} - (d_{\max} + d_{\min})/2 \tag{5-6}$$

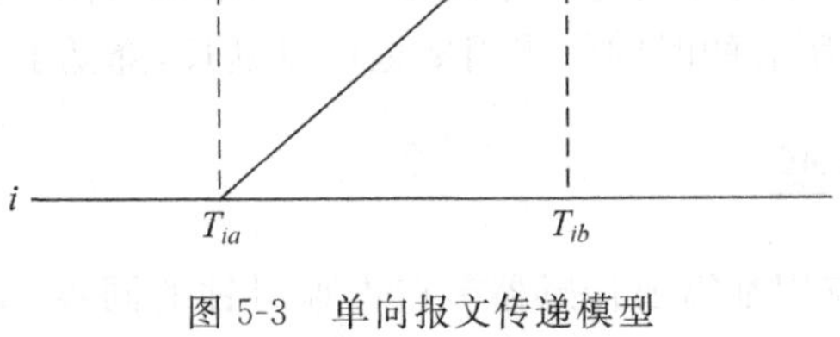

图 5-3　单向报文传递模型

这种时间校正技术的精度最低,因为它假设报文传递过程中只有传播延时,忽略了无线信道的许多不确定因素影响。但是,该方法思路简单,易于实现,能耗较低,且效率比较高,可以满足某些对同步精度要求较低的无线传感网应用。

2. 双向报文交换

双向报文交换的时间校正技术相对复杂,如图 5-4(a)所示,节点 i 在本地时钟 T_{ia} 时刻向节点 j 发送同步报文,节点 j 在本地时钟时刻 T_{ja} 接收到该报文,之后立即向节点 i 发送应答报文,节点 i 在本地时钟时刻 T_{ib} 接收到该应答报文。报文的往返时间 D 大小为 $T_{ib} - T_{ia}$,而报文的传递时延 d 在 0 和 D 之间,如果知道 d 的上界 $d_{\max}$ 和下界 $d_{\min}$,节点 j 可以确定 d 在 $\max(D - d_{\max}, d_{\min})$ 和 $\min(d_{\max}, D - d_{\min})$ 之间。由此可以确定节点 i、j 之间的时间偏差如式(5-7)所示。

$$\theta = T_{ib} - T_{ja} - d \tag{5-7}$$

如果假设上行报文和下行报文的时间延迟相等,即 $d = d' = D/2$,则节点 i、j 的时间偏差如式(5-8)所示。

$$\theta = T_{ib} - T_{ja} - D/2 \tag{5-8}$$

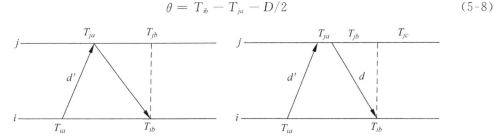

图 5-4　双向报文交换模型

图 5-4(a)只是理想情况,实际上由于种种原因,节点 j 收到同步报文后,可能不会立即回复,于是就出现了如图 5-4(b)所示情形,节点 j 收到报文后,延迟一段时间再向节点 i 回复 ACK 报文。假设 $d = d'$,由图 5-4(b)可得到式(5-9)和式(5-10)。

$$T_{ja} = T_{ia} + d + \theta \tag{5-9}$$

$$T_{ia} = T_{ja} + d - \theta \tag{5-10}$$

可以得到节点 i、j 之间的时间偏差如式(5-11)所示。

$$\theta = \frac{(T_{ja} - T_{ia}) - (T_{ib} - T_{jb})}{2} \tag{5-11}$$

双向报文交换是应用很广泛的一种时间校正技术,精度比较高,但是网络负载较大、能耗较高。

3. 广播参考报文

如图 5-5 所示,利用第三个节点 k 作为参考节点,发送时间同步的参考广播报文给相邻的节点 i 和节点 j。假设这个参考广播报文到达节点 i 和节点 j 的时间延迟相等,即 $T_{ia} = T_{ja}$。节点 j 收到参考广播报文后,立即向节点 i 发送包含 T_{ja} 信息的报文给节点 i,于是节点 i 就可以计算收到两条报文的时间间隔 D 的数值为 $T_{ib} - T_{ia}$。因为节点 i 与节点 j 位置相邻,相对于电波传播速度来说,可以认为节点 j 向节点 i 发送的报文是瞬间到达的,于是可得到节点 i、j 之间的时间差就是 D,由此可以使节点 i 的时钟时间与节点 j 保持一致。

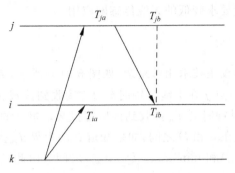

图 5-5　广播参考报文模型

此方法需要假设节点 j 到节点 i 的报文延迟时间要小于所要求的时间同步精度,两节点要位置毗邻,且报文在两个节点上的处理时间忽略不计,另外,广播参考报文的方法只能使节点间的时钟保持相对同步。

4. 参数拟合

参数拟合可以同时计算出节点时钟之间的频率偏移和相位偏移,假设两时钟时间之间满足式(5-12)。

$$T_j = \lambda T_i + \tau \qquad (5\text{-}12)$$

其中,λ 和 τ 分别是两个时钟时间之间的相对频率偏移和相位偏移。采用上述三种方法测量节点间时间偏差,在测量得到多组数据样本后,就可以利用参数拟合技术计算时间的频率偏移和相位偏移。参数拟合有以下两种实现方法。

1) 线性回归

线性回归是应用最广泛的技术,该技术只有单独一个参数,那就是负责计算系数的样本数。大样本能提高线性回归的精确度,但需要大的存储空间,线性回归能够隐含地补偿时钟频率偏移。线性回归可以在线计算,即一旦得到一个新样本,就可以增加样本数从而可以随时计算,但是它通过数据与最合适直线的方差来决定数据的好坏,使得外来数据对系数估计影响很大。

2) 锁相环

第二种处理连续样本的方法是基于锁相环(Phased-Locked-Loops,PLL)方法。锁相环用比例积分(PI)控制器来控制插值的斜度,PI 控制器的输出是具有线性控制特性的环路滤波器和具有整体线性控制的压控振荡器输入,控制器的输入是实际参数和插值之间的差。如果插值小于样本参数,增加它的斜率,否则减少斜率。基于 PLL 的同步方法主要优点在于它只需要存储当前积分和的状态,因而比线性回归所需要的存储空间少得多,其主要缺点是 PLL 需要很长的收敛时间才能达到稳定状态。

5.2.3　时间同步的误差源

正确地估算出本地时钟与被参考时钟之间的时间偏移偏差和时间漂移偏差是构造逻辑

时钟的关键,而在无线传感网的时间同步过程中,这种估计通过时间同步消息实现。在时间消息的传递过程中,不可避免地会引入消息传输时延。由于无线传输的时延不确定,其受到很多因素的影响,因此,需要对时间同步消息传递中的无线传输时延进行仔细分析和补偿。通过消息包的传输来完成节点之间的时间同步,可以从如图 5-6 所示几个方面分析消息包传输的时间误差。

图 5-6 清晰地描述出发送节点与接收节点在同步过程中所涉及的一些时间概念。

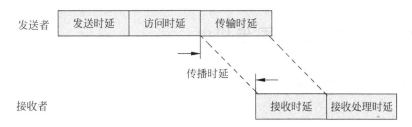

图 5-6　无线传感网消息传递的时间延迟

1. 发送时延(Send Time)

发送节点用来构造一条消息并装配消息以及向 MAC 层提出发送请求的时间,还包括内核协议处理和操作系统的耗时,其取决于上层操作系统的系统调用和当时的处理器负担。发送时延的值不确定,可能会高达几百毫秒。

2. 访问时延(Access Time)

消息等待传输信道空闲的时间。在消息时延中访问时延的变化最大,变化范围可以从毫秒级到秒级,主要取决于底层的 MAC 协议和当前网络传输负载情况。

3. 传输时延(Transmission Time)

发送节点在无线链路的物理层发送常是几十毫秒,比较确定,取决于消息包的大小和无线发射速率。

4. 传播时延(Propagation Time)

数据在链路上传输的时延,也就是消息分组从离开发送节点到达接收节点所需的时间,在无线环境下等于距离除以电磁波速度。由于电磁波速度恒定,因此,传播时延取决于两个节点间的距离。可以算出,在 300m 的范围内,传播时延不会超过 $1\mu s$,多数情况下该时延可以忽略。

5. 接收时延(Reception Time)

接收节点从物理层接收数据包,重装该消息并交给上层应用所花费的时间,接收时延与传输时延相对应,并且与传输时延有重叠。

6. 接收处理时延(Receive Time)

接收节点处理收到的数据包,并通知相应程序总共所花费的时间。这部分时间与发送时延相对应,其时间长度不确定。

网络传输总会产生消息延时,因此一个节点的时间戳在到达对方节点时已不能代表自身的时间,这就需要对网络延时做充分的分析,确定延时有关的误差来源。无线传感网中消息发生延时的环节很多,其中主要存在于发送时间、访问时间、传送时间、广播时间、接收时间、中断处理时间、编码时间和解码时间等,其中每个环节都可能带来延时误差,对误差充分、准确地估计才能设计出精度高、负载低的时钟同步算法。

5.3　无线传感网时间同步机制

5.3.1　时间同步的性能指标和技术挑战

1. 技术指标

使网络中的节点能够共享共同的时间戳是无线传感网时间同步算法的最终目的,但是由于各个方面原因,使得设计时间同步方案需要考虑到许多方面,例如,同步精度、能量有限、算法健壮性等。因此,对无线传感网的时间同步算法评价应包括以下几个方面。

(1) 能量效率。同步操作的时间越长,则消耗的能量越多,效率就越低。设计 WSN 的时间同步算法需以考虑传感器节点能量有效性为前提。

(2) 可扩展性和健壮性。时间同步机制应该支持网络中节点的数目或者密度动态变化,并能够保障一旦有节点失效,网络仍然有效且功能健全。

(3) 精度。针对不同的应用和目的,同步的精确度需求有所不用。

(4) 同步期限。节点需要保持时间同步的时间长度可以瞬时,也可以和网络寿命保持一致。

(5) 有效同步范围。指实现节点同步的区域大小,可以给网络内所有节点提供时间,也可以给局部区域的节点提供时间。

(6) 成本和尺寸。通常无线传感网节点本身尺寸不大、廉价,同步可能需要特定的硬件模块,配备的同步组件也要选择合适的成本和尺寸。

(7) 最大误差。一组传感器节点之间的最大时间差,或相对外部标准时间的最大差。

(8) 及时性。一些情况下,无线传感网需要对节点进行实时的时间同步,以保证能够及时准确地发送信息,所以,各节点之间需要经常性预同步。

2. 时间同步的技术挑战

传统的时间同步主要有应用于因特网时间同步的 NTP(Network Time Protocol)和 GPS(Global Position System)两种同步方法,它们在各自应用领域能达到良好的同步精度。NTP 和 GPS 尽管在技术上已经很成熟,由于无线传感网自身的限制,这两种方法不能直接应用于无线传感网的时间同步,无线传感网同步过程中存在的挑战主要体现在以下几个方面。

1) 有限的能量

虽然节点设备的能效已有显著提高,低能耗仍然是无线传感网关注的重要问题。无线传感网通常由数以千计的廉价微型传感器节点组成,难以为节点提供后续能量,且传感器节点一般由电池供电。为了使网络有尽量长的工作寿命,节点的时钟同步过程必须考虑低能耗要求。

2)有限的带宽

对于传感器节点来说,用于数据处理的能耗远远小于用于数据传输的能耗。时钟同步主要由节点交换各自的时钟信息实现,带宽限制将影响传感器节点之间的信息传输,同时也影响到时钟同步的效率。

3)硬件限制

传感器节点的硬件常常受限于体积的微小型化,限制体积的同时,也限制了计算能力和存储能力等节点性能。

因此,相对于传统的时间同步模型及时间同步技术,无线传感网对于时间同步面临着特有的新要求和挑战。传感器节点电池能耗易受环境限制,在设计同步算法时需要考虑网络的持续寿命。当节点间同步数据包交换时,不仅可能会导致有效带宽的数据包传送失败和重传,而且会增加传输时延,从而增大节点的时钟偏差。因此,无线传感网实现高精度的时钟同步算法是一项挑战性工作。

5.3.2 RBS 时间同步协议

参考广播时钟同步(Reference Broadcast Synchronization,RBS)协议是典型的基于接收方-接收方的同步算法,由加州大学 Jeremy Elson 等人提出,该算法实现简单,无须消耗大的存储空间,能够满足大多数时间同步精度要求不高的场合。

RBS 同步算法利用无线链路层广播信道的特点,一个节点广播参考信标消息,接收到广播消息的一组节点通过比较各自接收到消息的本地时刻,实现它们之间的时间同步。在消息延迟中,发送时间和访问时间依赖于发送节点 CPU 和网络的即时负荷,所以随时间变化比较大且难于估计,通过比较接收节点之间的时间,就能够从消息延迟中抵消发送时间和访问时间,从而显著提高局部网络之间的时间同步精度,RBS 时间同步算法基本过程如图 5-7 所示。发送节点(图中的参考节点)广播一个信标分组,广播域中两个节点都能够接收到这个分组,每个接收节点分别根据自己的本地时间记录接收到信标分组的时刻,然后交换它们记录的分组接收时间。两个接收时间的差值相当于两个接收节点间的时间差值,其中一个接收节点可以根据这个时间差值更改它的本地时间,从而达到两个接收节点的时间同步。

RBS 算法不是通告发送节点的时间值,而是通过广播同步指示分组实现接收节点之间的相对时间同步,信标分组本身并不需要携带时标,何时准确发送出去也不重要,正是由于无线信道的广播特性,标识分组相对接收节点而言同时发送到物理信道上,才能够去除发送时间和访问时间引入的时间同步误差,提高了时间同步精度。

具体来说,参考节点 S 广播一个短帧,该帧不需要包括任何时间戳信息。所有接收者接收到帧时分别使用本地时间记录帧的接收时间,由于帧通过电磁波传输时,传输时延可忽略不计,故可认为报文同时到达所有接收者,因此通过时间戳信息交换计算出时间偏差即可完成节点 i 和节点 j 的同步。RBS 算法彻底消除了发送方的延迟对同步精度的影响,使得同步精度只受接收方物理层延迟、MAC 层延迟等影响。为了提高同步精度,RBS 算法通过

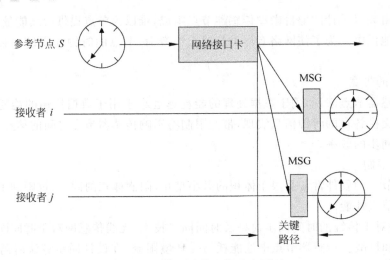

图 5-7   RBS 同步算法的基本原理

参考节点发送多帧信息,利用式(5-13)计算节点 i 和节点 j 之间的时钟相位偏差(Phase Offset)的平均值 offset$[i,j]$。

$$\text{offset}[i,j] = \frac{1}{n}\sum_{1}^{n}(T_{j,k} - T_{i,k}) \tag{5-13}$$

其中,n 表示参考帧的个数;$T_{j,k}$ 表示节点 j 接收到参考帧 k 时的本地时刻;$T_{i,k}$ 表示节点 i 接收到参考帧 k 时的本地时刻。

在多跳网络中,RBS 通过多个广播区域内共同节点记录的不同时间戳完成所有区域的节点同步,网络拓扑结构如图 5-8 所示。区域Ⅰ-Ⅱ的公共节点 4 能够同时接收节点 A 和 B 的广播帧,通过时间转换可使区域Ⅰ和区域Ⅱ中所有非参考节点同步。Ⅱ-Ⅲ中的公共节点 7 能够同时接收节点 B 和 C 的广播报文,同样通过时间转换可使区域Ⅱ和区域Ⅲ中所有非参考节点同步。

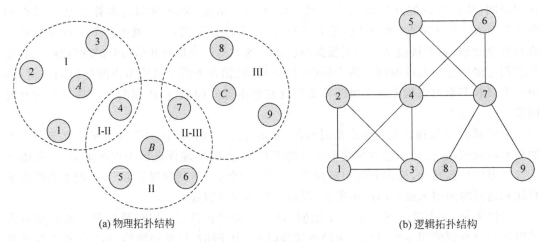

(a) 物理拓扑结构   (b) 逻辑拓扑结构

图 5-8   RBS 多跳拓扑结构

影响 RBS 性能的主要因素包括接收节点间的时钟偏差、接收节点非确定因素和接收节点的个数等。为了提高时间同步精度,RBS 采用了统计技术,通过发送节点发送多个消息,得到接收节点之间时间差异的平均值。对于时钟偏差问题,采用了最小平方的线性回归方法进行线性拟合,直线斜率就是两个节点的时钟偏差,直线上的点表示节点间的时间差异。RBS 的缺点是对网络结构有一定要求,它不适合点对点通信的网络,且要求网络有物理广播信道。此外,RBS 的扩展性不好,因为节点间本地时间戳通信需要额外的消息交换开销,不能很好地应用到大规模多跳网络中。RBS 有大量的交换次数,对于具有 n 个节点的单跳网络,需要 $O(n^2)$ 的消息交换次数,如果 n 很大,消息交换开销则相当大,导致节点的计算开销也非常大。RBS 工作过程中接收节点之间进行互相同步,并不与发送节点同步,而实际上,在 WSN 中发送节点很可能也是一个普通网络节点,也需要进行同步,为了使该节点和其他节点同步,需要另外一个节点作为参照广播发送节点,这导致了较高的能耗。

5.3.3　TPSN 时间同步协议

TPSN(Timing-sync Protocol for Sensor Networks)是一种充分借鉴互联网同步协议(Network Time Protocol,NTP)的无线传感网时间同步协议,由 Saurabh Ganeriwal 等人于2003 年提出,目的是提供全网范围内节点间的时间同步,属于类客户/服务器模式。

TPSN 协议假设网络中每个传感器节点具有唯一的身份标示 ID,节点间具有双向无线通信链路,通过双向的消息交换实现节点间的时间同步。在网络中有一个根节点,根节点可以配备像 GPS 接收机这样的模块,接收准确的外部时间,并作为整个网络系统的时钟源;也可以是一个指定的网内节点,不需要与外部进行时间同步,只是进行无线传感网内部的时间同步。TPSN 采用层次型网络结构,首先将所有节点按照层次结构分级,然后每个节点与上一级的某一个节点进行时间同步,最终所有节点都与根节点达到时间同步。TPSN 可以分为两个阶段,即层次发现阶段和同步阶段。

1. 层次发现阶段

在网络部署完成后,根节点广播级别发现分组,启动层次发现阶段,级别发现分组包含节点的 ID 和级别。根节点是 0 级节点,在根节点广播域内的节点收到根节点发送的分组后,将自己的级别设置为分组中的级别加 1,即为第 1 级,然后将自己的级别和 ID 作为新的发现分组广播出去。当一个节点收到第 i 级节点的广播分组后,记录发送这个广播分组的节点 ID,设置自己的级别为 $i+1$,这个过程持续下去,直到网络内每个节点都具有一个级别。如果节点已经建立了自己的级别,就忽略其他的级别发现分组,以防止网络产生洪泛拥塞。层次发现阶段建立的层次生成树如图 5-9 所示。

2. 同步阶段

层次结构建立以后,根节点通过广播时间分组,启动同步阶段。第 1 级节点收到这个分组后,在等待一段随机时间后,向根节点发送时间同步请求消息包,进入同步过程。与此同时,第 2 级节点会侦听到第 1 级节点发送的时间同步请求消息包,第 2 级节点也开始自己的同步过程。这样,时间同步就由根节点扩散到整个网络,最终完成全网的时间同步。邻居级别的两个节点对之间通过交换两个消息实现时间同步,如图 5-10 所示。

节点 A 属于第 i 级节点,节点 P 属于第 $(i-1)$ 级节点,T_1 和 T_4 表示节点 A 本地时钟

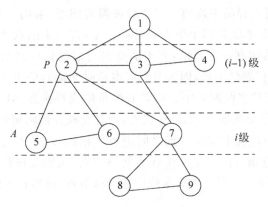

图 5-9　层次生成树

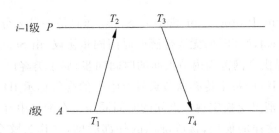

图 5-10　TPSN 协议节点之间的分组交换

在不同时刻测量的时间，T_2 和 T_3 表示节点 P 本地时钟在不同时刻测量的时间，$\triangle\mathrm{AP}$ 表示节点 A 和 P 之间的时间偏差，d 表示消息的传播时间，并且假使来回消息的延迟相同。节点 A 在 T_1 时间发送同步请求分组给节点 P，分组中包含 A 的级别和 T_1 时间，节点 P 在 T_2 时间收到分组，$T_2 = (T_1 + d + \triangle\mathrm{AP})$，然后在 T_3 时间发送应答分组给节点 A，分组中包含节点 P 的级别和 T_1、T_2、T_3 信息，节点 A 在 T_4 时间收到应答，$T_4 = (T_3 + d - \triangle\mathrm{AP})$，因此可以推出式(5-14)和式(5-15)。

$$\triangle\mathrm{AP} = ((T_2 - T_1) - (T_4 - T_3))/2 \qquad (5\text{-}14)$$
$$d = ((T_2 - T_1) + (T_4 - T_3))/2 \qquad (5\text{-}15)$$

　　节点 A 在计算出时间偏差后，将它的时钟同步到节点 P。

　　在消息时延的发送时间、访问时间、传播时间和接收时间这 4 个组成部分中，访问时间一般是无线传输消息时延中最不稳定的部分。为了提高两个节点间的时间同步精度，TPSN 协议在 MAC 层消息开始发送到无线信道的时刻，才为同步消息标注时间标度，消除了由访问时间带来的时间同步时延。另外，TPSN 协议考虑到传播时间和接收时间，利用双向消息交换计算消息的平均时延，提高了时间同步精度。TPSN 协议的提出者在 Mica 平台上实现了 TPSN 和 RBS 两种机制，对于一个时钟为 4MHz 的 Mica 节点，TPSN 时间同步平均误差是 $16.9\mu\mathrm{s}$，而 RBS 的误差是 $29.13\mu\mathrm{s}$。表 5-1 列出了两种算法在各种误差情形下的时间对比，由表可知，TPSN 的平均同步误差约为 RBS 的一半，如果考虑 TPSN 建立层次结构的消息开销，则一个节点的时间同步需要传输三个消息，协议的同步开销比较大。

表 5-1 TPSN 与 RBS 算法同步误差比较

	TPSN	RBS
平均误差/μs	16.9	29.13
最差情况误差/μs	44	93
最好情况误差/μs	0	0
时间误差百分比小于或等于平均误差	64	53

TPSN 算法能够实现全网范围内节点之间的时间同步,同步误差与跳数距离成正比增长关系,如表 5-2 所示。它实现了短时间的全网节点时间同步,而如果需要长时间的全网节点时间同步,则需要周期性执行 TPSN 算法进行重同步,两次时间同步的时间间隔根据具体应用确定。

表 5-2 多跳环境下 TPSN 协议的同步误差统计

	1 跳	2 跳	3 跳	4 跳	5 跳
平均误差/μs	17.61	20.91	23.23	21.436	22.66
最差情况误差/μs	45.2	51.6	66.8	64	73.6
最好情况误差/μs	0	0	2.8	0	0
时间误差百分比小于或等于平均误差	62	57	63	54	64

TPSN 算法对任意节点的同步误差取决于它距离根节点的跳数,与网络中节点总数无关,从而使得 TPSN 的同步精度不会随节点数目增加而降低,TPSN 具有较好的扩展性。TPSN 算法的缺点是一旦根节点失效,就要重新选择根节点,并重新进行分级和同步阶段的处理,增加了计算和能量开销,并随着跳数的增加,同步误差呈线性增长,准确性较低。另外,TPSN 算法没有对时钟的频差进行估计,这使得它需要频繁同步,能量消耗较大。

5.3.4 LTS 时间同步协议

在一些无线传感网应用中,对时间同步的精度要求并不是很高,秒级往往就能够达到要求,同时,需要时间同步的节点并不是整个网络的所有节点,这样就可以使用简单的轻量级时间同步机制,通过减少时间同步频率和参与同步的节点数目,在满足同步精度要求的前提下可降低节点的通信和计算开销,减少网络能量消耗。LTS 算法应用于全局的时钟同步,它是通过将成对同步进行简单的线性扩展而得到的一种新算法。

LTS(Lightweight Tree-based Synchronization)算法包含成对同步(Pair-wise Synchronization)和全网同步(Network-wide Synchronization)两个重要部分。

1. 成对同步

对单跳成对同步,两个节点 j 和 k 的同步过程如下所述。节点 j 在本地时钟 t_1 时刻发送第一个数据包,节点 k 收到该数据包的时刻为 t_2,如图 5-11 所示。t_2 可用式(5-16)计算,其中,D 代表传输时间,d 代表节点 j 和 k 之间的时钟偏移。

$$t_2 = t_1 + D + d \tag{5-16}$$

节点 k 在时刻 t_3 发送第二个数据包(包括 t_1 和 t_2),节点 j 收到该数据包的时刻为 t_4,

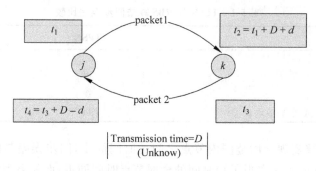

图 5-11   两个节点发送数据包过程

其值可用式(5-17)计算。

$$t_4 = t_3 + D - d \tag{5-17}$$

由式(5-16)和式(5-17)得到时间偏移 d 的计算式(5-18)。

$$d = 0.5 \times (t_2 - t_4 - t_1 + t_3) \tag{5-18}$$

一旦节点 j 计算出时间偏移,两个节点就可达到同步,但是如果时间偏移量 d 也必须传输给节点 k,则需要传输第三条消息。这里假设节点 j 到节点 k 的传输时间 D_1 与节点 k 到节点 j 的传输时间 D_2 相等,即 $D_1 = D_2 = D$,实际上,D_1 和 D_2 并不完全相等,这会给同步过程带来一些误差。

多跳同步是成对同步的扩展,n 个节点的分组需要 n^2 对的成对同步,由于无线传感网相对较低的同步精度要求,只对网络的边界执行成对同步以形成生成树结构。多跳同步中有如下几个重要的考虑因素。

(1) 全局参考:假设在网络中至少有一个节点可以访问一个全局时间参考。

(2) 选择性同步:多跳同步可以随时保持所有节点同步,或者可以进行选择性同步。

(3) 同步率:由于时钟漂移,节点将需要定期重新同步。

(4) 误差估计与限制:同步算法本身应跟踪同步的精度性能以及因节点之间时钟漂移产生的误差。

(5) 鲁棒性:系统中不能有单一的故障点。

(6) 移动性:固定节点和移动节点均可进行同步。

在分析单跳节点对之间基于发送-接收方式的时间同步机制基础上,J. Greunen 和 J. Rabaey 提出了集中式和分布式两类 LTS 多跳时间同步算法,该算法侧重降低时间同步的复杂度,在有限的计算代价下获得合理的同步精度,同时具有鲁棒性和自配置特点,适用于低成本、低复杂度的传感器节点时间同步,特别是在出现节点失败、动态调整信道和节点移动的情况下,LTS 算法能够正常工作。

集中式多跳 LTS 同步算法是单跳同步的简单线性扩展,基本思想是构造低深度的生成树,常见的生成树算法有 DDFS(Distributed Depth First Search)和 Echo 两种生成树算法。首先,以时间参考节点为根建立生成树,然后从树根开始逐级向叶子节点进行同步。根节点通过同步邻居子节点启动时间同步过程,每个节点再与自身子节点同步,如此反复,直到树的叶子节点都被同步,最终达到全网同步。集中式多跳同步算法中,根节点完成同步的初始化,所有节点采用相同频率进行重同步,算法的运行时间正比于生成树的深度,优化的生成树具有最小的深度,沿着所有树枝并进行同步操作,由于生成树的深度影响整个网络的同步时间以及叶子节点的精度误差,需要把树的深度传回到根节点,从而让根节点在决定再同步时利用这些信息。多跳同步的通信复杂性和精度与生成树的构造方法以及树的深度有关,而重同步频率与时钟漂移以及单跳同步精度有关。

在分布式多跳 LTS 算法中,每个节点都可以发起同步请求,不需要建立生成树,但是每个节点都必须知道参考节点的位置,同时知道自身到这些节点的路径。当节点 i 决定需要进行同步时,发送一个同步请求给最近的参考节点(利用现存的路由机制),所有在参考节点到节点 i 路径上的节点,必须在节点 i 同步之前已经同步,同步请求沿着到参考点的路径传送,中间节点被动地实现了时间同步,就不再需要产生同步请求。节点需要跟踪自己的时钟漂移和同步精度,确定重同步的发起时刻。由于距离参考节点较远节点的同步误差较大,因而相应的重同步频率也较高。另外,为了减少开销,可合并同步请求消息,以及节点以不同概率沿着不同路径发送同步请求消息,这可使得更多节点被动地与参考节点同步。当所有节点需要同时进行时间同步时,集中式多跳同步算法更为高效;而当部分节点需要频繁同步时,分布式算法较为优越,因此,可根据需要选择不同的 LTS 机制进行时间同步。

2. 全网同步

全网同步可以创建一个生成树,节点 i 与根节点的距离是 h_i,假定所有的同步误差独立,因此,最小生成树能够最大限度地减少同步错误。

在 LTS 算法中,网络中的节点避免了 TPSN 中与多个上层节点的同步,只需要与其直接父节点同步,LTS 算法的同步次数是节点高度的线性函数,降低了交换的信息量,但是也降低了同步精度。LTS 算法的精度与生成树的深度有关,构造和维护深度小的生成树需要一定的计算和通信开销,同时,算法还依赖从节点到参考节点的路由信息,错误的路由消息可能导致同步失败。算法的运行时间与树的深度成比例,因此,具有最小深度的生成树,收敛时间最短。

5.4 时间同步协议的分析比较

上述典型时间同步协议代表了当前几类基本的时间同步方法,在无线传感网中为了选择一种合适的时间同步方法,往往需要了解同步算法在精度、扩展性、收敛性、能耗、鲁棒性等多个方面的优缺点,本节对 RBS 协议、TPSN 协议和 LTS 协议进行分析比较。

1. 同步精度

影响 RBS 协议的主要因素包括接收节点之间的时钟偏差和接收节点的个数等,为了提高时间同步精度,RBS 采用了统计技术,以期获得接收节点之间时间差异的平均值。对于时钟偏差问题,采用了最小平方的线性回归方法进行线性拟合。Elson 等人在实际传感器节点平台 Berkeley Mote 上实现并测试了 RBS 算法,其精度在 $29.13\mu s$ 内。为了提高两个节点之间的时间同步精度,TPSN 协议直接在 MAC 层记录时间信标,这样可以有效去除发送时延、访问时延等所带来的时间同步误差。与 RBS 协议相比,TPSN 协议还考虑了传输时延、传播时延和接收时延对同步所造成的影响。TPSN 协议在 Mica 平台上实现并进行了测试,其同步平均误差在 $16.9\mu s$ 内。LTS 协议只与自己的父节点同步,同步次数是路径长度的线性函数,同时,精度也随路径的长度线性降低,因此在降低计算代价的同时也降低了同步精度。LTS 主要用于全局时间同步,适用于对时间精度要求不是很高的应用。

2. 扩展性

在 RBS 协议中,当网络达到时间同步后,如果再向网络中加入新的非参考广播节点不会对整个网络有什么影响,而如果加入新的参考广播节点,就需要重新考虑各个广播范围内的节点实现同步。对于多跳网络的 RBS 协议需要依赖有效的分簇方法,保证簇之间具有共同的节点以便簇间进行时间同步。在 TPSN 协议中,当新节点加入时,首先寻找、确定自己的父节点,新加入的节点只需要与它的父节点进行时间同步。由于算法使用了分层理念,新节点加入网络后对整个网络结构产生一定影响,算法的可扩展性不好。在 LTS 协议中,出现节点失败、动态调整信道和节点移动等情况下,LTS 算法能够正常工作。

3. 收敛性

RBS 协议中发送参考广播的所有节点需要提前选定,网络中的其余节点在接收到参考广播消息后,可以开始同步过程,考虑到通信冲突,一般只需要几个同步周期便可以使全网达到同步,其收敛时间比较短。在 TPSN 协议中,主要包括分层和同步两个阶段,对于全局网络进行时间同步,TPSN 协议需要经过分层阶段,这样会有很大的时间开销。在层次性无线传感网中,网络组建时就开始确立网络的层次关系,因此,在这样的网络中只需执行时间同步阶段就可以,收敛时间较短。由于 TPSN 协议需要两次数据交换,总体的收敛时间略高于 RBS 协议。LTS 协议是简单的轻量级时间同步机制,同步次数是节点高度的线性函数,交换的信息量不大,相应地,同步精度也不高,但其能适应无线传感网拓扑结构动态变化和能量受限的特点,收敛速度高于 RBS 协议。

4. 鲁棒性

在 RBS 协议中,节点失效或者网络通信故障不会对整个拓扑结构造成破坏,网络中的每个节点都有大量冗余信息保证网络的时间同步,但是如果参考节点失效将影响到该节点广播范围内的其他节点同步。而在 TPSN 协议中,若网络中某节点失效,该节点以下的所有节点可能接收不到同步消息,这样必将影响到所有后继节点的同步过程,其鲁棒性较差。LTS 协议适用于低成本、低复杂度的传感器节点时间同步,特别是在节点失败、动态调整信道和节点移动情况下,LTS 算法能够正常工作,具有较好的鲁棒性。

5. 能耗

RBS 协议要完成两节点之间一次完整时间同步,则节点需要进行一次接收广播消息过程和一次交换时间同步消息过程,整个过程平均需要进行两次消息发送和三次消息接收,无论在全局网络还是区域/节点上实现时间同步,协议的能耗均较大。TPSN 协议采用发送方-接收方双向时间同步模式,实现一次时间同步节点平均需要进行两次消息发送和两次消息接收,协议的能耗相对适中。TPSN 协议中点对点的时间同步方式比较适合区域/节点的时间同步。LTS 协议适合于对时间同步精度要求不是很高的场合,需要同步的节点可能仅仅是网络中的部分节点,从而降低了节点通信和计算开销,减少了网络能耗。

6. 协议复杂度

在 RBS 协议中,由于网内任意一个节点都要计算其相对于其他所有子节点的频率差和相位差才能达成同步,因此,算法复杂度比较高。而在 TPSN 协议中,只需要节点之间进行两次消息交换就能实现时间同步,所以协议的复杂度较低。LTS 协议的设计目标就是适用于低成本、低复杂度的传感器节点时间同步,因此其复杂度也较低。

根据上文分析,不同的时间同步协议在各类性能指标方面各有侧重,表 5-3 列出了三种协议在相关指标上的比较。

表 5-3　三种时间同步协议比较

	RBS	TPSN	LTS
连续同步/按需同步	按需	连续	按需
全网同步/子网同步	子网	全网	两者兼有
内同步/外同步	内	外	外
时标转换/时钟同步	时标转换	时钟同步	时标转换
广播	是	是	否
单向/双向	单	双	双
同步精度	中等	较高	较低
扩展性	中等	差	好
收敛	快	较快	更快
鲁棒性	中等	差	较好
能耗	高	中等	低
复杂度	较高	中等	低

习题

1. 简要描述无线传感网进行时间同步的必要性。
2. 对 WSNs 的时间同步技术进行分类,并做简单介绍。
3. 简要介绍 WSNs 时间同步的误差源,如何尽量减少同步误差?
4. 分析 WSNs 时间同步过程中的时钟模型和通信模型。
5. 无线传感网进行时间同步的挑战有哪些?
6. 简述 RBS 时间同步协议。
7. 简述 TPSN 时间同步协议。
8. 简述 LTS 时间同步协议。
9. 对 RBS 协议、TPSN 协议和 LTS 协议进行分析比较。

第6章
无线传感网数据感知与融合技术

本章介绍无线传感网节点的数据感知、采集和融合,主要包括典型传感器网络节点硬件、数据采集板和网关节点,节点进行模拟量采集转换的工作原理和组织结构,并以一个实例介绍无线传感网数据感知、采集的系统组成和程序实现,分析了无线传感网数据融合技术的特点、挑战和必要性等。

6.1 无线传感网节点

大量多种类传感器节点是构建自组织无中心无线传感网的基本设备,集传感、采集、处理、收发于一体,形成无线传感网的感知域。传感器节点具有本地数据采集传输和转发邻居节点数据的双重功能,在后台管理软件和传感器网络网关节点的控制下采集数据,数据经过多跳路由传输到传感器网络网关节点,其结构如图 6-1 所示。

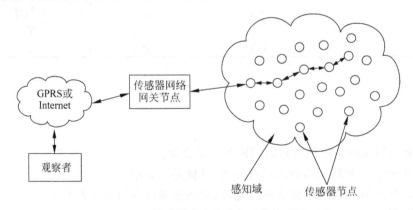

图 6-1　传感器节点构成的无线传感网

传感器节点一般由 4 个基本模块组成。感知单元负责感知环境,产生感知数据,通常由一组微型化传感器件组成;处理单元(通常内置存储器)对传感器数据处理和对节点控制,使之与其他节点协作,共同完成应用的感知任务,一般采用低功耗处理器,可运行如 TinyOS 之类的微型操作系统;收发单元确保节点间相互通信,短距离的无线低功耗通信技术较为合适;能量单元提供节点正常所需的能量。

无线传感网应用领域的迅速普及加快了传感器种类的丰富和功能完善。目前,国内外出现了多种传感器节点硬件平台,典型的节点包括 Mica 系列、Sensoria WINS、Toles、 μAMPS 系列、XYZnode 和 Zabranet 等。这些由不同公司以及研究机构研制的传感器节点在硬件结构上基本相同,核心部分为处理器模块和射频通信模块。处理器决定了节点的数据处理能力和运行速度等,射频通信模块决定了节点的工作频率和无线传输距离,它们的选型在很大程度上影响节点的功能、整体能耗和工作寿命。各节点硬件平台最主要的区别是采用了不同处理器、不同无线通信协议和与应用相关的不同传感器。

6.1.1　Mcia 系列感知节点

Mica 系列节点是加州大学伯克利分校研制,用于传感器网络研究的演示平台实验节点。包括 Rene、Mica、Mica2、Mica2Dot、Mica3 和 MicaZ 等,其中大部分类型节点已经由 Crossbow 公司正式量产,该公司于 1995 年成立,专业从事无线传感器产业。

该系列节点大多采用 Atmel 公司的增强型微控制器 ATmega128L,该处理器是 8 位的 CPU,工作在 7.37MHz,内部具有 128KB 的 Flash ROM,可用于存放程序代码和一些常数,另外,具有 4KB 的 SRAM,用于暂存一些程序变量和处理结果,通过标准 51 针扩展接口与多种传感器板和数据采集板连接,支持模拟输入、数字 I/O、I²C、SPI 和 UART 接口,使其易于与其他外设连接。例如,可扩展连接 Crossbow 公司的 MTS400 传感器板,从而可以采集光、温度、气压、加速度/振动、声音和磁场等信息。支持多种编译器,如 GCC(GNU Compiler Collection,GNU 编译器套装),其是一种完全免费、开放的编译软件。表 6-1 列出了该系列节点的主要参数。

表 6-1　Mica 系列节点

	Rene	Mica	Mica2	Mica2Dot	Mica3	MicaZ
处理器 (公司)	ATmega163 (Atmel)	ATmega128L (Atmel)	ATmega128L (Atmel)	ATmega128L (Atmel)	ATmega128L (Atmel)	ATmega128L (Atmel)
工作频率 /MHz	8	7.3728	7.3728	7.3728	7.3728	7.3728
Flash/KB	16	128	128	128	128	128
RAM/KB	1	4	4	4	4	4
射频芯片 (技术)	TR1000 (RF)	TR1000 (RF)	CC1000 (RF)	CC1000 (RF)	CC1020 (RF)	CC2420 (ZigBee)
工作频率 /MHz	916	916	300~1000	300~1000	402~904	2400
传输速率 /(kb/s)	115	115	76.8	76.8	153.6	250
调制方式	OOK/ASK	OOK/ASK	FSK	FSK	GFSK	O-QPSK
户外通信距离	92	92	150	150	600	75~100
发布	1998	2001	2002	2002	2003	2003

由表 6-1 可见,Mica 系列节点的主要差异在于射频芯片不同,因此无线通信协议也不一样。Renee 和 Mica 节点采用 RFM 公司的射频芯片 TR1000,具有 OOK 和 ASK 两种调制解调方式,有调制发送和接收解调功能,基带速率最高可达 115.2kb/s,具有较低功耗。Mica2 和 Mica2Dot 节点采用 TI/Chipcon 公司的超高频收发芯片 CC1000,工作频带在

315MHz、868MHz 及 915MHz,可通过编程使得射频模块工作在 300～1000MHz 范围内,主要工作参数也能通过串行总线接口编程改变,使用非常灵活。Mica3 采用 TI/Chipcon 公司的 CC1020 芯片,传输速率可达 153.6kb/s,支持 OOK、FSK 和 GFSK 调制方式。MicaZ 节点采用 CC2420 芯片,该芯片是最早支持 ZigBee 网络技术的通信芯片,载波频率为 2.4GHz,数据传输速率最高达到 250kb/s,通信距离为 60～150 m 或更多,更适合于室内应用。

　　Rene 是 Mica 系列节点的雏形,Mica 是升级之后的版本,与前者比,Mica 提供了更丰富的传感器接口和内存资源,以及灵活的射频无线接口,用户可以通过设计调度策略休眠或唤醒射频电路来降低节点功耗。Mica2 和 Mica2Dot 修正了 Mica 的一些技术缺陷,如 Mica 的通信距离太短,容易受噪声干扰,不可靠,I/O 接口也不稳定。低功耗也是 Mica2 优化的目标之一,为此,Mica2 选配了新的微处理器和射频芯片,原来的 ATmega163 被 ATmega128 替代,射频芯片 TR1000 被 Chipcon 公司的 CC1000 取代。虽然 Mica2 依旧存在不少缺陷,如唤醒时间过长等,但基本上已成为无线传感网研究的主流实验平台,该领域权威性的学术会议 SenSys 早在 2004 年就收录了 21 篇传感器网络方面的论文,其中有 16 篇是在 Mica2 平台上完成实验和评估。Mica2Dot 是 Mica2 的一个微缩版本,主要目标是简化 Mica2 外部电路,LED 灯由三个减至一个,外部接口由 51 个引脚减少为 21 个引脚并以环形方式排布,使用 4MHz 的外部时钟,以降低节点系统运行时的功耗。

　　连接传感器板的 Mica 节点可感知多个不同的物理量,如光强、温度、地磁强度等,而且在支持 TinyOS 的相关网站上提供了节点实现的硬件布线图,加州大学伯克利分校研发人员为这个平台开发出微型操作系统 TinyOS 和编程语言 NesC,同时,国内外很多大学和机构都利用这一平台进行相关问题研究。图 6-2 给出了 Mica2 节点的实物。

图 6-2　Mica2 节点

6.1.2　其他感知节点

1. Telos 节点

　　Telos 节点是由美国国防部(DARPA)支持的 NEST 项目附属品,考虑到 Mica 系列节点能耗较大,采用待机时耗电较少的微处理器和无线收发模块。处理器模块使用 TI 公司的 MSP430 系列超低功耗单片机,工作在 1.8V 电压,休眠唤醒时间仅为 Mica 系列节点处理器的 1/30,大大提高了对突发事件的响应速度。Telos 节点作为新一代无线传感网节点,具有相当的竞争力,其优越的性能,包括强大的计算能力、较大的存储空间、快速的响应速度、较低的工作能耗、较高的无线数据传输速率、对 USB 接口的支持、便捷的编程方式和高度的集成化等,适应了无线传感网发展的需求。

　　目前 Telos 节点有 A、B 两个正式版本。TelosB 将 TelosA 中的处理器由 MSP430F149 换成了更先进的 MSP430F1611,增加了内存,降低了休眠功率。扩展口由 TelosA 的 12 针增加到 16 针,能够连接更多的传感器和外围设备。支持 DMA(直接内存访问)、电压监视,集成 DAC 和 ADC,缩短发射启动时间等。Telos 节点使用两节 AA 电池供电,也可使用

USB 口供电,一般情况下工作电压在 2.1～3.6V 之间。在编程时,由于外接扩展内存工作的要求,电压不能低于 2.7V。Telos 节点使用超低功耗 MSP430 作为处理器,若需要更大的存储空间,可以在 Telos 节点上添加外接扩展内存。TelosA 节点选择了 128KB 的 AT45DB041B 作为扩展内存,而 TelosB 节点则使用了容量更大的 M25P80,其存储量达到 1024KB。外接扩展内存与通信模块 CC2420 共同使用 SPI 总线,由 MSP430 控制实现分时复用。MSP430 提供了丰富的接口,包括 8 个内部 ADC 接口和 8 个外部 ADC 接口,可实现单节点对多个物理参数的同时监测。Telos 节点提供了两种天线选择,即内置的集成天线和外接贴片(SMA)天线,二者都是不平衡天线,默认使用内置集成天线,该天线被预先绘制在印刷电路板上。两个天线分别通过一个电容连接至由 CC2420 引出的不平衡变压匹配电路上,通过匹配获得 50n 的天线负载阻抗。如果要使用内置天线或外接天线,只需要安装该天线对应的电容,不使用时空缺即可。内置集成天线不是一个完美的全向天线,其室内通信范围大概为 50m,而室外通信范围能达到 125m。

Telos 节点在耗电方面,待机功率为 $2\mu W$、工作时为 0.5mW,发送无线信号时为 45mW,从待机模式恢复到工作模式的时间(Wakeup Time)平均为 270ns,使用两节 5 号电池为节点提供电量。Telos 节点总结了 Mica 系列节点的成功之处,选择性能更好的元器件,提高了节点性能。MSP430 系列单片机在增强工作能力情况下使功耗有所下降,唤醒响应时间更短,接口多样、扩展性更好。TelosB 节点使用了 1MB 大容量外接扩展内存,同时增加了写保护功能,且首次在节点上引入 USB 接口,其将一些常用传感器集成在电路板上,体积进一步缩小,表 6-2 是 Telos 系列与 Mica 系列节点的对比。

表 6-2　Telos 系列与 Mica 系列配置和性能对比

	Mica	Mica2	Mica2Dot	MicaZ	TelosA	TelosB
处理器	ATmega128L				MSP430	
Flash	128KB				60KB	48KB
RAM	4KB				2KB	10KB
唤醒时间	$180\mu s$				$6\mu s$	
扩展内存	512KB				128KB	1024KB
通信芯片	TR1000	CC1000	CC1000	CC2420	CC2420	CC2420
传输速率	40kb/s	38.4kb/s	38.4kb/s	250kb/s	250kb/s	250kb/s
最小电压	2.7V				1.8V	
USB	无				有	
传感器	未集成				片上集成	

2. Gains 系列节点

Gains 系列节点是中国科学院计算所开发的一种节点。中国科学院计算所是国内较早从事 WSN 研究的几个单位之一,开发了可配置 WSN 节点及验证环境,包括主控模块、供电模块、通信模块、传感模块和 FPGA 支持模块等部分,各部分从功能上相互独立,共同形成一套完整的软硬件开发环境,为后续进行功能更强大的节点及相应系统开发提供了有力保障,可以支持 WSN 或其他嵌入式芯片的开发环境,Gains 节点是国内第一款自主开发的 WSN 节点。

该系列的 GAINSJ 节点采用 NXP/Jennic 公司的 SoC 芯片 JN5121,此芯片集成了 MCU 和 RF 组件。节点板载温/湿度传感器,与 PC 采用 RS232 接口相连,提供 JN5121 的 I/O 扩展端口,用户可以根据不同的应用需求设计开发辅助模块。GAINSJ 节点提供了完整且兼容的 IEEE 802.15.4 标准和 ZigBee 规范的协议栈,可以实现多种网络拓扑,包括星状、树状和网状结构,在此基础上用户根据协议栈提供的 API 服务,组成更复杂的 WSN。应用 GAINSJ 节点进行开发的便利性主要包括如下方面。

(1) 可由用户指定节点数量;

(2) 板载温/湿度传感器,用于节点所处环境状况监测;

(3) 提供 RS-232 接口,用于 Flash 编程、在线调试等;

(4) 提供网络可视化后台软件;

(5) 提供集成电路及其外围器件的设计参考;

(6) 提供完整的 SDK 和网络协议栈实现,使用 C 语言开发,易于开发和移植;

(7) 提供不受限制的软件开发环境、编译器、Flash 编程器等工具链;

(8) 提供无线网络库、控制器和外围设备库,文档资源包括参考设计、数据手册、用户手册和应用程序注意事项等。

3. Imote2 节点

Imote2 节点集成了 Intel 公司低功耗 PXA271 XScale CPU 和兼容 IEEE 802.15.4 的 CC2420 射频芯片,是一款先进的无线传感器节点平台,实物如图 6-3 所示。PXA271 处理器可工作于低电压、低频率模式,可进行低功耗操作,该处理器支持几种不同的低功耗模式,例如,睡眠和深度睡眠等。Imote2 节点的正反两面都设计有扩展接口,正面提供标准 I/O 接口,用于扩展基本的芯片;反面附加高速接口,用于特殊 I/O。正反两面都可以连接的电池板为系统提供电源,该平台可用于数字图像处理、工业监控分析和地震监控等领域。

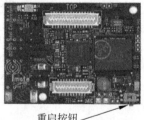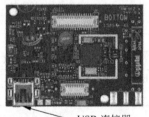

重启按钮　　　　　　　　　　　USB 连接器

图 6-3　Imote2 节点

6.1.3　传感器与传感器板

1. 传感器

人通过眼、鼻、耳、皮肤等感觉器官感知世界,而在机器系统中,传感器是各种机械和电子设备的感觉器官,能感知光、颜色、温度、压力、声音、湿度、气味等,人机系统的机能对应关系可以用图 6-4 表示。

根据国家标准 GB7665—1987,传感器可定义为能感受规定的被测量并按一定规律转

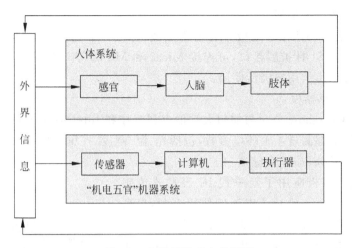

图 6-4 人机系统对应关系图

换成可用信号输出的器件或装置,传感器种类繁多,具体应用时,需要根据实际需求选择合适的传感器。传感器有多种分类标准,根据输入物理量可分为位移传感器、压力传感器、速度传感器、温度传感器及气敏传感器等,根据工作原理可分为电阻式、电感式、电容式及电势式等,而根据输出信号的性质可分为模拟传感器和数字传感器,最后,根据能量转换原理可分为有源传感器和无源传感器。有源传感器将非电量转换为电能量,如电动势、电荷式传感器等;无源传感器不起能量转换作用,只是将被测非电量转换为电参数量,如电阻式、电感式等。

2. 传感器板

为便于使用,常在一块电路板上集成多个传感器,可以包括光强传感器、温度传感器、磁力传感器等,这样的电路板称为传感器板。目前,出现了许多配合传感器网络节点使用的传感器板,其中以 Crossbow 公司的传感器板影响最大。下面介绍 Crossbow 公司的几种典型传感器板和数据采集板。

1)MTS310 传感器板

MTS310 传感器板如图 6-5 所示。它是一款包含多种传感器类型的传感器板,能够采集光强、温度、声音、二维加速度和二维磁力信息,在该传感器板上还包括一个蜂鸣器。通过板上的 51 针接口,MTS310 传感器板可与 Mica2、MicaZ 和 IRIS 等节点连接使用,实现振动和磁场信息监测、目标定位和声跟踪等功能。

图 6-5 MTS310 传感器板

2）MDA100 数据采集板

MDA100 传感器和数据采集板含有精密热敏电阻、一个光传感器/光电池和通用原型区，通用原型区支持 51 针扩展接口，可连接 Mica2 和 MicaZ 等节点，并提供带有 42 个未连接焊点的实验电路板，供用户灵活使用。

3）MTS420 传感器板

MTS420 是 Crossbow 公司与加州大学伯克利分校和 Intel Research Labs 联合开发的高性能传感器板，能够测量 4 个环境参数，包括光、温/湿度、气压及振动，并提供 GPS 模块，板上具有 2KB 的 EEPROM 存储器。

MTS420 传感器板应用了新一代 IC 表贴式传感器，这种节能的电子元件延长了电池的使用寿命，提高了系统性能，使其更适合于无须维护或需要很少维护的传感器节点现场。这种多功能传感器板适用范围非常广，从简单的无线气象站到用于环境监控的完整 Mesh 网络，可应用于包括农业、工业、林业、暖通等许多产业。

图 6-6　MDA320 数据采集板

4）MDA320 数据采集板

MDA320 是一款高性能数据采集板，如图 6-6 所示，具有 8 通道的模拟输入，以及 64KB 的 EEPROM，可用于存储板载传感器的标定数据，它是为低成本、要求精确采集和分析的应用而设计。用户可以方便地在该数据采集板上连接各种类型的传感器，如压力、红外传感器等，以扩展传感器节点的功能。

6.1.4　网关节点

从一个网络向另一个网络发送信息，需要经过一个转换设备，称为网关，其又称为协议转换器。网关在传输层及以上实现网络互连，它是最复杂的网络关联设备，仅用于两个高层协议不同的网络之间互联。本质上来说，网关是一种进行功能转换的计算机系统，在使用不同通信协议、数据格式，甚至体系结构完全不同的两种网络之间，实现功能互通。

无线传感网网关节点除了具有普通传感器节点的功能之外，结构和功能也更为复杂，网关设备的微处理器单元主要用来处理从传感器节点采集到的数据以及完成一些控制功能。设计传感器网关节点时，使用的微处理器可包括 ARM 处理器、8051 内核处理器和 Intel PXA255/IXP420 处理器等，这些处理器具有较高处理速度，并兼有低功耗和高集成度等特点。为了将采集到的数据传输到互联网上，用户可以通过现场或者互联网终端来观测传感器采集到的数据，网关同时还配有与传感器节点相同的无线收发模块。

2007 年 10 月，Crossbow 公司发布了一款高性能处理平台 Stargate，可应用于嵌入式 Linux 系统的单片机、机器人控制卡、定制的 802.11a/b 网关和无线传感网网关。随后，又发布了高性能嵌入式传感器网络网关 NB100，作为 Stargate 的替代产品，NB100 具有丰富的用户接口、I/O 接口和预装的开发平台，便于使用。

6.2　节点数据感知与采集

6.2.1　节点数据采集模块的构成

无线传感网含有许多数据采集节点,这些节点集成了传感器、微处理器、无线射频芯片和电源 4 个模块,每个数据采集节点就是一个小型嵌入式系统,构成了嵌入式无线传感网的基础支撑平台。从网络功能看,每个节点兼顾采集终端和路由器的双重功能,通过无线信道实现网络节点间的通信。

在无线传感网应用中,前端被控实体的信号可以是电量(如电流、电压),也可以是非电量(如加速度、温/湿度等),这些量在时间和幅值上都是连续变化的,把它们称为模拟量。现在的计算机都是数字计算机,只能处理数字量,而传感器节点作为一种特殊的计算机,也只能处理数字信号。因此,各种非电模拟量都必须通过传感器变成相应的电信号,再通过 A/D 转换器转换为数字量送给传感器节点处理。无线传感网节点数据采集模块结构如图 6-7 所示。如前所述,感知物体的信号很多都是非电模拟量,需要通过不同的传感器把这些非电信号转变为电信号。A/D 转换部件通常提供了多个模拟通道,可以实现对多个模拟量的转换,但同一时刻只能处理一路模拟量的转换。因此,在如图 6-7 所示结构中利用模拟多路开关实现模拟量的选择。传感器节点在得到 A/D 转换的数字量后,在节点级上进行初步的数据处理,比如,在分簇结构中,簇头可以对簇内成员发来的数据做融合操作,而普通节点可以做初步的数字滤波,以提高采集数据的精度。数据处理的结果可以暂存在节点数据存储模块中,或者通过通信模块发给其他节点,最终传输到汇聚节点,实现远程数据处理。

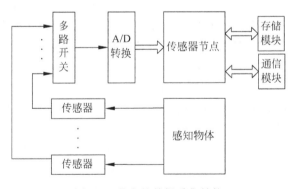

图 6-7　节点的数据采集结构

6.2.2　A/D 与 D/A 转换

在传感器节点中,常常需要将检测到的连续变化的模拟量,如温度、压力、流量、速度、光强等转换成离散的数字量,再输入到计算机中进行处理。这些模拟量经过传感器转变成电信号(一般为电压信号),经过放大器放大后,将需要经过一定的处理变成数字量,才能被计算设备识别和处理。因此,需要一种能在模拟量与数字量之间起桥梁作用的电路,即模/数转换器和数/模转换器。将模拟信号转换成数字信号的电路,称为模/数转换器(简称 A/D

转换器或 Analog to Digital Converter,ADC);而将数字信号转换为模拟信号的电路称为数/模转换器(简称 D/A 转换器或 Digital to Analog Converter,DAC)。A/D 转换器和 D/A 转换器是计算机测控系统中不可或缺的接口电路,完成计算机系统与外部物理世界信息的交互。

1. A/D 转换

将连续的模拟量(如电压、电流等)通过采样转换成离散的数字量,称为模/数转换。随着集成电路的快速发展,A/D 转换器的设计思想和制造技术也不断提高,为满足各种不同监测和控制需要而设计的结构不同、性能各异的 A/D 转换器也不断涌现。

模/数转换包括采样、保持、量化和编码 4 个过程。在某些特定时刻对模拟信号进行测量叫作采样,由于量化噪声和接收机噪声等因素的影响,A/D 转换的采样速率 f_S 一般取 2.5 倍 f_{max}。通常来说,采样脉冲的宽度很短,所以采样输出是断续的窄脉冲。要把一个采样输出信号数字化,需要将采样输出所得的瞬时模拟信号保持一段时间,即进入保持过程。量化是将连续幅度的抽样信号转换成离散时间、离散幅度的数字信号,量化的主要问题是量化误差。假设噪声信号在量化电平中均匀分布,则量化噪声均方值与量化间隔、模数转换器的输入阻抗值等有关。最后,编码是将量化后的信号编码成二进制代码输出。4 个过程中,一些操作可合并进行,例如,采样和保持就是利用一个电路连续完成,量化和编码也是在转换过程中同时实现,且所用时间又是保持时间的一部分。

根据 A/D 转换器的原理可将 A/D 转换器分成两大类。 一类是直接型 A/D 转换器,将输入的电压信号直接转换成数字代码,不经过中间任何变量;另一类是间接型 A/D 转换器,将输入的电压转变成某种中间变量,如时间、频率、脉冲宽度等,然后再将这个中间量变成数字代码输出。虽然 A/D 转换器种类繁多,但是目前广泛应用的主要有三种类型,即逐次逼近式 A/D 转换器、双积分式 A/D 转换器和 V/F 变换式 A/D 转换器。

逐次逼近式 A/D 转换器的基本原理是将待转换的模拟输入信号与一个推测的模拟信号进行比较,根据二者大小决定增大还是减小与推测模拟信号对应的数字量,采用二分法改变设定的数字量,以便向模拟输入信号逐步逼近。推测模拟信号由 D/A 转换器的输出获得,当二者相等时,向 D/A 转换器输入的数字信号就对应着模拟信号输入量的数字量。这种 A/D 转换器转换速度快,但通常精度不高,常见的转换器有 ADC0801、ADC0802、AD570等。双积分式 A/D 转换器的基本原理是先对输入模拟电压进行固定时间的积分,然后转为对标准电压的反相积分,直至积分输入返回值,这两个积分时间的长短正比于二者的大小,进而可以得出对应模拟电压的数字量。这种 A/D 转换器转换速度较慢,但是精度较高。后由双积分式发展为四重积分、五重积分等多种转换方式,在保证转换精度的前提下提高了转换速度,常见转换器的有 ICL7135、ICL7109 等。V/F 转换器是把电压信号转换成频率信号,有良好的精度和线性、电路简单,对环境适应能力强,适用于非快速的远距离信号 A/D 转换过程,常见的有 LM311、AD650 等。

A/D 转换器的主要性能指标如下。

1) 分辨率

它表明 A/D 转换器对模拟信号的分辨能力,由它确定能被 A/D 转换辨别的最小模拟量变化。一般来说,A/D 转换器的位数越多,其分辨率则越高。实际的 A/D 转换器,通常为 8、10、12、16 位等,例如,10 位 ADC 能分辨出满刻度的 1/1024。

2) 量化误差

在 A/D 转换中由于整量化产生的固有误差。量化误差在 ±1/2LSB(最低有效位对应的模拟量)之间。例如,一个 8 位的 A/D 转换器,它把输入电压信号分成 $2^8 = 256$ 级,如果它的量程为 0~5V,则量化单位 q 为 0.0195V(即 19.5mV),q 正好是 A/D 输出的数字量中最低位 LSB=1 时所对应的电压值。因此,量化误差的绝对值是转换器的分辨率和满量程范围的函数。

3) 转换时间

转换时间是 A/D 完成一次转换所需要的时间,一般是转换速度越快越好。

4) 绝对精度

对于一个给定模拟量,A/D 转换器的误差大小由实际模拟量输入值与理论值之差来度量。

2. D/A 转换

一种将二进制数字量的离散信号转换成以标准量为基准的模拟量转换器,称为 DAC 数模转换器,又称 D/A 转换器。D/A 转换器由 4 部分组成,即加权电阻网络、运算放大器、基准电源和模拟开关。最常见的数/模转换器是将并行二进制的数字量转换为直流电压或直流电流,常用作控制计算机系统的输出通道,与执行器相连实现对生产过程的自动控制。模/数转换器中一般要用到数/模转换器,数/模转换有两种方式,即并行数/模转换和串行数/模转换。

典型的并行数/模转换器结构包括数字开关和电阻网络,通过一个模拟量参考电压和一个电阻梯形网络产生以参考量为基准的分数值权电流或权电压,而用由数字输入量控制的一组开关决定哪些电流或电压相加起来形成输出量。所谓权,就是二进制数的每一位所代表的值,例如,4 位二进制数"1111",右边第 1 位的权是 $2^0/2^4 = 1/16$;第 2 位是 $2^1/2^4 = 1/8$;第 3 位是 $2^2/2^4 = 1/4$,位数多的以此类推。转换器位数越多分辨率越高,转换的精度也越高,在工业自动控制系统中采用的数模转换器多数是 10 位、12 位,转换精度可达到 0.5%~0.1%。

串行数/模转换是将数字量转换成脉冲序列的数目,一个脉冲相当于数字量的一个单位,然后将每个脉冲变为单位模拟量,并将所有的单位模拟量相加,就得到与数字量成正比的模拟量输出,从而实现数字量到模拟量的转换。

D/A 转换器的输出可以分为电压输出和电流输出。电压输出型 D/A 转换器虽然可直接从电阻阵列输出电压,但是一般采用内置输出放大器以低阻抗输出;而直接输出电压的器件仅用于高阻抗负载,由于没有输出放大器部分的延迟,所以常用作高速 D/A 转换器。电流输出型 D/A 转换器直接输出电流,但是在应用中通常外接电流-电压转换电路从而以电压形式输出。电流-电压转换模块可以直接在输出引脚上连接一个负载电阻,实现电流-电压的转换,但是,通常来说,采用得多的是外接运算放大器。因为在 D/A 转换器的电流建立时间上引入了外接运放延迟,使得 D/A 响应变慢;此外,电路中运算放大器因输出引脚的内部电容而容易起振,一些时间必须做相位补偿。根据建立时间的长短,D/A 转换器也可以分为低、中、高型等 D/A 转换器。低速 D/A 转换器的建立时间不低于 $100\mu s$，中速 D/A 转换器的建立时间为 $10\sim100\mu s$，而高速 D/A 转换器的建立时间是 $1\sim10\mu s$，较高速 D/A 转换器的建立时间为 $100ns\sim1\mu s$，超高速 D/A 转换器的建立时间小于 $100ns$。最后，根据电阻网络的结构可以分为权电阻网络 D/A 转换器、T 型电阻网络 D/A 转换器、倒 T 型电阻网络 D/A 转换器和权电流 D/A 转换器等。

数/模转换器 DAC 的主要性能参数如下。

1) 分辨率

D/A 转换器的分辨率是指 DAC 电路所能分辨的最小输出电压与满量程输出电压之比。最小输出电压是指输入数字量只有最低有效位（即数字值 1）的输出电压，最大输出电压是指输入数字量各位全为 1 时的输出电压。DAC 的分辨率可表示为 $1/(2^n-1)$，n 表示数字量的二进制位数。DAC 产生误差的主要原因包括基准电压 VREF 的波动、运放的零点漂移、电阻网络中电阻阻值偏差等。

2) 转换误差

转换误差用满量程（Full Scale Range，FSR）的百分数表示，有时转换误差也用最低有效位（Least Significant Bit，LSB）的倍数来表示，DAC 的转换误差主要有失调误差和满值误差。DAC 的分辨率和转换误差共同决定了 DAC 的精度，要使 DAC 的精度高，不但要选择位数多的 DAC，还要选用稳定度高的参考电压源 VREF 和低漂移的运算放大器。

3) 建立时间

DAC 的建立时间是指输入数字量变化后，输出模拟量稳定到相应数值范围内所经历的时间，它是描述 DAC 转换速度快慢的一个重要参数。

其他指标还包括线性度（Linearity）、转换精度、温度系数/漂移等。

6.2.3　A/D 转换芯片 ADC0809

ADC0809 是美国国家半导体公司生产的 CMOS 工艺 8 通道，8 位逐次逼近式 A/D 模数转换器，其内部有一个 8 通道多路开关，可以根据地址码锁存译码后的信号，只选通 8 路模拟输入信号中的一个进行 A/D 转换。三态输出锁存器用于锁存 A/D 转换完的数字量，当输出允许控制信号 OE 为高电平时，才可以从三态输出锁存器取走转换完的数字量。

芯片 ADC0809 对输入模拟量的要求是信号单极性，电压范围在 $0\sim5V$，如果信号太弱，需要进行放大；输入的模拟量在转换过程中应该保持不变，如果模拟量变化过快，则需在输入前增加采样保持电路。

1. 地址输入和控制线

总共 4 条，其中，ALE 为地址锁存允许输入控制线，高电平有效，当 ALE 为高电平时，地址锁存与译码器将 A、B、C 三条地址线的地址信号进行锁存，经译码后对被选中的通道模拟量进行转换。A、B 和 C 为地址输入信号线，用于选通 IN0～IN7 上的某一路模拟量信号输入。通道选择表如表 6-3 所示。

表 6-3 芯片 ADC0809 通道选择表

C	B	A	选择的通道
0	0	0	IN0
0	0	1	IN1
0	1	0	IN2
0	1	1	IN3
1	0	0	IN4
1	0	1	IN5
1	1	0	IN6
1	1	1	IN7

2. 数字量输出及控制线

总共 11 条,其中,ST 为转换启动信号,当 ST 上升沿时,所有内部寄存器清零;而下降沿时,开始进行 A/D 转换;在转换期间,ST 应保持低电平。EOC 为转换结束信号,当 EOC 为高电平时,表明转换结束;否则,表明正在进行 A/D 转换。OE 为输出允许信号,用于控制输出锁存器向控制器输出转换得到的数据,OE=1,允许输出转换得到的数据;OE=0,则输出数据线呈高阻状态。D7~D0 为数字信号输出线。

3. CLK 时钟输入信号线

因为 ADC0809 内部没有时钟电路,所需要的时钟信号必须由外部提供,通常使用频率为 500kHz 的时钟信号。

4. 参考电压信号线

总共两条。VREF(+),VREF(-)为参考电压输入。

6.3 无线传感网数据融合技术

6.3.1 数据融合的定义和必要性

数据融合最早应用于军事领域,美国国防部 JDL(Joint Directors of Laboratories)从军事应用的角度将数据融合定义为一个过程,即把来自许多传感器和信息源的数据进行联合(Association)、相关(Correlation)、组合(Combination)和估值等处理,以达到准确的位置估计(Position Estimation)和身份估计(Identity Estimation),实现对战场情况、敌方威胁及其重要程度进行及时的完整评价。进一步地,对上述定义进行补充和修改,用状态估计代替位置估计,并加入检测功能,从而给出新的定义。数据融合是一个多层次、多方面的处理过程,该过程对多源数据进行检测、结合、相关、估计和组合,以达到精确的状态估计和身份估计,从而完整及时地进行态势评估和威胁估计。该定义具有三个重要方面,数据融合是多信源、多层次处理过程,每个层次代表信息的不同抽象程度;数据融合过程包括数据检测、关联、估计与合并;数据融合的输出包括低层次上的状态身份估计和高层次上的总态势评估。从非军事应用角度来说,数据融合是对多个传感器和信息源所提供的关于某一环境特征的不完整信息加以综合,以形成相对完整、一致的感知描述,从而实现更加准确的识别判断功能。

综合上述定义,数据融合是将来自多传感器或多源的数据进行综合处理,从而得出更为准确可信的结论。多传感器数据融合主要包括多传感器的目标检测、数据关联、跟踪与识别、情况评估和预测。数据融合的目的是通过融合得到比单独各个输入数据更多的信息,由于多传感器的共同作用,使得数据的有效性得以增强。多传感器数据融合技术本质上是一种多源信息综合技术,通过对来自不同传感器的数据进行分析和综合,可以获得被检对象及其性质的最佳一致估计,其是人类和其他逻辑系统的基本功能。人类非常自然地运用这一能力把来自人体各个传感器(眼、耳、鼻、四肢)的信息(景物、声音、气味、触觉)组合起来,并使用先验知识去估计、理解周围环境和正在发生的事件。由于人类感官具有不同的度量特征,因而可以推测出不同空间范围内各种物理现象,该过程复杂而自适应。融合过程中,把各种信息或数据(图像、声音、气味、物理形状、上下文)转换成对环境有价值的解释,需要大量不同的智能处理,以及适用于解释组合信息含义的知识库。

在由大量传感器节点组成的无线传感网中,由于外界或者自身原因单个节点数据观测的不确定性,会导致采集数据的异常或者精确度高低不等。因此,利用无线传感网的拓扑结构,在网络内部采用一定的数据融合算法对这些数据进行处理,能够提高感知数据对观测现象描述的鲁棒性和准确度。单个节点的监测范围和可靠性有限,需要使多个节点的监测范围相互交叠,这种监测区域的相互交叠导致邻近节点聚集的信息存在一定程度冗余。在冗余度很高的情况下,把这些节点报告的数据全部发送给汇聚节点与仅发送一份数据相比,除了使网络消耗更多能量外,汇聚节点并未获得更多的信息。因此,在从各个传感器节点汇集数据的过程中,应利用节点的本地计算和存储能力处理数据,进行数据融合,去除冗余信息,尽量减小传输量,从而能够大大降低能耗。

6.3.2　无线传感网数据融合的分类

现有无线传感网的数据融合技术存在多种不同的分类方式。根据融合前后的数据信息含量可以分为无损融合和有损融合,根据融合级别可以分为数据级融合、特征级融合和决策级融合,根据网内数据融合技术所依赖的网络拓扑结构可以分为分簇型融合技术、反向树型融合技术和簇树混合型融合技术。

1. 根据信息含量分类数据融合

无线传感网数据融合从信息含量上分为无损融合和有损融合两种方法。在无损融合中,所有有效的信息将会被保留,在各个结果之间有非常大的相关性情况下,会存在许多冗余数据,数据融合的基本原则就是减少这些冗余信息。与无损融合不同,有损融合是以减少信息的详细内容或降低信息的质量来减少更多的数据传输量,从而达到节省节点能量的目的,两种融合方案分别如图6-8和图6-9所示。

2. 根据信息抽象程度分类数据融合

该类信息融合主要在三个层次上展开,即数据级融合、特征级融合和决策级融合。

无损融合

$$D(\text{Fusion\_data}) = \begin{array}{|c|c|c|c|c|c|} \hline 8 & D_1 & 4 & D_2 & 2 & D_3 \\ \hline \end{array}$$

图 6-8　传感器网络中的无损融合

有损融合

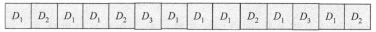

$$D(\text{Fusion\_data}) = W_1 \times D_1 + W_2 \times D_2 + W_3 \times D_3$$

图 6-9　传感器网络中的有损融合

1）数据级融合

数据级融合也称为像素级融合,是直接在采集到的原始数据上进行融合,如图 6-10 所示,在各种传感器的原始数据未经预处理之前就进行数据的综合与分析,这是最低层次的融合。例如,成像传感器中通过对包含若干像素的模糊图像进行图像处理和模式识别来确认目标属性的过程就属于像素级融合。这种融合的主要优点是能保持尽可能多的现场数据,提供其他融合层次所不能提供的细微信息。由于这种融合在信息的最低层进行,传感器原始信息的不确定性、不完全性和不稳定性要求在融合时具有较高的纠错处理能力,要求各传感器信息之间具有精确到一个像素的校准精度,因此,要求各传感器信息来自于同质传感器。

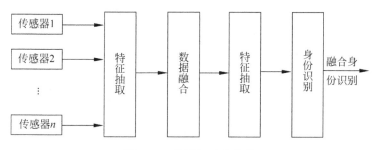

图 6-10　数据级融合结构

像素级融合通常用于多源图像复合、图像分析和理解、同质雷达波形的直接合成、多传感器遥感信息融合等。

2）特征级融合

特征级融合属于中间层次,它先对来自传感器的原始数据提取特征信息,一般来说,提取的特征信息应是像素信息的充分表示量或充分统计量,例如,特征信息可以是目标的边缘、方向、速度、区域和距离等,然后按特征信息对多传感器数据进行分类、汇集和综合,如图 6-11 所示。特征级融合的优点在于实现了可观的信息压缩,有利于实时处理,并且由于所提取的特征直接与决策分析有关,因而融合结果能最大限度地给出决策分析所需的特征信息。

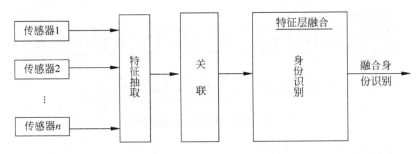

图 6-11　特征级融合结构

特征级融合可划分为两大类,即目标状态数据融合和目标特性融合。目标状态数据融合主要用于多传感器目标跟踪领域,融合系统首先对传感器数据进行预处理以完成数据配准,数据配准后,融合处理主要实现参数相关和状态向量估计。特征级目标特性融合就是特征层联合识别,具体的融合方法是模式识别相关技术,只是在融合前必须先对特征进行相关处理,把特征向量分成有意义的组合。

3) 决策级融合

决策级融合是一种高层次融合,融合之前每种传感器的信号处理装置已完成决策或分类任务。其是根据一定的准则和决策可信度做最优决策,以便具有良好的实时性和容错性,使在一种或几种传感器失效时也能工作。决策级融合的结果为指挥控制决策提供依据,因此,决策级融合必须从具体决策问题的需求出发,充分利用特征级融合所提取测量对象的各类特征信息,采用适当的融合技术来实现。决策级融合是直接针对具体决策目标,融合结果直接影响决策水平,决策级融合结构如图 6-12 所示。因为决策级融合首先要对原传感器信息进行预处理以获得各自的判定结果,所以预处理代价比较高。

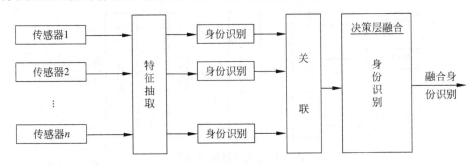

图 6-12　决策级融合结构

决策级数据融合的主要优点如下。

(1) 具有很高的灵活性;

(2) 系统对信息传送的带宽要求较低;

(3) 能有效反映环境或目标各个侧面的不同类型信息;

(4) 当一个或几个传感器出现错误时,通过适当的融合,系统仍能获得正确的结果,所以具有容错性;

(5) 通信量小,抗干扰能力强;

(6) 对传感器的依赖小,传感器可以同质也可以异质;

（7）融合中心处理代价低。

在上述三种融合方法中，数据级融合信息准确性最高，但是对资源的要求比较严格。决策级融合处理速度最快，但是要以一定的信息损失为代价。特征级融合既保留了足够的重要信息，又实现了信息压缩，是介于数据级和决策级融合之间的一种数据处理。

3. 根据网络拓扑结构关系分类数据融合

与网络拓扑路由相关的数据融合方法与网络结构密切相关，这也是由传感器网络所特有的性质决定的。根据传感器网络拓扑路由控制，数据融合方法分为分簇型融合、反向树型数据融合和树簇混合型数据融合。

分簇型数据融合方式应用于分级簇型网络中，这种方式将整个网络自组织成若干个簇区域，每个区域选举出自己的簇头，感知节点感测到数据后将数据直接发送到它所在簇的簇头节点，簇头节点对簇内数据进行融合处理后，再转发给汇聚节点。与该数据融合方式相关的分簇路由主要包括低功耗自适应聚类路由算法 LEACH，以及基于安全模式的能量有效数据融合协议 ESPDA 等。树状网内融合技术是建立在平面树状网络拓扑结构基础上，感知节点感测到数据后，经过反向多播融合树，通过多跳方式转发给汇聚节点，树上各中间节点都对接收到的数据进行融合处理。与该数据融合方式相关的路由主要包括信息协商传感器协议 SPIN、高效能量感知的分布启发式融合树 EADAT 和平衡融合树路由 BATR 等。

6.3.3 簇内数据融合技术

监测区域内的节点完成分簇后，簇内各个节点把测得的数据传送到簇头节点，在簇头节点进行数据融合处理，融合后的结果代表整个簇的测量结果，从而可大幅减少网络传输的数据量。

1. 以数据为中心的融合

Intanagonwiwat 和 Estrin 等人提出的定向扩散协议 DD 是无线传感网中著名的路由协议，同时也是无线传感网数据融合领域较早的一种技术。

定向扩散协议的基本思想是将无线传感网中的数据以属性值对（Attribute-Value Pairs）的方式命名，所有网络通信都针对命名数据进行。汇聚节点通过发送对命名数据的兴趣来请求数据，并广播兴趣消息以通知网络中的所有节点，但是只有与兴趣匹配的传感器节点才会向汇聚节点发送相应的应答数据。在兴趣传播过程中，传感器节点需要为每个兴趣建立指向汇聚节点的一个梯度，应答数据将沿着梯度所指向方向，即与兴趣传播路径相反的方向被传播到汇聚节点。开始时，传感器节点可以沿着多条路径向汇聚节点传输应答数据，然后从这些路径中逐渐提炼出一条最优路径，最后应答数据就沿着该最优路径传输到汇聚节点。

在定向扩散协议 DD 中，多处运用了数据融合的思想。首先，定向扩散协议中可以对兴趣采用融合处理，将多个主要内容相同的兴趣合并成单个兴趣，然后进行传输。此外，中间节点可以对经过的应答数据进行融合，即对来自不同源的相同数据进行合并，从而可以减少向汇聚节点发送的数据量。定向扩散主要解决无线传感网中的路由问题，其中涉及的数据融合技术相对简单。同时，定向扩散协议中的数据融合是基于其提出的属性值对而设计的，与具体应用关系非常紧密,它是以数据为中心的一种数据融合技术。

2. 基于查询的数据融合

在无线传感网中,查询-应答是最典型的数据传输模式之一。在查询-应答模式下,汇聚节点通过广播或其他方式向网内传感器节点发出查询请求,传感器节点根据查询请求向汇聚节点发送应答数据。因此,基于查询的数据融合方法是无线传感网中一种最常见的数据融合技术。

加州大学伯克利分校的 Samuel Madden 和 Michael J. Franklin 等人较早开展了基于查询的数据融合方法研究工作,设计了可用于无线传感网中的通用数据融合接口,以支持基于查询的数据融合。该通用数据融合接口将整个无线传感网看成是一个分布式数据库,每个传感器节点中保存了各自采集的各种类型数据。汇聚节点可以向所有传感器节点或部分节点发出数据库查询请求,而传感器节点则利用通用数据融合接口对查询结果进行数据融合,并只将结果发送给汇聚节点。与其他传统数据融合方法相比,该通用数据融合接口具有两方面的优势。首先,利用通用数据融合接口定义的语言,用户可以方便地表达汇聚的要求,而系统可以很容易地对用户的要求进行优化处理。第二,通用数据融合接口可以用于各种类型数据的融合,从而减轻编程人员的负担。

3. 基于压缩的数据融合

基于压缩的数据融合方法是采用各种压缩算法对传感器节点采集到的大量原始数据进行压缩处理,然后将压缩结果发送给汇聚节点。这种数据融合方法通常在数据源节点完成,较适合于主动报告传输模式,与其他数据融合方法相比,基于压缩的数据融合方法与应用的关联性较弱,适用面广。

根据数据压缩前后的信息含量,可以将基于压缩的数据融合方法分为无损融合(Lossless Aggregation)和有损融合(Lossy Aggregation)。无损融合可以在汇聚节点从接收到的压缩数据中恢复出所有原始数据,而有损融合在压缩过程中会丢失一些数据信息,无法从汇聚节点接收到的压缩数据中恢复出所有原始数据,只能得到有代表性的数据信息。通常情况下,有损融合的压缩效率要明显高于无损融合,但是有损融合需要消耗更长的处理时间。几种典型的基于压缩数据融合方法如下。

1) PINCO

PINCO(Pipelined In-Network Compression Scheme for Data Collection)是由美国佐治亚理工大学 Tarik Arici 和 Bugra Gedik 等人提出的一种基于压缩的数据融合方法。PINCO 数据融合算法采用了基于管道思想的网内数据压缩方法,该方法要求传感器节点先将自己采集的数据和来自其他传感器节点的数据保存在缓冲区内,根据指定的延迟值等待合适时间后再传输。数据被存放到缓冲区时,相似的数据将被压缩成数据组(Group of Data,GD)。

传感器节点自身采集的测量数据先被转换为数据组(GD)再存放到缓冲区,在数据组的有效期内,新采集到的测量数据和来自其子节点的数据组将尽可能地与已有数据组进行合并。但是,只有拥有相同前缀的多个数据组才能进行合并,这种支持不同数据组的再压缩处理是 PINCO 数据融合方法的一个重要特征,而且再压缩处理可以直接进行,并不需要对数据组先进行解压缩处理。通过对数据组的再压缩,可以减少不同数据组间的冗余度,能够进一步减少传感器节点的能耗。为了获得更好的数据压缩效果、更大程度地节约能耗,可以对其中采集数据的时间戳也进行相同的压缩处理。

2)基于小波变换的数据融合

美国南加州大学的 Ning Xu 和 Sumit Rangwala 等人对无线传感网在建筑物结构监测中的应用进行了深入研究,设计了一个名为 Wisden 的建筑物结构监测系统。

与傅立叶变换相似,小波变换是一种同时具有时-频二维分辨率的变换。但是,小波变换具有时域和频域"变焦距"特性,十分有利于信号的精细分析,从而优于傅立叶变换。第一个正交小波基是由 Harr 于 1910 年构造,但是,Harr 小波基是不连续的。到 20 世纪 80 年代,Meyer 和 Daubechies 等人从尺度函数的角度出发构造出连续正交小波基。1989 年,Mallat 等人在前人大量工作基础上提出多尺度分析的概念和基于多尺度分析的小波基构造方法,将小波正交基的构造纳入统一的框架中,使小波分析成为一种实用的信号分析工具。目前,小波变换已经广泛应用于图像、视频等数据压缩中。许多实验结果表明,小波变换具有压缩率较高、图像恢复质量好、速度快等优点,非常适合数据的高保真压缩。另外,小波分解和重构算法是循环使用的,易于硬件实现。Wisden 系统采用了双正交 Cohen-Daubechies-Feauveau(2,2)(即 CDF(2,2))整数小波提升变换,该小波提升变换只需要通过整数加法和位移操作即可实现。整个小波提升变换过程可以分为两个阶段,首先是预测阶段,在该阶段时间序列从偶数值预测出奇数值;其次是更新阶段,在该阶段更新奇数值以捕捉预测阶段的错误。

与其他压缩算法相比,使用基于小波变换的数据融合算法压缩性能好。但是,基于小波变换的数据融合算法所需要的运算开销明显高于其他算法,使得该算法不能真正适用于传感器节点。

3)基于数据相关性的分布式压缩算法

美国加州大学伯克利分校的 Jim Chou 和 Kannan Ramchandran 等人提出了无线传感网中分布式压缩数据传输模型,在该模型基础上实现了基于数据相关性的分布式数据融合。

图 6-13 给出了基于数据相关性的分布式压缩算法的基本原理。在该分布式压缩数据传输模型中,选择一个传感器节点,如图 6-13 下方的节点,可以称之为无压缩节点,发送完整的数据 Y 到汇聚节点,即图中的 Data Gathering Node,而其他节点,如图 6-13 上方的节点,只发送压缩后的信息 $f(X)$ 给汇聚节点。汇聚节点则根据接收到的 Y 和 $f(X)$ 解码得到原始数据 X。这种数据压缩算法的一个重要前提是数据 X 和 Y 之间存在关联性,同时,对数据 X 进行压缩的编码器(Encoder)必须知道数据 Y 才能完成基于数据相关性的压缩。为了保证数据的有效性和公平性,汇聚节点需要经常更换无压缩节点。

值得注意的是,实现上述基于数据相关性的分布式压缩算法必须解决以下两个重要问题,首先设计一个支持多种压缩率的低运算开销编码器,其次设计一种数据相关性跟踪算法,以确定不同传感器节点间的数据相关度,并选择合适的压缩率。

6.3.4　网络层数据融合技术

现有的数据融合操作大部分集中在网络层,本节将阐述数据融合在网络层中的具体实现。

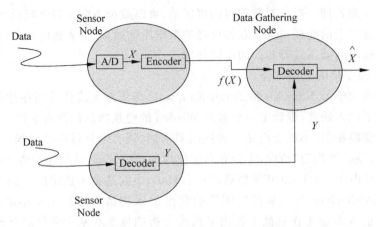

图 6-13　基于数据相关性的分布式压缩算法基本原理

1. 两种数据融合类型

无线传感网中的融合主要有两类,一类是基于树的融合,另一类是基于多路径的融合。基于树的融合,采用如 DD、SPIN 等方式构造一棵以 Sink 为根节点的融合树,然后数据会沿着融合树从源节点汇集到 Sink 节点。基于多路径的融合则利用了广播通信方式,将数据传送给多个父节点而不产生额外的开销,从而提高数据融合的可靠性。

这两种类型的数据融合都有着各自的不足。在基于树的融合中,不可靠信道、能量损耗、节点传送失败等都会导致在树重组期间整个子树信息的丢失,特别是靠近根节点的失败将会对数据的可靠性产生较大影响,如果树的重组率和节点失败率较高将会使整个网络一直处于不可靠状态。在基于多路径的数据融合中,当所有网络节点都是源节点时,它的网络开销和基于树的数据融合相当;当只有一部分节点是源节点时,它的网络开销要大于基于树的数据融合。在实际使用数据融合技术时,要根据实际情况选取合适的方案。

2. 网络层数据融合协议

网络层相关的数据融合协议有 SD(Synopsis Diffusion)、Cusion、MFST(Minimum Fusion Steiner Tree)、AFST(Adaptive Fusion Steiner Tree)等,下面将简单介绍这几种数据融合协议和它们各自的优缺点,并对这几种协议性能做简单比较。

1) SD

SD 结合了多路径路由策略以及巧妙的算法,从而避免了重复计数。它通过产生 ODI(Order and Duplicate Insensitive)摘要来解除数据融合和数据路由的相关性,因此,可以使用任意的多路径路由,还允许路由的数据存在一定程度冗余。特别需要指出的是,ODI 摘要还有一个很重要的性质,它能够对传输的数据包产生正确的应答,包括能够明确数据包是否已经被融合,系统能够在动态信息丢失的情况下,甚至在不对称链路时,也能够很好地使信息路由适应这种变化。另外,在基于该性质的基础上,SD 还提出一种新的、高能效的自适应融合拓扑结构(Adaptive Ring)。当 SD 运行在上述自适应融合拓扑结构上时,相对于其他融合协议,在鲁棒性、精确性及能效等方面都有一定程度的提高。

2）Cusion

Cusion 是一种自适应数据融合协议,它的目标是在网络动态变化情况下,利用控制信息的开销以维持较好的可靠性,即节点的参与率。为了达到此目标,Cusion 会根据信道情况,在基于树和基于多路径两种融合类型之间改变。它的主要思想是指定 Sink 节点,依靠其估计可靠水平,通过发送 CONTROL 信息来控制信息开销。另外,Sink 节点还负责控制源节点的冗余水平 p,从而控制信息的开销。在丢包率增大时,Cusion 仍有较好的可靠性,但是,它的开销也会随着冗余水平 p 的增加而增加,所以如何控制 p 值的选取是个比较困难的问题。

3）MFST

MFST 是为高效采集数据并进行融合而设计的协议,与以往的协议不同,MFST 不仅优化了数据传输时的功耗,同时它还综合考虑了进行数据融合时所消耗的能量,使两者总的能耗降到最低。

在 MFST 算法中,融合节点是根据节点的权值随机选取,因此融合过程是随机散布在所有传感器节点中。利用这个特点,就能够周期性地产生新的树,这样就能够平衡节点之间的融合代价,防止某些节点因为过多的融合操作将能量快速耗尽。MFST 还能够根据不同的融合代价及数据相关性进行自适应调整,但是由于 MFST 要求沿着路由树尽可能进行融合操作,因而低效率的融合将可能浪费更多能量。

4）AFST

AFST 不仅在传输和融合代价的基础上做了最优化,而且它能够自适应调整每个传感器的融合决策。在融合/传输代价和网络/数据结构基础上,AFST 能够根据特定的算法估计融合是否对网络有利,并在路由生成过程中动态地将融合决策传递给节点。在 AFST 中引进了 SPT(Shortest Path Tree)来构成路由树,对于非融合节点,它将采用 SPT 路由策略。因为对于非融合的信息路由,SPT 是最优的路由策略,而对于融合节点将采用 MFST 算法。

AFST 比 MFST 节约了 70% 左右的能量,且其性能更优越。特别地,由 AFST 算法生成的路由树由两部分构成,即低层部分(融合经常发生)和高层部分(没有融合),这就为传感器网络提供了一个新的分簇机制。低一级的 AFST 路由树将进行融合操作,因此,这些分支可以被看成是簇,而簇头将不会执行融合操作,只是沿着最短路径将融合结果传送给 Sink 节点。

总结上述协议,SD、Cusion、MFST、AFST 等都对数据在网络传输过程中做了融合处理,在设计上充分考虑节点能量有限性特点,注重数据在网内传输量的问题。但是,它们从融合类型、鲁棒性等方面又有不同表现,具体如表 6-4 所示。

表 6-4　几种数据融合协议的性能比较

协议 性能	SD	CUSION	MFST	ASFT
融合类型	多路径	树状/多路径	树状	树状
鲁棒性	好	好	较好	较好
网络生命周期	较长	较长	长	长
信息传输量	较少	较少	少	较少
融合层次	单层	单层	单层	两层

6.4　无线传感网数据采集实例

无线传感网已应用于环境监测、军事、医疗、农业等多个领域,以数据为中心是无线传感网的特点之一,因此,数据采集在无线传感网的应用中是一个重要问题,本节讨论以CC2530为核心的节点温度数据采集功能实现。

6.4.1　数据采集系统组成

数据采集系统以TinyOS为软件平台,并在其之上扩展许多应用开发中常用的组件,通过系统配套的组件可以快速构建自己的应用,无须深入了解硬件相关操作。CC2530是TI公司推出的适合于广泛应用的片上系统解决方案,可以建立在基于IEEE 802.15.4标准协议、专门的Simplici™网络协议和6LoWPAN等协议之上。该芯片具有4个版本,即CC2530F32/64/128/256,分别对应内置Flash容量32/64/128/256KB。CC2530片上系统的功能模块集成了CC2520射频收发器、增强工业标准的8051MCU、32/64/128/256KB的Flash、8KB的SRAM高性能模块,非常适合需要低功耗的系统,其多种低功耗运行模式可自由选择,较短的不同运行模式间转换时间更保证了它的低功耗。

MAX6675是Maxim公司推出的具有冷端补偿的单片K型热电偶放大器与数字转换器,带有一个内置12位的模拟/数字转换器(ADC)。热电偶作为一种主要的测温元件,具有结构简单、使用方便、测温范围宽(0~1024)、测温精度高等特点。MAX6675芯片作为传感器可以测量高达1023.75℃的温度,其与CC2530节点的核心模块之间以串行同步输出模式SPI通信。但是,由于CC2530核心模块的串行同步输出模式SPI口资源有限,可通过软件方式在通用输入输出GPIO引脚上模拟串行同步输出模式SPI的工作方式。

1. 硬件连接

选定CC2530节点的核心模块上空闲的三个通用输入输出GPIO引脚,作为三线串行同步输出模式SPI所需的片选$\overline{CS}$、时钟SCK和主入从出MISO信号线,与MAX6675芯片的片选$\overline{CS}$、时钟SCK和主入从出MISO信号线一一对应连接。CC2530节点与MAX6675芯片共地连接,K型热电偶的正负两极与MAX6675芯片的3、2引脚相连。整个连接关系如图6-14所示。

2. SPI工作方式

串行同步输出模式SPI传输过程中,控制数据同步传输的时钟来自主处理器的时钟脉冲,同时,受时钟极性CPOL和时钟相位CPHA两个因素的影响,时钟极性CPOL设置时钟空闲时的电平,0代表时钟空闲时为低电平,1代表时钟空闲时为高电平;时钟相位CPHA设置读取数据和发送数据的时钟沿,0代表前时钟沿接收数据,1代表后时钟沿接收数据。由排列组合知,串行同步输出模式SPI有4种时钟极性CPOL和时钟相位CPHA组合的工作模式,如表6-5所示。图6-15列出了串行同步输出模式SPI的时钟极性CPOL和时钟相位CPHA组合的4种工作模式。为保证CC2530节点和MAX6675芯片正确通信,

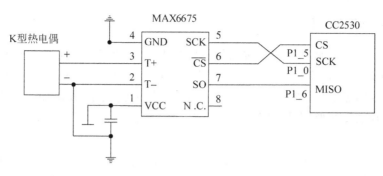

图 6-14 MAX6675 和 CC2530 的连接关系

两者之间应具有相同的时钟极性和时钟相位,如图 6-16 所示,MAX6675 芯片的串行同步输出模式 SPI 时序中时钟极性 CPOL 为 0,时钟相位 CPHA 为 1,据此模拟出 CC2530 节点上串行同步输出模式 SPI 的工作时序,又称移位脉冲。

表 6-5 SPI 时钟极性和时钟相位取值说明

名　　称	值	含　　义
时钟极性(CPOL)	0	时钟空闲时为低电平
	1	时钟空闲时为高电平
时钟相位(CPHA)	0	前时钟沿接收数据
	1	后时钟沿接收数据

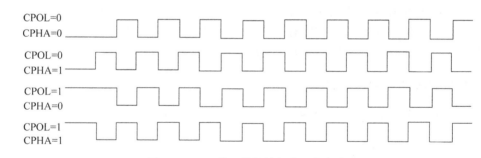

图 6-15 SPI 的 4 种极性组合工作方式

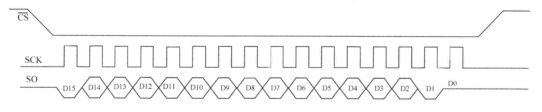

图 6-16 MAX6675 串行同步输出模式

6.4.2 数据采集系统的功能实现

整个数据采集过程是利用 CC2530 节点连接高温采集芯片 MAX6675 构成数据采集节点,采集的数据经汇聚节点上传到上位机系统。

1. 高温数据采集过程

现有 CC2530 节点底层已提供常见传感器数据类型,如温/湿度等的采集驱动程序,上层应用程序通过统一的数据读取接口直接调用即可。而当实现新的传感类型数据采集时,要在系统的传感器库组件中添加对应的数据读取底层驱动程序。因此,需要添加 MAX6675 芯片数据读取驱动程序,实现用 CC2530 核心模块通用输入输出 GPIO 口来模拟三线串行同步输出模式 SPI 接口的通信。

首先,CC2530 节点处理器对三线串行同步输出模式 SPI 工作方式初始化,选定 CC2530 核心模块上空闲的三个通用输入输出引脚 P1_5、P1_0 和 P1_6,分别配置成片选 $\overline{CS}$、时钟 SCK、主入从出 MISO 信号线,P1_5 和 P1_0 为输出方向,P1_6 为输入方向。其次,由主设备 CC2530 核心模块的通用输入输出引脚 P1_5 控制从设备 MAX6675 芯片处于工作状态;根据主从设备具有相同时钟极性 CPOL 和时钟相位 CPHA 的原则,在主设备 CC2530 核心模块的通用输入输出引脚 P1_0 上按时钟极性 CPOL 为 0、时钟相位 CPHA 为 1 的工作模式模拟读取数据的 16 个串行时钟 SCK 脉冲,在串行时钟 SCK 的下降沿移位、读取数据,取出的有效数据位保存于存储器中。具体过程如下。

(1) 设置存放读取数据的变量 data,置高片选 $\overline{CS}$,即 $\overline{CS}=1$,置低时钟 SCK,即 SCK=0。

(2) 延时至少 100ns。

(3) 置低片选 $\overline{CS}$,即 $\overline{CS}=0$,开始时钟脉冲信号模拟。

(4) 模拟周期为 200ns 的 16 个时钟脉冲信号,在每个脉冲的下降沿从主入从出 MISO 读取 1 位数据,移位存储于变量 data 中。

(5) 抽取 16 位数据 data 中实际有效的 12 位高温数据 $D_{14} \sim D_3$。

最后,将采集的高温数据经节点无线模块发送至汇聚节点。

2. 底层驱动程序组件的实现

高温传感器驱动程序在 TinyOS 模块组件程序中的实现如下。

```
# include "Hightemp.h"
module HIGHTEMPP
{
    provides interface Init;
    provides interface HIGHTEMP;
    uses interface Timer < TMilli > as WaitTimer;
    uses interface WatchDog;
}
implementation
{
    # define LOW 0
    # define HIGH 1
    # define N 1
    # define CS P1_5
    # define SCK P1_0
    # define MISO P1_6
    # define DELAY_TICK(n) {tick = (n); while (tick -- );}
```

```
enum
{
    HT_STATE_NONE = 0,
    HT_STATE_TEMP = 1,
};
uint8_t tick;
uint8_t m_state = HT_STATE_NONE;
uint16_t m_htemperatue;

 task void readDoneTask()
{
    error_t result = SUCCESS;
    atomic m_state = HT_STATE_NONE;
    signal HIGHTEMP.readDone(result, m_htemperatue);
}

command error_t Init.init()
{
    call WaitTimer.stop();
    m_state = HT_STATE_NONE;
    return SUCCESS;
}

void SPIinit()
{
    MAKE_IO_PIN_INPUT(P1_DIR, 6);          //Rxd / MISO
    MAKE_IO_PIN_OUTPUT(P1_DIR, 5);         //CTS / SS_N
    MAKE_IO_PIN_OUTPUT(P1_DIR, 0);         //txd / SCK
}

void readMAX6675()
{
    uint16_t data, tmp, i, j;
    tmp = 0;
    data = 0;
    m_htemperatue = 0;
    CS = 0;
    DELAY_TICK(1000);
    SCK = 0;
    CS = 0;
    DELAY_TICK(1000);
    for(i = 0; i < 16; i++)
    {
        SCK = 1;
        data <<= 1;

        if(MISO) data++;
        DELAY_TICK(100);
        SCK = 0;
        DELAY_TICK(100);
    }
```

```
        CS = 0;
        SCK = 0;
        if(tmp&0x8000)data = 0xfe;
        else if(tmp&0x4)data = 0xff;
        else
          {
            data = data&0x7ff8;
            data = data >> 3;
          }
        m_htemperatue = data;
    }

 void cmdMeasure()
 {
        if (m_state == HT_STATE_TEMP)              //如果状态是检测温度
        {
            SPIinit();
            readMAX6675();
        }
        call WaitTimer.startOneShot(HT_TIMEOUT);
    }

    command error_t HIGHTEMP.read()
    {
        atomic
        {
            if (m_state != HT_STATE_NONE)
            {
                if (m_state >= HT_STATE_NONE && m_state <= HT_STATE_TEMP)
                {
                    return FAIL;
                }
                m_state = HT_STATE_NONE;
            }
            m_state = HT_STATE_TEMP;
        }
        cmdMeasure();
      return SUCCESS;
    }

    event void WaitTimer.fired()
    {
        if (m_state == HT_STATE_TEMP)
        {
          post readDoneTask();
        }
    }

command void HIGHTEMP.calcRealValue(float * temperature, uint16_t raw_temperatue)
    {
    / * * 转换高温数据 * /
```

```
#define T1    0.25
    * temperature = T1 * raw_temperatue;
}
default event void HIGHTEMP.readDone(error_t result, uint16_t hightemperature) {}
}
```

3. 普通采集节点程序

节点采集高温数据的完整模块组件程序如下。

```
#include "AtosRoute.h"
#define DBG_LEV 100
module ANTQuickRouteP
{
    uses {
        interface Boot;
        interface AtosControl as AtosNetControl;
        interface AMPacket;
        interface Packet;
        interface PacketEx;
        interface AtoSensorCollection;
        interface AMSend;
        interface Timer<TMilli> as SensorTimer;
        interface StdControl as SystemHeartControl;
    }
}
implementation
{
    message_t m_sensor_msg;
    uint8_t m_sensor_length = 0;
    uint8_t * p_sensor_payload;
    uint sensor_retry = 0;
    bool m_sensoring = FALSE;

    task void enableSensor()
    {
        call SensorTimer.startPeriodic(CONFIG_SENSOR_RATE);
    }

    task void disableSensor()
    {
        call SensorTimer.stop();
    }

    task void sensorDataTask()
    {
        error_t result;
        result = call AtoSensorCollection.startSensor(p_sensor_payload);
        if(result != SUCCESS)
        {
            if (sensor_retry++< 3)
```

```
        {
            post sensorDataTask();
        }
        else
        {
            atomic m_sensoring = FALSE;
        }
    }
}


event void Boot.booted()
{
    uint8_t * data_header;
    ADBG(4001, "\r\n============ node.booted ==========\r\n");
    /* Enable system monitor... */
    /* route header */
    data_header = (uint8_t * )call Packet.getPayload(&m_sensor_msg, NULL);
    data_header[0] = ANT_NODE_TYPE;
    /* sensor payload */
    p_sensor_payload = data_header + 1;
    call AtosNetControl.start();
    post enableSensor();
}


event void SensorTimer.fired()
{
    ADBG(DBG_LEV, "\n\n====== SensorTimer fired %d ======\r\n", (int)m_sensoring);
    atomic
    {
        if (m_sensoring) return;
        m_sensoring = TRUE;
    }
    sensor_retry = 0;
    post sensorDataTask();
}


task void sendMsgTask()
{
    uint8_t i;
    LED_BLUE_TOGGLE;
    ADBG1(DBG_LEV, "\nsensor payload:");
    for (i = 0; i < m_sensor_length; ++i)
    {
        ADBG(DBG_LEV, " %02x ", (int)p_sensor_payload[i]);
    }
    //add sensor type
    if (call AMSend.send(0x0001, &m_sensor_msg, m_sensor_length + 1) != SUCCESS)
    {
        atomic m_sensoring = FALSE;
    }
}
```

```
event void AtoSensorCollection.sensorDone(uint8_t * data, uint8_t len, error_t result)
{
    ADBG(DBG_LEV, "Sensor data done, data len =  % d, result = % d", (int)len, (int)
result);
    if(result == SUCCESS)
    {
        m_sensor_length = len;
        post sendMsgTask();
    }
    else
    {
        atomic m_sensoring = FALSE;
    }
    m_sensoring = FALSE;
}

event void AMSend.sendDone(message_t * msg, error_t err)
{
    atomic m_sensoring = FALSE;
}
}
```

最后,感知节点采集的高温数据发送到上位 PC,可以通过串口助手查看结果。

习题

1. 无线传感网节点的分类有哪些?
2. 简述 Mica2 节点的内部资源。
3. 简述网关节点在无线传感网数据传输中的作用。
4. 介绍几种典型的传感器板和数据采集板。
5. 描述传感器节点的数据采集模块结构。
6. 简述逐次逼近式 A/D 转换的过程。
7. 查阅 A/D 转换芯片 ADC0809 资料,画出其内部结构组织。
8. 查阅资料,以图形＋文字形式描述 ADC 的转换原理和过程。
9. 简述无线传感网数据融合的必要性。
10. 简述无线传感网数据融合技术的分类。
11. 列出 6.4 节无线传感网数据采集涉及的主要组件和接口,描述它们的功能。

第 7 章 无线传感网其他核心技术

本章讲述无线传感网其他重要技术,包括节点的能量管理,涉及节点低功耗技术、网络层和应用层节能管理,介绍了无线传感网的拓扑控制技术,涉及分层和功率调节两种机制,阐述了节点定位技术,分析了无线传感网的安全问题及解决方案。

7.1 能量管理

无线传感网中的传感器节点通常静止不动,一般被部署在环境恶劣的野外,而且节点布设密度大,节点能量供给大都采用电池供电方式,因此,更换节点的电池通常不切实际。但是,WSNs用户希望在不影响功能的前提下,尽可能减少无线传感网的能量消耗,以延长所部署网络的工作寿命。因此,通过在软、硬件设计时,采用一定的能量管理机制尽量减少节点的能量消耗,可有效延长节点工作时间、网络的整体寿命,达到应用要求,这是无线传感网应用的核心问题之一,无线传感网能量管理问题主要涉及节点耗能与供能两个方面。

1. 耗能

传感器节点主要由 4 部分组成,包括电源、传感器、处理器和射频模块。传感器模块感知、变换监测的信息,包括温度、湿度、压强、化学物浓度等物理量,然后交由处理器模块进行信息的处理和融合,最后通过射频模块对信息进行转发。传感器节点的射频模块不仅负责接收或发送数据包,还负责侦听通信信道,或控制射频模块的开/关以进入工作或休眠状态。显然,除了提供能量的电源模块外,传感器、处理器和射频模块都是传感器节点的能耗部件。

1) 传感器

传感器的能耗主要来源于变换器、前端处理与信号调节、模数转换器。传感器的种类繁多,测量不同的物理量传感器所需要的能耗不同,例如,感应温度和感应声音所需消耗的能量不同,感应声音和感应图像所需消耗的能量也不相同。根据能量消耗的多少,传感器可大致分为以下三类。

(1) 低能耗类:主要包括温度传感器、湿度传感器、光敏传感器、加速度传感器等。

(2) 中等能耗类:主要包括声音传感器、磁传感器等。

(3) 高能耗类:主要包括图像传感器、视频传感器等。

此外,感应的时间长短不同,传感器所需要的能量也不同;环境的复杂性同样也决定了传感器节点感应外部环境信息所需的能耗。总体而言,传感器模块所消耗的能量要远小于通信模块所消耗的能量。

2）处理器

在传感器节点中,数据处理的能耗要远小于通信所需能耗。假设无线信号的衰落服从瑞利衰落,在100m距离上传输1KB的数据所需要能量大概与在100MIPS/W处理器上执行300万条指令所需要消耗的能量相当。而在一些大规模传感器网络应用中,节点数目众多,它们产生的数据包数量相当大,在节点上进行一定的数据处理能在少量增加处理器能耗的基础上大量减少数据的通信量,从而能够大大减少网络能耗。

3）射频模块

由上述对传感器和处理器的分析可知,传感器节点最大的能耗源在于射频模块。经过对TelosB节点的简单测试,可以发现TelosB在工作状态下的能耗远远大于休眠时的能耗,节点处于发送状态时的能耗为接收状态时能耗的两倍多,传感器节点在空闲、接收、发送三种模式下的能耗比率为1∶1∶2.7,据估计,传感器节点处于空闲侦听状态下所消耗的能量占整个节点能量消耗的90%以上。由此可见,射频模块在发送和接收模式下消耗能量最多,而在空闲模式下运行时,多数能量被白白浪费。所以,需要在没有数据包传输的情况下关闭射频模块,让传感器节点处于休眠状态以减少能耗。值得注意的是,射频模块的开启或关闭需要消耗额外的能量,也需要一定的状态切换时间。

2. 供能

根据传感器节点所处环境不同,环境中可收集的能源也不相同,所以单一能源的能量收集方法通常难以保证节点都能可靠地获取到所需能源,有必要为每个传感器节点设置两种甚至更多种能量收集方法,这就要求在有限空间的无线传感网节点内部,尽可能配置综合的能量收集模块。

根据上述分析,无线传感网中节点的能量管理必须从耗能和供能两个方面进行控制。目前,主要的工作集中在解决耗能问题方面,例如,为了有效利用现有能量资源、延长网络生命周期,推出了各种优化的通信协议等。下面将从单个节点、整个网络和应用层面三个角度来阐述无线传感网的低功耗技术。

7.1.1 节点级低功耗技术

除了在节点设计中采用低功耗硬件之外,通过动态能量管理(Dynamic Power Management,DPM)等技术,使系统各个模块运行在节能模式下,能够节约大量能量。最常用的能量管理策略是关闭空闲模块,在这种情况下,无线传感器节点或其某部件将被关闭或者处于低功耗状态,直到有感兴趣的事件发生。DPM技术的核心问题是状态调度策略,因为不同的状态有不同的功耗特征,而且状态切换也有能量和时间开销。在活跃状态下,则可以采用动态电压调节(Dynamic Voltage Scaling,DVS)技术来节省能量。在大多数无线传感器节点上,计算负载正是利用了这一点,动态改变微处理器的工作电压和频率,使其刚好满足运行需求,从而在性能和能耗之间取得平衡。

在节点操作系统中进行动态能量管理和动态电压调节最合适,因为操作系统可以获取所有应用程序的性能需求,并能直接控制底层硬件资源,从而在性能和能耗控制之间进行必要的折中。操作系统的核心工作是任务调度,负责调度给定的任务集合,使任务满足各自的时间和性能需求,通过在任务调度中考虑节能问题,能够大大减少节点能量消耗,网络节点的生存时间会明显延长。

如前所述,在传感器节点上射频模块所消耗的能量比例最大,因此对无线收发系统的能量管理非常重要。图 7-1 给出了射频模块发送、接收、空闲和休眠,以及传感器和处理器两个模块的能量分布情况,空闲状态时的射频模块能耗与发送、接收状态处于同一个量级。因此,为减少节点能耗,需要尽可能减少节点处于空闲侦听的时间。

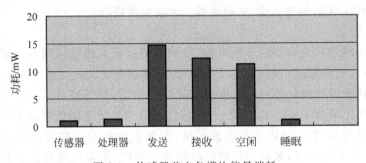

图 7-1　传感器节点各模块能量消耗

同时,由于节点的无线通信能耗与通信距离有关,因此降低传输距离、采用多跳短距离无线通信方式也能够减少能耗。但是,当传输距离很小时,参与接收和转发数据的节点数量也会增大,将会造成一定的传输延迟,因此,需要对两者进行平衡。此外,根据节点间的实际传输距离动态调节发送功率,也能够减少节点发送数据时的能耗。

7.1.2　网络级能量管理

为降低能耗,对于整个无线传感网而言,需要从全局考虑如何将数据从源节点传输到目的节点,这里的重要问题是如何在源和目的节点之间找到一条节能的多跳路由。节能路由是在普通路由协议基础上,考虑能耗因素,引入新的与能量消耗有关的衡量指标,实现能耗的降低。在无线传感网中,如果频繁使用同一条路径传输数据,就会造成该路径上的节点因能量消耗过快而过早死亡,从而使整个网络分割成多个孤立部分。因此,出现了能量意识的多路径路由机制。该机制在源节点和目的节点之间建立多条路径,根据路径上节点的通信能量消耗以及节点的剩余能量分布情况,给每条路径赋予一定的选择概率,使得数据传输在整个网络上均衡节点的能量消耗,延长网络生存期。在建立路径时,每个节点需要知道到达目的节点的所有下一跳节点,并计算、选择到其下一跳节点传输数据的概率,概率的选择是根据节点到目的节点的通信代价来计算,由于每个节点到目的节点的路径较多,该代价值通常是各个路径的加权平均。

除了节能的路由协议,节点的本地计算和多节点数据融合也是有效的节能手段。在无线传感网中,由于单个传感器节点的监测范围和可靠性有限,在部署网络时,需要使传感器节点达到一定的密度以增强整个网络监测信息的准确性,有时甚至需要使多个节点的监测范围相互重叠,这种监测区域的相互重叠会导致邻近节点采集、传输的信息存在一定程度的冗余。在这种冗余度很高的情况下,把这些节点报告的数据全部发送给汇聚节点与仅发送一份融合的数据相比,除了使网络消耗更多能量外,任务管理节点并不能获得更多有价值的信息。因此,对冗余数据进行本地计算或网内处理可以大幅减少网络的能量消耗,即中间节点在转发数据之前,首先对数据进行融合,去除冗余信息,在满足应用要求的前提下使得需要传送的数据量最小化。在半导体产业发展过程中,就目前来说,处理器能力的提升依然满足摩尔定律,处理器的处理能力仍然在不断提高,因此,进行网内数据处理融合,利用低能耗的计算资源来减少高能耗的通信开销具有很大意义。

7.1.3 应用级能量管理

1. 休眠机制

在无线传感网运行过程中,为了节约网络中节点的能量,提高网络整体能量的有效性,同时在不影响网络正常通信的前提下,引入节点休眠机制。一般而言,传感器节点可有三种状态,分别是休眠、侦听和活跃。休眠状态节点的功能模块基本处于关闭状态,仅具有周期性侦听网络的功能,直到接收到网络中其他节点发送来的唤醒消息,节点的活跃状态即为正常工作状态,节点三个状态之间的转换关系如图 7-2 所示。

图 7-2 传感器节点状态转换

网络部署完成后,由于是高密度部署,通常大部分节点处于休眠状态,节点周期性侦听网络状况,检测是否有唤醒事件发生。节点一旦受到来自其他节点或者汇聚节点的唤醒消息,就从休眠状态转换到工作状态,进行监测数据的收集等工作。在休眠状态下,节点保存着处于工作状态的邻居节点信息,如果某节点发现其自身已被其他邻居节点 k 所覆盖,则立刻转换进入休眠状态;如果网络中节点出现冗余,活跃的节点自动转换到侦听状态,并且自动调整最佳网络配置,同时,将自己的状态信息通告邻居节点。节点休眠调度机制的主要目标是在不影响网络性能的前提下,尽可能减少传感器节点工作(活跃)状态的时间,让更多节点转入休眠状态,以减少节点工作消耗的能量。

2. 外接供能硬件

在我们生活的物质空间里,存在着各种潜在的可利用能源,例如,太阳(光)能、风能、热能、振动能、电磁场能等,如图 7-3 所示。如何在小小的传感器节点上收集、储存这些能源,也是近年来许多研究人员关注的焦点问题,目前取得了一定进展。

1) 振动能量收集

许多因素都会导致环境中产生振动,因此振动是普遍存在的一种现象,例如,用手在桌子上轻拍,桌子就产生振动,振动加速度可以达到 0.02g。利用压电材料的压电效应可以收集振动的能量,压电材料在受到力的作用时,发生变形并产生极化电荷,将电荷转换成电压后就可以通过收集电路储存起来。通过一个直径和高度都为 4.6cm 的振动能量收集器收集频率为 28Hz、加速度为 100mg 的环境振动,可以获得 9.3mW 的电量。研究表明,收集器的体积如果增加一倍,则收集到的电量也会增加一倍,此外,收集到的电量还与振动频率呈

图 7-3　各种能量收集来源

线性关系,与振动力的大小成指数关系。

2）太阳（光）能收集

光电材料的新进展使得光能收集成为无线传感网能量来源的一种耗之不竭的新方法,光电元件的安装和运行费用也随着大规模应用而大大减少。

光电采集的基本原理是利用光电材料吸收大量的光子,如果光子足够多从而能够激活光电池中的电子,经过适当的结构设计,电子可被获取。光电元件相当于解码器,在光的照射下产生电压,结合相应的调整和储存电路可为负载实现供电。电量的大小是所收集光能的函数,为获取较多的电量,光电元件需要置于光照好的环境中,并增大光照面积。一般的光电池可产生直流电压 0.5V,但实际的电压输出随运行温度不同而变化,温度越低输出电压越高、光照越强电流输出越大。为了产生系统所需要的电压,通常需要将多个光电元件进行串行连接。

3）风能收集

环境中的风无处不在,利用随处可得而又未经开发的风能也是技术人员重点关注的一个方面,为了能够利用风能,需要解决技术难度和制造成本这两个难题。德州大学的技术人员使用成熟的压电和机械技术很好地解决了这两个问题,采用压电器件制造出小型发电机,可由 8～16km/h 的风力驱动,能为无线传感网节点提供 50mW 的功率。发电机的桨叶连到凸轮上,使围绕轴排成圆形的一串双压电晶片产生振荡,一个采用 APC855 陶瓷制造的双压电晶片可输出 0.935mW 的功率,因此由 11 个压电晶片组成的单元可输出 10.2mW 的功率。

4）热电能收集

温差电技术流行于 20 世纪 60 年代,成功地在航天器上实现了长时间发电。温差发电机具有体积小、重量轻、无振动、无噪声、性能可靠、可在极端恶劣环境下长时间工作的特点,适合用作小于 5W 的小功率电源,可用于各种无人监视的传感器、微小短程通信装置以及医学和生理学仪器等,目前,相关产品已进入实用阶段。

1942 年,苏联研制成功最早的温差发电机,发电效率只有 1.5%～2%,现在开发的温差发电机效率普遍提高到 6%～11%。通过对热电转换材料的深入研究和新材料开发,不断提高热电性能已成为温差电技术研究的核心内容。德国科学家最近发明了一种利用人体温差产生电能的新型电池,可以给便携式微型电子仪器提供长久动力,免去了充电或更换电池的困扰。只要在人体皮肤与衣服之间有 5℃ 的温差,就可以利用这种电池为一块普通腕表提供足够的能量。

5）磁能收集

地球上的磁场无处不在,而有磁就有能量,因此,磁能是一种取之不尽、用之不竭的新能源。利用磁能开发的新型发动机由发电机和电动机组合而成,能有效运用电磁能量和纯永磁体能量来驱动机器。这种发动机工作时无须外界补充能源,有独立的自循环再生系统,是无须花钱的纯绿色动力能源。

我们生活的环境中存在大量形式各异的能源,为了使每个传感器节点都尽可能从所处环境中获得能量,需要设计这样一种能量收集系统,它不能仅从一种能源收集能量,否则一旦所处环境中该能源缺乏,节点将不能长期可靠工作下去,因此,有必要将多种能量收集方法集成到节点上,这需要满足传感器节点对尺寸的苛刻要求,且要确保各种能量收集装置能够协调一致地工作。

7.2 拓扑控制

无线传感网在部署完毕后,节点会因随机故障死亡和攻击者蓄意入侵死亡而导致网络拓扑发生割裂,各节点的拓扑连通性受到破坏,将影响到无线传感网应用系统的生命期,拓扑控制能够弥补这种连通性破坏问题。因此,无线传感网的拓扑控制是一个具有重要意义的基本措施,能够保证在一定的网络连通质量和覆盖质量前提下,延长网络的生命期,兼顾通信干扰、网络延迟、负载均衡、网络可靠性等其他指标,形成一个优化的网络拓扑结构。

传感器网络拓扑控制机制可以分为两类:分层拓扑控制和节点功率控制。分层型拓扑控制利用分簇机制,让一些节点作为簇头节点,由簇头节点形成一个处理并转发数据的骨干网络,其他非骨干网节点可以暂时关闭通信模块,进入休眠状态以节省能量。功率控制机制调节网络中每个节点的发射功率,在满足网络连通性的前提下,均衡节点的单跳可达邻居数目。在层次型拓扑控制技术方面,主要有 LEACH、HEED 等自组织分簇控制,以及 TopDisc 算法、GAF 虚拟地理网格分簇算法等。而在功率调节拓扑控制方面,主要有 COMPOW、LMN/LMA 等基于节点度的算法,以及 LMST、RNG、DRNG 和 DLSS 等基于邻近图的近似控制算法。

7.2.1 分层拓扑控制

传感器节点的无线通信模块在空闲状态时,能量消耗与在收发状态时相当,所以在空闲情况下关闭节点的通信模块,可以大幅降低节点能耗。分层拓扑管理就是将网络中的节点划分为网络骨干节点和普通节点两类,在骨干节点之间形成核心交换网络,从而实现网络数据的传输。前面讲述的 LEACH 路由协议,实际上也是经典的分层能量自适应拓扑控制,实现了两级节点管理,簇内成员节点把数据发送给簇头节点,簇头节点经过一定的数据融合再传输给汇聚节点,LEACH 协议在此不再赘述。

1. GAF 算法

GAF(Geographical Adaptive Fidelity)算法是以节点地理位置为依据的分簇算法,其把监测区域划分成虚拟单元格,将节点按照位置信息划入相应的单元格,在每个单元格中定期选举产生一个簇头节点,只有簇头节点保持活动,其他节点进入睡眠状态。GAF 算法的执行分为两步,分别是划分正方形虚拟单元格和单元格内簇头选取。

1）划分单元格

GAF 算法将网络覆盖区域划分为若干相邻的虚拟正方形单元格，如图 7-4 所示。L 是正方形单元格的边长，R 是两个相邻单元格内最长距离。为了保证相邻单元格内任意两点能够直接通信，节点信号的传播距离 D 不能低于 R，不妨设 D 等于 R。因此，第一步需要根据 R 的大小来确定虚拟正方形的边长 L，显然，根据图 7-4 中的几何关系，有式（7-1）成立。

$$L^2 + (2L)^2 \leqslant R^2 \quad \Rightarrow \quad L \leqslant \frac{R}{\sqrt{5}} \approx 0.4472R \tag{7-1}$$

也就是说，当虚拟正方形单元的边长 L 不超过节点通信距离的 0.4472 倍时，可以保证相邻单元格内任意两个节点之间可以直接通信，保证了簇头节点代替簇内其他节点通信时网络的连通性。

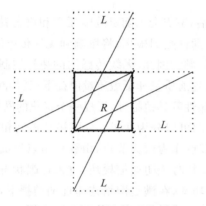

图 7-4　GAF 算法的 Cell 划分

2）单元格内簇头选取

在 GAF 算法中，每个节点所处的状态有三种，分别是发现（Discovery）状态、活动（Active）状态和睡眠（Sleeping）状态，节点状态转移过程如图 7-5 所示。

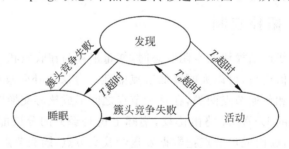

图 7-5　GAF 算法中节点状态转移

开始时，每个节点都处于发现状态，节点根据自身位置和自己的通信半径确定虚拟正方形单元格的边长 L，再进一步决定所属单元格的 ID 号。成簇时，各直接邻居节点之间通过广播互相交换信息，这些信息包括节点 ID、单元格 ID 和自己的地理位置等。经过一定时间后，每个节点能够知道与自己位于同一单元格的其他节点的信息，所有节点进入簇头选取阶段。

为了竞争簇头，每个节点设置有三个随机定时器，分别是发现超时定时器 T_d、活动超时定时器 T_a 和睡眠超时定时器 T_s。所有节点从发现状态启动定时器 T_d 后，一旦节点 i 的 T_d 超时，此节点 i 便发送消息 message 通知单元格内其他节点自己已经当选为簇头节点，并随之进入活动状态。而当节点 i 在 T_d 超时之前收到其他节点的簇头通知消息,节点 i 知道自己竞争簇头失败,放弃竞争并进入睡眠状态,关闭通信模块。当节点 i 成为簇头时,节点 i 设置一个活动定时器 T_a,T_a 的定时时间表示节点 i 作为簇头节点可以工作的最长时间,当 T_a 超时,节点 i 立刻退出活动状态而进入发现状态。GAF 算法通过这种主动放弃簇头角色的机制,可以确保不让一个节点长时间担任簇头,而是把担任簇头的机会分摊到簇内每个节点,均衡了网络负载。节点 i 进入睡眠状态时,设置一个睡眠定时器 T_s,如果 T_s 超时,则节点 i 自动进入发现状态。

GAF 算法用节点间的距离估计节点间能否通信,而实际应用中,距离邻近的节点可能因为电磁干扰、障碍物等环境影响而不能直接通信。另一方面,GAF 算法需要节点提供精确的地理位置信息,从而对传感器节点的性能提出了较高要求。

2. TopDisc 算法

TopDisc(Topology Discovery)算法是基于最小支配集问题的经典算法,它利用颜色区分节点状态,解决骨干网络拓扑结构的形成问题。在 TopDisc 算法中,由网络中的一个节点启动发送用于发现邻居节点的查询消息,查询消息携带发送节点的状态信息。随着查询消息在网络中传播,TopDisc 算法依次为每个节点标记颜色。最后,按照节点颜色区分出簇头节点,并通过反向寻找查询消息的传播路径,在簇头节点之间建立通信路径,簇头节点管辖自己簇内的节点。以下具体阐述 TopDisc 算法中的三色节点状态标记方法,其利用颜色标记理论寻找簇头节点,且利用与传输距离成反比的延时,使得一个黑色节点(即簇头节点)覆盖更大的区域。

在三色标记方法中,节点可以处于三种状态,分别用白、黑和灰三种颜色表示。白色节点代表未被发现的节点,黑色节点代表成为簇头的节点,而灰色节点代表 TopDisc 算法所确定的普通节点,即簇内节点。在骨干网络形成之前,所有节点都被标记为白色,由一个初始节点发起 TopDisc 三色算法,算法执行完毕后所有节点都将被标记为黑色或者灰色。

三色标记方法的具体过程如下。

(1) 初始节点将自己标记为黑色,并广播查询消息。

(2) 白色节点收到黑色节点的查询消息时变为灰色,灰色节点等待一段时间后,再广播查询消息,等待时间的长度与它和黑色节点之间的距离成反比。

(3) 当白色节点收到一个灰色节点的查询消息时,先等待一段时间,等待时间的长度与这个白色节点到向它发出查询消息的灰色节点的距离成反比。如果在等待时间内,又收到来自黑色节点的查询消息,节点立即变成灰色节点,否则,节点变为黑色节点。

(4) 当节点变为黑色或者灰色后,它将忽略其他节点的查询消息。

(5) 通过反向查找查询信息的传播路径形成骨干网络,黑色节点成为簇头,灰色节点成为簇内节点。

图 7-6 给出了三色法执行完毕后网络结构的局部拓扑。假设三色法由节点 a 发起,它将自己标记为黑色,并发送查询消息。节点 b、c 收到节点 a 发送的查询消息,将自己标记为灰色,并等待一定时间后再次广播这个查询消息。由于节点 b 比节点 c 距离节点 a 更远,所以节点 b 先开始发送查询信息。节点 e、d 收到来自灰色节点 b 的查询消息后,等待一段时间,由于节点 d 比节点 e 距离节点 b 更远,所以,节点 d 先结束等待,并将自己标记为黑色,

继续向外发送查询信息。随后,节点 e 收到了来自节点 d 的消息,所以停止自己的等待时间,变为灰色。算法如此进行下去,直到全部节点都着色完毕。算法运行到网络边缘后,将按照查询消息发送的路径进行回溯,构建网络的转发路径。在此过程中,黑色节点将知道通过哪些灰色节点可以与周围的黑色节点通信。算法执行完毕后,标记为黑色的节点成为簇头节点,标记为灰色的节点成为簇内节点。从图 7-6 可以看出,两个黑色簇头节点 a 和 d 通过一个灰色簇内节点 b 进行通信,保证了簇与簇之间的连通。

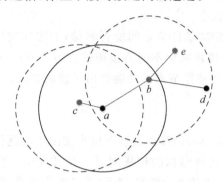

图 7-6　三色方法生成的网络局部拓扑结构

7.2.2　功率调节拓扑控制

无线传感网节点发射功率控制是指节点通过设置或动态调整其发射功率,在保证网络拓扑连通的基础上,使得网络中节点的能量消耗最小,延长整个网络的生存时间。当传感器节点部署在二维或三维空间时,传感器网络的功率控制是一个 NP 难问题,因此,都是寻找近似解法来实现功率调节。

1. 基于节点度的功率控制

一个节点的度是指它的所有邻居节点个数,基于节点度算法的核心思想是给定节点度值的上限和下限阈值,动态调整节点的发射功率,使得节点的度落在该上限和下限之间。基于节点度的功率控制算法利用局部信息来调整相邻节点之间的连通性,从而保证整个网络的连通性,同时,保证节点之间的路径具有一定冗余度和可扩展性。本地平均算法(Local Mean Algorithm,LMA)是一个典型的基于节点度的功率控制算法,能够周期性动态调整节点发射功率,其工作的具体步骤如下。

(1) 开始时,所有节点都具有相同的发射功率 TransPower,每个节点定期广播一个包含自己 ID 的 LifeMsg 消息。

(2) 如果节点接收到 LifeMsg 消息,则发送一个 LifeAckMsg 应答消息,该消息包含所应答的 LifeMsg 消息中的节点 ID。

(3) 每个节点在下一次发送 LifeMsg 时,首先检查已经收到的 LifeAckMsg 消息,利用此消息统计出自己的邻居节点个数 NodeResp。

(4) 如果邻居个数 NodeResp 小于邻居个数下限 NodeMinThresh,那么节点在这轮发送中将增大发射功率,但发射功率不能超过初始发射功率的 $B_{\max}$ 倍,如式(7-2)所示。同理,如果 NodeResp 大于邻居节点个数上限 NodeMaxThresh,那么节点本轮将减小发射功率,如式(7-3)所示,其中,B_{max}、B_{min}、A_{inc} 和 A_{dec} 是 4 个可调参数,它们会影响功率调节的精度和范围。

$$TransPower = \min\{B_{max} \times TransPower,$$
$$A_{inc} \times (NodeMinThresh - NodeResp) \times TransPower\} \tag{7-2}$$

$$TransPower = \max\{B_{min} \times TransPower,$$
$$A_{dec} \times (1 - (NodeResp - NodeMaxThresh)) \times TransPower\} \tag{7-3}$$

本地平均算法 LMA 已经通过计算机进行仿真,表明该算法的收敛性和网络连通性可以得到保证,通过少量的局部信息达到了一定程度优化。该算法对传感器节点的要求不高,不需要严格的时钟同步。

2. 基于邻近图的功率控制

1) 邻近图

图可以用 $G = (V, E)$ 的形式表示,其中,V 代表图中顶点的集合,E 代表图中边的集合。E 中的元素可以表示为 $l = (u, v)$,其中,$u, v \in V$。所谓由一个图 $G = (V, E)$ 导出的邻近图 $G' = (V, E')$ 是指对于任意一个节点 $v \in V$,给定其邻居的判别条件 q,E 中满足 q 的边 (u, v) 属于 E'。经典的邻近图模型有 RNG(Relative Neighborhood Graph)、GG(Gabriel Graph)、YG(Yao Graph)以及 MST(Minimum Spanning Tree)等。

基于邻近图的功率控制是指所有节点都使用最大功率发射时形成的拓扑图为 G,按照一定的规则 q 求出该图的邻近图 G',最后,G' 中每个节点以自己所邻接的最远通信节点来确定发射功率,这是一种解决功率分配问题的近似解法。考虑到无线传感网中两个节点形成的边是有向的,为了避免形成单向边,一般在运用基于邻近图的算法形成网络拓扑之后,还需要进行节点之间边的增删,以使最后得到的网络拓扑双向连通。目前,在已有基于临近图的传感器网络拓扑控制算法中,比较完善的有 DRNG 算法和 DLSS 算法,下面将具体阐述 DRNG 算法。

2) DRNG 算法

DRNG(Directed Relative Neighborhood Graph)是以邻近图观点考虑拓扑问题的算法,较早针对节点发射功率不一致问题提出的拓扑控制方案,其以经典邻近图 RNG 理论为基础,全面考虑网络连通性和双向连通性问题。算法给出了如下一些基本定义。

(1) (u, v) 和 (v, u) 是两条不同的边,即边有向。

(2) $d(u, v)$ 表示节点 u, v 之间的距离,r_u 代表节点 u 的通信半径;可达邻居集合 N_u^R 代表节点 u 以最大发射半径 R 可以到达的节点集合,由节点 u 和 N_u^R 以及这些节点之间的边构成可达邻居子图 G_u^R。

(3) 定义由节点 u 和 v 构成边的权重函数 $w(u, v)$,满足式(7-4)的关系。

$$w(u_1, v_1) > w(u_2, v_2) \Rightarrow d(u_1, v_1) > d(u_2, v_2)$$
$$\text{or} \quad d(u_1, v_1) = d(u_2, v_2)$$
$$\& \max\{id(u_1), id(v_1)\} > \max\{id(u_2), id(v_2)\}$$
$$\text{or} \quad d(u_1, v_1) = d(u_2, v_2)$$
$$\& \max\{id(u_1), id(v_1)\} = \max\{id(u_2), id(v_2)\}$$
$$\& \min\{id(u_1), id(v_1)\} > \min\{id(u_2), id(v_2)\} \tag{7-4}$$

在 DRNG 算法中,节点需要知道一些邻居节点必要的信息,所以,在拓扑形成之前有一个信息收集阶段。在这个阶段中,每个节点以自己的最大发射功率广播 HELLO 消息,该消息中至少包括自己的 ID 和自己所在的位置。这个阶段完成后,每个节点通过接收到的 HELLO 消息确定自己可达的邻居集合 N_u^R。

DRNG 算法给出了确定邻居节点的标准。如图 7-7 所示,假设节点 u、v 满足条件 $d(u, v) \leqslant r_u$,且不存在另一节点 p,同时满足 $w(u,p) < w(u,v)$、$w(p,v) < w(u,v)$ 和 $d(p,v) \leqslant r_p$ 时,则节点 v 被选为节点 u 的邻居节点。所以,DRNG 算法可为节点 u 确定邻居节点集合。

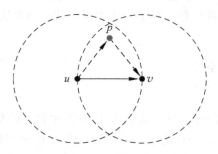

图 7-7   DRNG 算法

经过执行 DRNG 算法,节点 u 确定了自己的邻居节点集合,然后将发射半径调整为到最远邻居节点的距离。更进一步,通过对所形成的拓扑图进行边的增删,使网络达到双向连通。图 7-8 是 DRNG 算法优化拓扑结构的例子,其中,图 7-8(a)是每个节点以最大功率发射形成的原始拓扑结构,而图 7-8(b)是经过 DRNG 算法优化后的拓扑结构。可以看出,DRNG 算法使得网络拓扑图中边的数量明显减少,降低了节点的发射功率,同时减少了节点间的通信干扰。

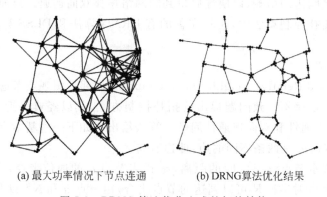

(a) 最大功率情况下节点连通   (b) DRNG算法优化结果

图 7-8   DRNG 算法优化生成的拓扑结构

7.3   定位技术

无线传感网经常用来监测部署区域内多种感知信息,但是,在不知道节点位置的情况下,有些场合传感器节点感知的数据没有意义。换句话说,传感器节点的位置信息在传感器网络的诸多应用中扮演着十分重要的角色,本节介绍与节点定位相关的内容。

7.3.1　GPS 定位系统

1. GPS 简介

目前，可以提供精确定位的全球定位系统包括美国的 GPS 定位系统、中国的北斗定位系统、俄罗斯的 GLONASS 定位系统和欧盟的伽利略定位系统，其中，只有美国的 GPS 全球定位系统已经应用成熟，一般的定位设备都是基于此系统完成定位功能。GPS 全球定位系统如图 7-9 所示，其是美国政府于 20 世纪 70 年代开始研制建设，1994 年全面建成，并投入使用。GPS 定位系统采用广播方式发送信号，因此，用户只需要拥有一台终端设备就可以使用该系统，而且无须付费。该定位系统具有许多优点，例如，可以全天候使用、全球覆盖率高达 98% 等。

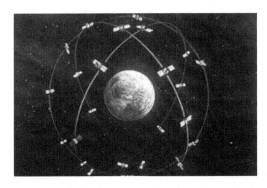

图 7-9　GPS 全球定位系统

GPS 定位系统的用户设备端叫 GPS 信号接收器，该接收器的定位功能实际上是通过计算接收器到不同卫星的距离来完成，这一过程称为测距。例如，如果一个无线 Radio 信号从一颗卫星传输到地球上一个 GPS 接收器的时间为 0.073 24s，则接收器可以算出卫星在 22 000km 之外，这意味着接收器必定位于一个半径为 22 000km 的球面上某个地方，卫星是该球面的中心。一旦接收器利用另外两颗卫星执行相同的测距运算，可以得到三个相交的球面，而它们只能在两点上相交。由于其中的一个点通常是一个不可能的方位，这个点要么远远高于地球表面，要么过低，所以，可以排除这个不在地球表面上的点，剩下的就是接收器的位置。此外，GPS 定位系统中除了利用三颗卫星来进行定位，还需要第 4 颗卫星来提供时间信息。

无线电波以每秒 30 万千米的速度传播，从卫星发射信号到地面接收器收到该信号，只需要大概 0.06s，如果接收器的时间精度是百万分之一秒，那么折算出来的距离误差就在 300m 左右。由于卫星上的时钟是原子钟，其可以精确地同步到精度为几十亿分之一秒，然而接收器的时钟是普通石英钟，精度远远达不到百万分之一秒。如果地面接收器上也使用原子钟，每个原子钟造价大约是 20 万美元，远远超出普通用户所能承受的支付能力。因此，第 4 颗卫星信号实际上是提供时间基准，给 GPS 接收器用来计算接收器距离其他三颗卫星的距离。有了时间基准，接收器就可以测量出从其他三颗卫星到达接收器的时间，然后把时间转换成距离。

GPS 定位的基本原理是利用高速运动卫星的瞬间位置作为已知起算数据，采用空间距离后方交会的方法,确定待测节点的位置,其工作原理如图 7-10 所示。假设 t 时刻在地面待测点上打开 GPS 接收器,可以容易测定 GPS 信号到达接收器的时间 Δt,再加上接收器所接收到的从卫星传输过来的数据和其他一些数据,可以确定式(7-5)成立。

$$[(x_1 - x)^2 + (y_1 - y)^2 + (z_1 - z)^2]^{\frac{1}{2}} + c(V_{t1} - V_{t0}) = d_1$$

$$[(x_2 - x)^2 + (y_2 - y)^2 + (z_2 - z)^2]^{\frac{1}{2}} + c(V_{t2} - V_{t0}) = d_2$$

$$[(x_3 - x)^2 + (y_3 - y)^2 + (z_3 - z)^2]^{\frac{1}{2}} + c(V_{t3} - V_{t0}) = d_3$$

$$[(x_4 - x)^2 + (y_4 - y)^2 + (z_4 - z)^2]^{\frac{1}{2}} + c(V_{t4} - V_{t0}) = d_4 \tag{7-5}$$

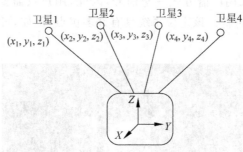

图 7-10　GPS 卫星定位的原理

在式(7-5)中,待测点坐标(x,y,z)和V_{t0}是未知参数,V_{t0}具体含义见下文,$d_i = c\Delta t_i (i=1,2,3,4)$分别是卫星 i 到接收器之间的距离。$\Delta t_i (i=1,2,3,4)$分别为卫星 i 的信号到达接收器所经历的时间。c 为卫星信号的传播速度(即光速)。4 个方程中 x、y、z 为待测节点的空间直角坐标,x_i、y_i、$z_i (i=1,2,3,4)$分别为卫星 i 在 t 时刻的空间直角坐标,可以由卫星发送过来的数据求得。$V_{ti} (i=1,2,3,4)$分别为卫星 i 的卫星钟的钟差,由卫星传输过来的数据获得,V_{t0}为接收器的钟差。由式(7-5)可以算出待测点的坐标 x、y、z 和接收机的钟差 V_{t0}。

GPS 定位适用于无遮挡的室外环境,装有 GPS 模块的节点能耗高、体积大,成本也比较高,这使得 GPS 定位系统在应用于低成本、自组织网络时具有一定的挑战。

2. 节点位置计算方法

带有 GPS 设备的节点虽然能提供节点自身位置信息,但成本较高,所以,通常情况下系统中并不是所有的节点都带有 GPS 设备,这就存在节点定位问题。系统中的节点可分为信标节点和未知节点。信标节点是指那些通过携带 GPS 定位设备、可以获得自身精确位置的节点,但信标节点在系统中所占的比例很小。除信标节点外,其他都是未知节点,未知节点将信标节点作为定位的参考点,它们通过信标节点的位置信息来确定自身位置。例如,在如图 7-11 所示的无线传感网中,M 代表信标节点,S 代表未知节点。S 节点通过与邻近的 M 节点或已经得到位置信息的 S 节点之间通信,根据一定的定位方法计算出自身位置。

传感器节点在定位过程中,未知节点在获得到邻近信标节点的距离或者相对角度后,可以计算出自己的位置,主要有如下方法。

1)三边测量法

三边测量法(Trilateration)的原理如图 7-12 所示。

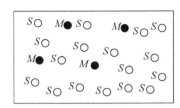

图 7-11　信标节点和未知节点

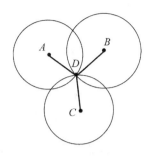

图 7-12　三边测量法原理

已知 A、B 和 C 三个节点的坐标分别为(x_a,y_a)、(x_b,y_b)和(x_c,y_c)，以及它们到未知节点 D 的距离分别为d_a、d_b、d_c，假设节点 D 的坐标是(x,y)。

那么，式(7-6)成立。

$$
\begin{cases}
\sqrt{(x-x_a)^2+(y-y_a)^2}=d_a \\
\sqrt{(x-x_b)^2+(y-y_b)^2}=d_b \\
\sqrt{(x-x_c)^2+(y-y_c)^2}=d_c
\end{cases}
\tag{7-6}
$$

由式(7-6)可以得到节点 D 的坐标为

$$
\begin{bmatrix} x \\ y \end{bmatrix}=
\begin{bmatrix} 2(x_a-x_c) & 2(y_a-y_c) \\ 2(x_b-x_c) & 2(y_b-y_c) \end{bmatrix}^{-1}
\begin{bmatrix} x_a^2-x_c^2+y_a^2-y_c^2+d_c^2-d_a^2 \\ x_a^2-x_c^2+y_b^2-y_c^2+d_c^2-d_b^2 \end{bmatrix}
$$

2) 三角测量法

三角测量法(triangulation)的原理如图 7-13 所示。

已知 A、B 和 C 三个节点的坐标分别为(x_a,y_a)、(x_b,y_b)和(x_c,y_c)，节点 D 相对于节点 A、B 和 C 的角度分别为$\angle ADB$、$\angle ADC$ 和$\angle BDC$，假设节点 D 的坐标是(x,y)。

对于节点 A、C 和角$\angle ADC$，如果弧段 AC 在 $\triangle ABC$ 内，那么能够唯一确定一个圆。设圆心 $O_1(x_{O1},y_{O1})$，半径为 r_1，那么 $\alpha=\angle AO_1C=(2\pi-2\angle ADC)$，式(7-7)成立。

$$
\begin{cases}
\sqrt{(x_{O1}-x_a)^2+(y_{O1}-y_a)^2}=r_1 \\
\sqrt{(x_{O1}-x_c)^2+(y_{O1}-y_c)^2}=r_1 \\
(x_a-x_c)^2+(y_a-y_c)^2=2r_1^2-2r_1^2\cos\alpha
\end{cases}
\tag{7-7}
$$

由式(7-7)能够确定圆心 O_1 点的坐标和半径 r_1。同理，对节点 A、B 和角$\angle ADB$ 以及节点 B、C 和角$\angle BDC$ 分别确定相应的圆心 $O_2(x_{O2},y_{O2})$、半径 r_2 和圆心 $O_3(x_{O3},y_{O3})$、半径 r_3。

最后，利用三边测量法，由点 $D(x,y)$、$O_1(x_{O1},y_{O1})$、$O_2(x_{O2},y_{O2})$和 $O_3(x_{O3},y_{O3})$确定 D 点的坐标。

3) 极大似然估计法

极大似然估计法原理如图 7-14 所示。

已知节点 $1,2,3,\cdots,n$ 的坐标分别为(x_1,y_1)、(x_2,y_2)、(x_3,y_3)、$\cdots$、(x_n,y_n)，它们到节点 D 的距离分别为$d_1,d_2,d_3,\cdots,d_n$，假设节点 D 的坐标为(x,y)。

那么，式(7-8)成立。

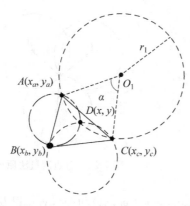
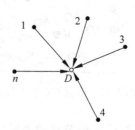

图 7-13   三角测量法原理   图 7-14   极大似然估计法原理

$$\begin{cases} (x_1-x)^2+(y_1-y)^2=d_1^2 \\ \quad\quad\quad\vdots \\ (x_n-x)^2+(y_n-y)^2=d_n^2 \end{cases} \tag{7-8}$$

从第一个方程开始分别减去最后一个方程,得式(7-9)。

$$\begin{cases} x_1^2-x_n^2-2(x_1-x_n)x+y_1^2-y_n^2-2(y_1-y_n)y=d_1^2-d_n^2 \\ \quad\quad\quad\vdots \\ x_{n-1}^2-x_n^2-2(x_{n-1}-x_n)x+y_{n-1}^2-y_n^2-2(y_{n-1}-y_n)y=d_{n-1}^2-d_n^2 \end{cases} \tag{7-9}$$

式(7-9)的线性方程表示格式为 $AX=b$,其中,

$$A=\begin{bmatrix} 2(x_1-x_n) & 2(y_1-y_n) \\ \vdots & \vdots \\ 2(x_{n-1}-x_n) & 2(y_{n-1}-y_n) \end{bmatrix}, \quad b=\begin{bmatrix} x_1^2-x_n^2+y_1^2-y_n^2+d_n^2-d_1^2 \\ \vdots \\ x_{n-1}^2-x_n^2+y_{n-1}^2-y_n^2+d_n^2-d_{n-1}^2 \end{bmatrix},$$

$X=\begin{bmatrix} x \\ y \end{bmatrix}$ 利用标准的最小均方差估计方法,可以得到节点 D 的坐标为 $\hat{X}=(A^{\mathrm{T}}A)^{-1}A^{\mathrm{T}}b$。

　　根据定位过程中是否测量实际节点之间的距离,定位算法可以分为基于距离的定位算法和距离无关的定位算法。前者是利用测量得到的距离或角度信息进行位置计算,而后者一般是利用节点的连通性和多跳路由信息交换等方式估计节点间的距离或角度,并完成位置估计。

7.3.2   基于距离的定位技术

　　基于距离的定位机制是通过测量相邻节点之间的实际距离或方位进行定位,具体过程通常分为三个阶段。首先是测距阶段,未知节点测量获得到邻居节点的距离或角度,然后进一步计算到邻近信标节点的距离或方位。其次是定位阶段,未知节点在计算出到达三个或更多信标节点的距离或角度后,利用三边测量、三角测量或极大似然估计方法计算出未知节点的坐标。最后是修正阶段,对求得的节点坐标进行求精,提高定位精确度、减少误差。

1. AHLos 算法

加州大学洛杉矶分校的 Andreas Savvides 等人设计了一种称为 Medusa 的无线传感器节点实验平台,并在此基础上提出了 AHLos(Ad Hoc Localization System)定位算法。在 Medusa 节点平台上,他们采用到达时差(Time Difference Of Arrival,TDOA)技术来测量距离,在超声波信号的 3m 范围内,精度可达 2cm,工作原理如图 7-15 所示,其中,c_1 和 c_2 分别为射频信号和超声波信号的传播速度。

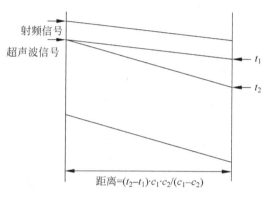

图 7-15　TDOA 测距原理

在 AHLos 算法的初始阶段,信标节点广播其位置信息,未知节点测量与邻居信标节点之间的距离和接收信标节点的位置信息。如果邻居信标节点数目大于或等于三个,就采用最大似然估计方法计算其位置。一旦未知节点完成自身位置的估计就转化为信标节点,并广播其位置信息,以便那些原本邻居信标节点数目不足三个的未知节点能逐渐拥有足够的信标节点以估计其位置。AHLos 算法实现中定义了三种子算法,分别是原子多边算法、迭代多边算法和协作多边算法。

1) 原子多边算法

该算法实质上就是最大似然估计,当未知节点的邻居信标节点(非转化后的信标节点)数目大于等于三个时,执行原子多边算法,即最大似然估计。

2) 迭代多边算法

未知节点周围的原始信标节点数目不足三个,要等待部分未知节点升级为信标节点,因此,当原始信标节点和转化后的信标节点总数大于或等于三个时,将执行最大似然估计计算其位置信息。

3) 协作多边算法

由于信标节点比例小,而且大多数情况下是随机部署,因此,很有可能少数未知节点永远无法执行原子多边算法或迭代多边算法,此时,未知节点试图利用多跳的局部信息来估计其位置。如果未知节点能够获得足够多的信息,形成具有唯一解的由多个方程组成的超定系统,则可以同时定位多个节点。如图 7-16 所示,未知节点 2 和 4 都有三个邻居节点,且 1、3、5、6 都是信标节点,根据拓扑中的 5 条边建立 5 个二次方程式,而只包含 4 个未知数,属于超定系统,可以计算出节点 2 和 4 的位置。

AHLos 算法将已定位的未知节点升级为信标节点,可以缓解信标节点的稀疏问题,但是,这会造成一定的误差累积。

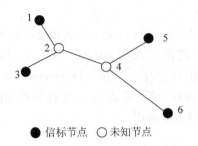

●信标节点　○未知节点

图 7-16　可采用协作多边算法的局部网络拓扑

2. 基于 AOA 的 APS 算法

基于到达角度(Angle Of Arrival,AOA)的 APS(Ad-hoc Positioning System)定位算法是美国罗格斯大学的 Niculescu 等人提出,其思想是利用超声波接收器测量节点之间的角度,然后根据这些角度信息估计节点位置,节点接收到的信号相对于自身轴线的角度称为信号相对接收节点的到达角度 AOA。如图 7-17 所示,假设超声波接收器 1 和接收器 2 相距 L,两接收器连线的中点是节点所在位置,连线的中垂线作为确定邻居节点方向的基准线。在获得三个距离值 x_1、x_2 和 L 后,根据几何关系就可以知道方向角 θ。

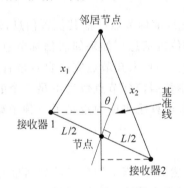

图 7-17　基于 AOA 的 APS 算法测向

根据到达角计算方法,节点定位具体如图 7-18(a)所示,未知节点 D 测得与信标节点 A、B 和 C 的方向角,可以计算出 $\angle ADB$、$\angle ADC$ 和 $\angle BDC$,找出由信标节点 A、B 和 C,$\angle ADB$、$\angle ADC$ 和 $\angle BDC$ 所确定圆周的交点,即可求得 D 点的坐标。

还有一种情况如图 7-18(b)所示,已知未知节点 D 相对于信标节点 A、B 的角度 $\angle ADB$,根据简单的等弧对等角的几何原理,可以判定节点 D 在经过 A、B 的某个圆 O 的圆周上。已知信标节点 A、B 的坐标和 $\angle ADB$,则可以求出圆 O 的圆心坐标。这样可以将 n 个节点的三角测量问题转换为 C_n^2 个节点的三边测量问题,或者是形成三个节点的三角测量问题,基于到达角度 AOA 的 APS 定位算法采用了这种计算方法。

一般情况下,传感器网络内部信标节点的数量比较少,因此,未知节点的邻居节点不完全是信标节点,使得未能直接与信标节点通信的未知节点不能够测量出自己相对于信标节点的角方向,基于到达角度 AOA 的 APS 算法提出了方位转发(Orientation Forwarding)方

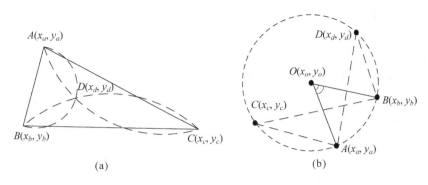

图 7-18　根据与信标节点的方向角定位

法来解决这个问题，如图 7-19 所示。

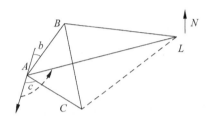

图 7-19　APS 算法的方位转发

未知节点 A 测得与邻居未知节点 B 和 C 的方向角（$\angle b$ 和 $\angle c$），而 B 和 C 已经测量或者通过方位转发得到与信标节点 L 的方向角。如果 B 和 C 互为邻居节点，则可以求得 $\triangle ABC$ 和 $\triangle BCL$ 的所有内角，即四边形 $ABLC$ 的 4 个内角已经确定，从而可以求得 $\angle CAL$，于是未知节点 A 相对于信标节点 L 的方向角（如图中虚线所示）等于 $\angle CAL + \angle c$。然后，节点 A 可以将它对 L 的方向角的估算值转发给其他邻居节点，从而更远的节点能够估计相对于 L 的方向角。

7.3.3　距离无关的定位技术

基于距离的定位能够实现精确定位，但是对节点硬件的要求往往很高。考虑到硬件成本、节点能耗等因素，技术人员提出了距离无关的定位技术。距离无关定位技术就是无须测量节点之间的绝对距离或方位而实现定位的技术，降低了对节点硬件的要求，但是定位误差有所增加。其中，有一类距离无关的定位方法，它是先对未知节点和信标节点之间的距离进行估计，然后，利用三边测量法或极大似然估计法进行定位，质心算法就属于这一类。

南加州大学研究助理 Bulusu 等人提出的质心算法是一种典型的距离无关定位算法，在自由室外环境中，利用未知节点与信标节点之间的连通性实现节点定位。多边形的几何中心称为质心，多边形顶点坐标的平均值就是质心节点的坐标，如图 7-20 所示。

在图 7-20 中，多边形 $ABCDE$ 的顶点坐标分别为 $A(x_1, y_1)$、$B(x_2, y_2)$、$C(x_3, y_3)$、$D(x_4, y_4)$ 和 $E(x_5, y_5)$，其质心坐标 (x, y) 等于 $\left(\dfrac{x_1 + x_2 + x_3 + x_4 + x_5}{5}, \dfrac{y_1 + y_2 + y_3 + y_4 + y_5}{5} \right)$。相应地，质心定

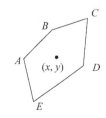

图 7-20　质心定位

位算法首先确定包含未知节点的区域,计算这个区域的质心,并将其近似作为未知节点的位置。

质心算法把信标节点以规则网格的形状部署在一定区域中,信标节点标记为 R_1, $R_2,\cdots,R_n$。在定位时,未知节点监听信标节点周期性(时间为 T)广播的位置信息,在一定时间 t 后,根据式(7-10)计算与信标节点之间的连接指标(Connectivity Metric,CM)。对于每个未知节点,其与信标节点 R_i 的连接指标 CM_i 定义如下。

$$\mathrm{CM}_i = \frac{N_{\mathrm{recv}}(i,t)}{N_{\mathrm{sent}}(i,t)} \times 100\% \tag{7-10}$$

其中,$N_{\mathrm{recv}}(i,t)$ 表示到时间 t 为止未知节点接收到来自 R_i 的位置信息数目;$N_{\mathrm{sent}}(i,t)$ 表示到时间 t 为止 R_i 所发送的位置信息数目。

为了提高连接指标的可靠性,质心算法设定信标节点至少发送 S 个位置信息,时间 t 设置为 $(S+1-\varepsilon) \cdot T, 0 < \varepsilon \ll 1$。如果未知节点与信标节点 R_i 的连接指标超过某阈值,则认为其处于 R_i 的无线电信号覆盖区域内,即其与 R_i 连通。假设未知节点确定的若干个连通信标节点为 $R_{i1},R_{i2},\cdots,R_{ik}$,相应的坐标为 $(x_{i1},y_{i1}),\cdots,(x_{ik},y_{ik})$,那么未知节点将取这些信标节点覆盖区域的质心,即其估计位置 $(x_{\mathrm{est}},y_{\mathrm{est}}) = \left(\dfrac{x_{i1}+\cdots+x_{ik}}{k}, \dfrac{y_{i1}+\cdots+y_{ik}}{k}\right)$。

质心算法完全利用未知节点与信标节点是否连通来进行定位,实现简单易行,也不需要节点之间进行协调,具有良好的可扩展性。质心算法的定位精度虽然不高,属于粗粒度定位算法,但对于那些对位置精度要求不太苛刻的应用可以满足其要求。

7.4　网络安全

7.4.1　无线传感网的安全威胁

传感器网络在各个协议层都容易遭受多种形式的攻击,下面着重分析相关安全威胁。

1. 物理层的攻击和防御

物理层安全的主要问题由无线通信干扰和节点沦陷引起。无线通信干扰所引起的安全问题是一个攻击者可以用 K 个节点去干扰并阻塞 N 个节点的服务,而 K 远小于 N。节点沦陷是另一种类型的物理攻击,攻击者取得节点的秘密信息,从而可以代替这个节点进行通信。

1) 拥塞攻击

攻击节点通过在无线传感网工作频段上不断发送无用信号,可以使攻击节点通信半径内的节点都不能正常工作。抵御拥塞攻击可使用宽频和跳频方法,而对于全频段持续拥塞攻击,转换通信模式是唯一能够使用的办法,可以采用光通信和红外线通信来抵御。

2) 物理破坏

敌方可以捕获节点、获取加密密钥等敏感信息,从而不受限制地访问上层信息。针对无法避免的物理破坏,可以采用的防御措施包括物理损害感知机制,节点在感知到被破坏后,可以销毁敏感数据、脱离网络、修改安全处理程序等,从而保护网络其他部分免受安全威胁。

对敏感信息进行加密存储,加密密钥、认证密钥和各种安全启动密钥等需要严密保护,在实现的时候,敏感信息尽量放在易失存储器上。

2. 链路层的攻击和防御

数据链路层为一跳邻居节点提供高效可靠的信道访问,在 MAC 协议中,节点通过监测邻居节点是否正在发送数据来确定自身是否能访问信道。

1)碰撞攻击

无线传感网处于开放的通信环境,当两个节点同时进行数据发送时,它们的发送信号会相互叠加而产生干扰。任何数据帧只要有一个比特的数据在传输过程中发生冲突,则整个数据帧都要被丢弃,在链路层上节点之间就产生了碰撞。针对碰撞攻击,可以采用纠错编码、信道监听和重传机制等来对抗碰撞攻击。

2)耗尽攻击

耗尽攻击是指利用协议漏洞,通过持续通信使得节点能量耗尽。例如,利用链路层的重传机制,使节点不断重新发送前一数据帧,从而耗尽节点能量。抵御耗尽攻击的一种方法是限制网络节点发送速度,让节点自动忽略过多请求、不必应答每个请求;此外,可以对同一数据帧的重传次数进行限制。

3)非公平竞争

如果数据帧在通信过程中具有优先级,被俘节点可能不断在网络上发送高优先级的数据帧以占用信道,从而导致其他节点在通信过程中不能使用信道,这是一种弱的 DoS 攻击方式。一种缓解非公平竞争的方案是采用短帧策略,即在链路层不允许使用过长的数据帧,以缩短每个帧占用信道的时间,另外一种应对非公平竞争的方法是采用竞争或时分复用的方式实现数据传输。

3. 网络层的攻击和防御

无线传感网没有固定的基础结构,通常每个节点都具有路由功能,由于每个节点都是潜在的路由节点,因此更易于受到攻击。

1)虚假路由信息

这是对路由协议最直接的攻击方式,通过篡改或者重放路由信息,攻击者能够使传感器网络产生路由环、吸引或抑制网络流量、延伸或缩短源路由,产生虚假错误消息、分割网络等。为抑制虚假路由,对于层次路由协议,可以使用输出过滤的方法,即对源路由进行认证,确认一个数据包是否从它的合法子节点发送过来,直接丢弃不能认证的数据包。

2)选择性转发

无线传感网中每一个节点既是终端节点又是路由转发节点,要求路径上的每个中间节点能够忠实地转发消息,但是攻击节点在转发信息时,会有意丢弃部分或全部信息,使得信息不能到达目的节点。该攻击的一个简单做法是恶意节点拒绝转发经由它的任何数据包,即造成所谓的"黑洞攻击",然而,这种做法会使得邻居节点认为该恶意节点已经失效,从而不再经由它转发消息,一种比较具有迷惑性的做法是选择性丢弃某些数据包。

另一种解决选择性转发攻击的办法是使用多径路由,这样即使攻击者丢弃数据包,数据包仍然可以从其他路径到达目的节点。该办法还带来一个额外的好处,节点通过多径路由收到数据包及其几个副本,通过对比可以发现某些中间数据包的丢失,从而能够推测进行选择转发攻击的节点。

3) 槽洞攻击

槽洞(Sinkhole)攻击是通过一个妥协节点吸引一个特定区域的几乎所有流量,创建一个以妥协节点为中心的槽洞。攻击者利用其收发能力强的特点,可以在汇聚节点和攻击者之间形成单跳高质量路由,从而吸引附近大范围的流量。

4) 女巫攻击

女巫(Sybil)攻击的目标是破坏依赖多节点合作和多路径的路由方案。女巫攻击中,恶意节点通过扮演其他节点或者通过声明虚假身份,从而对网络中其他节点表现出多重身份。在其他节点看来,存在着一系列由女巫节点伪造出来的节点,但事实上那些节点并不存在,所有发往那些节点的数据,都被女巫节点获得。Sybil 攻击能够明显降低路由方案对于分布式存储、多路径路由、拓扑结构等具有的容错能力,对于基于位置的路由协议也构成很大威胁。

为了抵御 Sybil 攻击,可以采用基于密钥分配、加密和身份认证的方法。使用全局共享密钥会使得一个内部攻击者可以化装成任何存在或不存在的节点,因此,必须要确认节点身份。一个解决办法是每个节点都与可信任的汇聚节点共享一个唯一的对称密钥,两个需要通信的节点可以使用类似 Needham-Schroeder 的协议确认对方身份、建立共享密钥,然后相邻节点可以通过二者的协商密钥实现认证和加密链路。为防止一个内部攻击者试图与网络中所有节点建立共享密钥,汇聚节点可以给每个节点允许拥有的邻居数目设定一个阈值,当节点的邻居数目超出该阈值时,汇聚节点发送出错消息。

5) 虫洞攻击

虫洞(Wormhole)攻击又称为隧道攻击,两个或者多个节点合谋,通过封装技术压缩它们之间的路由,以减小它们之间的路径长度,使其似乎是相邻节点。常见的虫洞攻击是恶意节点将在某一网络区域内收到的信息通过低延迟链路传送到另一区域的恶意节点,并在该区域内重放此信息包。虫洞攻击容易转化为槽洞攻击,两个恶意节点之间有一条低延迟的高效隧道,其中一个位于汇聚节点附近,这样,另一个较远的恶意节点可以使其周围的节点认为自己有一条到达汇聚节点的高质量路由,从而吸引其周围的流量。

虫洞攻击难以觉察,因为攻击者使用了一个私有的、对无线传感网不可见、超出频率范围的信道。地理路由协议可以解决虫洞攻击,协议中每个节点都保持自己绝对或相对的位置信息,节点之间按需形成地理位置拓扑结构,当虫洞攻击者妄图跨越物理拓扑时,局部节点可以通过彼此之间的拓扑信息来识破这种破坏,因为"邻居"节点将会注意到两者之间的距离远远超出正常的通信范围。

7.4.2　两类密码体制

密码技术主要分为对称密码体制和非对称密码体制两类。

1. 对称密码体制

对称密码技术中,加密密钥和解密密钥相同,或者一个密钥可以从另一个导出,对称密码分为两类,分别是分组密码(Block Ciphers)和流密码(Stream Ciphers)。分组密码也称为块密码,它是将信息分成块(组),每次操作(如加密和解密)是针对一组而言。流密码也称序列密码,它是每次加密(或者解密)一位或者一个字节。对称密码技术的加密和解密过程如图 7-21 所示,密文 $C=E_k(M)$,明文 $M=D_k(C)=D_k(E_k(M))$,其中,E 为加密运算,D 为解密运算,k 为对称密钥。

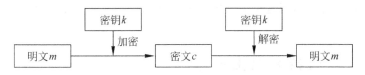

图 7-21 对称密码体制加/解密过程

在对称密码体制中,目前得到广泛应用的典型算法是 DES 算法,其是由替换和置换方式合成的对称密码算法。DES 算法先将明文(或密文)按 64 位分组,再逐组将 64 位的明文(或密文)用 56 位(另有 8 位奇偶校验位,共 64 位)的密钥,经过各种复杂的计算和变换,生成 64 位的密文(或明文),该算法属于分组密码算法。DES 算法可以由一块集成电路实现加密和解密功能,是数据通信中用计算机对通信数据加密保护经常使用的算法。在 1977 年,DES 算法作为数字化信息的加密标准,由美国商业部国家标准局制定,称为数据加密标准,使用该标准可以简单地生成 DES 密码。

2. 非对称密码体制

非对称密码体制也称为公钥密码体制,是为了解决对称密码体制中最难解决的两个问题而提出,即密钥分配问题和数字签名问题。Diffie 和 Hellman 于 1976 年在《密码学的新方向》中首次提出了公钥密码的观点,为每个用户分配两个相互匹配又相互独立的密钥。一个密钥被公开,称为公开密钥(公钥),用于加密;而另一个密钥被保密,称为私有密钥(私钥),用于解密。所有用户的公钥都登记在类似电话号码簿的密码本上,当要给用户 A 发送加密信息时,需要在密码本上查找 A 用户的公钥,然后加密信息,并发给用户 A。用户 A 接收到密文之后,用自己的私钥进行解密即可得到明文。与对称密码体制所采用的技术不同,非对称密码体制基于数学函数,而不是基于替换和置换。

非对称密码体制的加密和解密过程如图 7-22 所示,密文 $C=E(K_e, M)$,K_e 为公开密钥,E 运算可以看作是加密运算。明文 $M=D(K_d, C)$,K_d 为私有密钥,D 运算可以看作为解密运算。

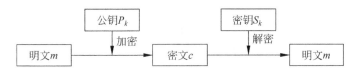

图 7-22 公钥密码体制加/解密过程

1977 年,由 Rivest、Shamir 和 Adleman 共同提出了第一个公钥密码算法 RSA,其是公钥密码中优秀的加密算法,被誉为密码学发展史上的里程碑之一。RSA 算法的安全性基于这样一个事实,求两个大素数的乘积是容易的,但分解两个大素数的乘积,求出其素因子则是困难的,它属于 NP 问题,至今没有有效的求解算法。此后,人们基于不同的计算问题提出了大量公钥密码算法。在公钥密码体制中,用公钥加密的文件只能用对应的私钥解密,而私钥加密的文件也只能用公钥解密。公共密钥由其主人加以公开,私有密钥必须保密存放。为发送一份保密报文,发送者必须使用接收者的公共密钥对数据进行加密,加密后只有接收方用其私有密钥才能解密。因此,一个用户可以将自己的加密密钥和加密算法公之于众,而只保密解密密钥,任何人利用这个加密密钥和算法向该用户发送的加密信息,该用户都可以将之还原。

7.4.3 无线传感网路由安全

在无线传感网的网络层节点采用身份认证,可以防止女巫攻击,而且可以防止恶意节点加入网络中,也可以防止恶意节点进行选择性转发攻击等。然而,恶意节点可以转发合法节点发送的消息,网络仍然容易受到虫洞攻击与洪泛攻击,为了在网络层保证传感器网络的数据安全传输,已经出现了多个安全路由协议,例如 SPINS、INSENS 等协议。

1. SPINS 安全协议

SPINS 安全协议是最早的无线传感网安全框架之一,由加州大学伯克利分校的 Adrian Perrig 等人提出,包括 SNEP(Secure Network Encryption Protocol)协议和 μTESLA(micro Timed Efficient Streaming Loss-tolerant Authentication)协议两个部分。

网络安全加密协议 SNEP 用于确保整个无线传感网的基本安全要求,即数据的保密性、通信双方的认证以及数据的新鲜性。该协议的优点在于仅在每个传输的信息后面增加了 8 字节的信息量,通信量的开销增加比较小。采用消息计数器保持通信双方的同步,数据采用密文传输,对手窃听不到传输消息的明文内容,可以保证对数据的认证、防止重放攻击,一定程度上保持了消息的新鲜性。在 SNEP 协议中,节点 A 和 B 之间的通信过程如下。

$$A \rightarrow B: D_{\langle K_{encr}, c \rangle}, \mathrm{MAC}(K_{mac}, C \mid D_{\langle K_{encr}, c \rangle})$$

其中,$D_{\langle K_{encr}, c \rangle}$ 表示对明文 D 用加密密钥 K_{encr} 和计数器 C 共同计算得到的密文 E;$\mathrm{MAC}(K_{mac}, C \mid D_{\langle K_{encr}, c \rangle})$ 表示计算密文消息 E 的消息认证码 MAC,再用 K_{mac} 密钥加密得到消息认证码。该通信过程采用双方同步的计数器保证了比较弱的数据新鲜性。

SNEP 协议本身只描述安全实施的协议过程,并不规定实际使用的算法,具体算法在具体实现时考虑。μTESLA 协议是基于时间高效容忍丢包的流认证协议,用以实现点到多点的广播认证,该协议的主要思想是先广播一个通过密钥 K_{mac} 认证的数据包,然后公布密钥 K_{mac}。因此,保证了在密钥 K_{mac} 公布之前,没有人能够得到认证密钥的任何信息,也就没有办法在广播包正确认证之前伪造出正确的广播数据包,这样的协议过程恰好满足流认证广播的安全条件。μTESLA 协议用于保证广播认证,使用全网共用的密钥,采用按时释放的密钥链进行源认证。基站保存了所有密钥,即 $K_0, K_1, \cdots, K_n$,且 $K_i = F(K_{i+1})$,F 是单向 Hash 函数,$i = 0, 1, \cdots, n$,基站与普通节点之间利用计数器实现同步,时间被分成 n 段 $t_j (j = 0, 1, \cdots, n)$,每个时间段对应一个密钥,在 t_i 时间段内采用密钥 K_i,由基站定期广播更新密钥,节点对更新密钥进行验证,如果信息通过验证说明来源于合法的基站,节点删除原来的密钥,使用新的密钥进行通信。

2. INSENS 协议

INSENS 是一种入侵容忍的路由协议,其设计思想是允许网络中存在入侵,但是攻击者只能使它周围的少数节点妥协,而不能摧毁整个网络。在协议中,只有基站才可以向网络中广播数据,单个节点不允许进行广播。为了避免恶意节点伪装成基站,协议采用 μTESLA 协议对基站广播的数据进行认证。基站首先使用单向散列函数 H,生成一个单向密钥链 $\{K_0, K_1, \cdots, K_n\}$,其中,$K_i = H(K_{i+1})$,由 K_{i+1} 很容易计算得到 K_i,而由 K_i 则无法计算得到 K_{i+1}。把网络运行时间分为若干个时间槽,在每一个时间槽内使用密钥链里对应的一个密钥。在第 i 个时间槽里,基站发送认证数据包,然后延迟一个时间 delta 后公布密钥 K_i。节点在接收到该数据包后首先保存在缓冲区里,并等待接收最新公布的密钥 K_i,然后使用其目前保存的密钥 K_v,并使用 $K_v = H_{i-v}(K_i)$ 来验证密钥 K_i 是否合法,若合法,则使用 K_i 认证缓冲区里的数据包。

基站通过向无线传感网洪泛请求信息,并接收节点发送回来的路由反馈信息,构建网络拓扑结构,并为每个节点构建两条节点不相交的路由路径。INSENS 安全路由协议以增加基站负载为代价,减少传感器节点的计算、带宽、通信等需求。为了防止某一条路径被破坏,整个 INSENS 的安全路由建立过程分为如下三步。

1) 网络初始化阶段

基站广播路由请求信息,收到消息的节点向下一跳节点传输请求信息。接收到消息的节点把第一个传输请求信息给它的节点标记为邻居节点,并把这个邻居节点记录作为上一跳路由节点,以后收到同样的请求信息,仅把发送信息的节点标注为邻居节点,而不把这些节点作为上一跳路由节点。路由消息的格式是 type|OWS|size|path|MACR,其中,type 表示数据包的类型,OWS 是一个单向 Hash 函数产生的哈希结果,用来验证数据包的合法性,size 表示数据包的长度,path 存放节点到基站的路径,MACR 指请求数据包的 MAC 信息。

2) 路由信息回送阶段

节点在收到基站方向传输过来的路由请求消息后,发送它所掌握的本地路由信息给基站,其采用的数据包格式是 type|OWS|parent_info|path_info|nbr_info|MACF,其中,type 和 OWS 的含义同上一步,parent_info 表示节点存储的父节点信息,path_info 存储的是从节点到基站的路径,该路径在上一步中建立起来,nbr_info 存储的是邻居节点列表,MACF 表示本条回送消息的消息认证码。

3) 路由表更新阶段

基站在收到普通节点回送的路由信息后,对所有的路由信息进行汇总,计算出最优路径,再向节点发送前向转发表,其格式为 type|OWS|size|Forwarding table|MAC,其中,type、OWS 和 size 的含义同第 1 步,Forwarding table 是基站优化的转发路由表,MAC 是路由更新信息的消息认证码。基站在优化节点回送的信息时,能够发现恶意节点的存在。

习题

1. 如何理解无线传感网的能量管理?
2. 简述分层和功率调节两种拓扑控制的基本思想。

3. 无线传感网可采用哪些定位技术？优缺点各是什么？

4. μTESLA 的核心思想是什么？

5. 两类密码体制有什么不同？

6. 无线传感网有哪些安全机制？简要描述。

7. 无线传感网面临的威胁有哪些？

8. 在野外环境下，节点的供电来源可以有哪些选择？简要描述。

9. GPS 定位系统工作原理是什么？

10. 简要描述 AHLos 算法的工作过程。

微操作系统TinyOS

本章讲述无线传感网微操作系统 TinyOS。主要包括 TinyOS 的体系结构、内核调度机制,重点探讨任务、事件和任务调度模型;然后深入分析 TinyOS 及其应用程序的启动过程;详细介绍 TinyOS 的网络协议栈结构和实现;最后介绍 TinyOS 的资源管理。

8.1 TinyOS 概述

8.1.1 TinyOS 简介

TinyOS(Tiny Micro Threading Operating System)是专门为嵌入式传感器网络设计,依托美国国防部的"智能微尘"项目,由加州大学 David 教授领导开发的一个基于事件驱动的开源操作系统,是目前在学术界等使用率最高的传感器网络操作系统。TinyOS 作为一款开源、基于组件的操作系统平台,采用 NesC 语言编写,主要针对无线传感网,运行在节点之上,其支持众多的硬件平台,包括 Mica2、Mica2dot、MicaZ、TelosB、Tinynode、btnode3 等。为了满足无线传感网的需求,TinyOS 系统在设计上具有以下几个特点。首先,TinyOS 通过组件形式构建系统本身和其上的应用程序,可以根据不同的应用场景来选用、编译不同的组件,使得其核心代码仅有 400B 左右,很大程度上减少了应用开发对节点存储空间的需求。其次,TinyOS 系统采用事件驱动的模式,进行任务(Task)和事件(Event)两级调度,满足了实时性,并保证并发性。最后,TinyOS 系统定义了两种不同的能量管理模型,当任务调度队列为空时,处理器能够进入低功耗模式,大大减少了节点能耗。

TinyOS 负责控制运行由所需系统组件和用户自定义组件构成的应用程序,提供了一系列系统可重用组件。一个 TinyOS 应用程序可以通过顶层配置组件将应用所需要的各个组件连接(Wiring)起来,以完成需要的功能。TinyOS 应用程序通常基于事件驱动模式,采用事件触发来唤醒相关工作。在两级调度模型中,任务一般用在对时间要求不是很高的情况,而且任务之间平等,按照发生的时间顺序依次执行,不能相互抢占运行。为了减少任务的运行时间,通常要求每一个任务的功能不能过多。事件一般用在对时间要求很严格的情况下,而且它可以中断任务和其他事件的执行,实现抢占式运行。事件可以被外部环境的特定行为所触发,也可以由内部操作引起,在 TinyOS 中由硬件中断来驱动外部事件的发生。由于 TinyOS 中的任务之间不能相互抢占,所以,TinyOS 没有提供阻塞操作。值得注意的是,为了让一个耗时较长的操作尽快高效完成,需要将对这个操作的需求和这个操作的完成两个部分分开处理,后续章节将进行具体示例说明。

8.1.2 TinyOS 体系结构

TinyOS 是在节点资源有限、灵活、并行性和能量管理 4 个目标约束驱动下设计开发,采用基于组件的编程模型(Component Based Model),应用程序由一个或多个组件构成,组件包括模块(Module)和配置(Configuration)两类。模块组件用来完成程序功能的实现,而配置组件用来说明在功能实现上有关联的组件之间的相关关系,并在编译时进行连接。因此,一个 TinyOS 应用必然有一个顶层配置组件,把应用所涉及的各组件连接(也称导通)在一起,形成一个可执行应用程序。TinyOS 操作系统本身和其应用程序都由组件构成,TinyOS 系统的组件全部由 NesC 语言编写,采用双向接口的模式设计,即一个组件可能需要使用其他组件的接口功能,同时又对外提供一组接口的功能。模块组件的结构如图 8-1所示,它通常包括一组命令函数、一组事件函数、若干任务函数、若干普通函数和一个描述状态信息及数据结构的框架。由上述可见,模块组件中具有不同类型的函数,任务函数和普通函数在定义形式上与一般的 C 语言函数基本相同,但是任务函数没有返回值;而命令函数和事件函数这两者都与接口(Interface)有关,接口是组件之间功能交互的手段。模块的框架给出了应用中所涉及的变量,相关数据结构的定义、赋值等,以及定义了应用中新的用户数据类型。

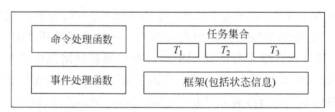

图 8-1　TinyOS 模块组件的功能实现框架

开发 TinyOS 应用,其程序组织结构主要包括几部分的组件实现,例如,MainC 组件,这是一个 TinyOS 的系统启动、调度程序;以及若干可选择的系统组件,用户为应用自定义的用户组件集合。TinyOS 的这种体系结构使得用户可以快速、便利地实现应用,用户不需要关心硬件描述层(HPL)的具体实现细节和节点硬件所提供的功能,仅需要了解、使用系统组件层提供的服务来满足具体用户应用需求。通过对硬件描述层的抽象,大大增强了TinyOS 的可移植性。同时,通过硬件抽象层对硬件平台的描述,可以使得部分 TinyOS 系统内核基本与具体硬件无关,从而比较容易地实现不同平台之间的移植。因此,TinyOS 的体系结构可以很好地满足传感器网络节点硬件的变化,其组件化的层次结构如图 8-2 所示。

TinyOS 应用建立在硬件抽象体系结构(HAA)上,采用层次化的组件组织,使得用户可以根据不同应用场景选择、编译不同的组件,以满足不同需求,且使得 TinyOS 源代码具有良好的可用性和移植性。如图 8-2 所示,这种结构由下到上可以分为三层,分别是硬件表示层、硬件适配层和硬件独立层。

硬件表示层(Hardware Presentation Layer,HPL)通过寄存器或 I/O 寻址直接访问节点硬件资源,硬件可以触发中断请求服务,通过内部通信机制,HPL 层隐藏了硬件访问的复杂细节,为系统提供更具可读性的接口。例如,节点的 MCU 通常有两个 USART 进行串口

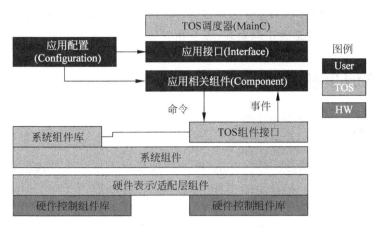

图 8-2　TinyOS 的组件层次结构

通信,它们具有相同的功能,但必须通过不同的寄存器来访问,产生不同的中断向量,而 HPL 层组件可以通过一个相容的接口来隐藏这些不同。HPL 组件的状态由具体的硬件状态决定,每个 HPL 组件通常包括若干操作,比如初始化、开启和停止硬件的命令,控制硬件操作的寄存器读写命令、开启和关闭中断的命令等。硬件适配层(Hardware Adaptation Layer,HAL)是硬件抽象结构的核心,它使用 HPL 层组件提供的原始接口将硬件资源的复杂性进一步隐藏。与 HPL 组件不同的是,HAL 层组件具有状态性,可以进行仲裁和资源控制。出于对无线传感网高效性操作的考虑,HAL 层对具体的硬件设备类别和平台进行抽象,给出了硬件具有的特定功能。HAL 层组件通常以 Alarm、ADC channel、EEPROM 等命名,上层组件可以通过丰富、定制化的接口来访问这些组件,同时,也使得应用程序在编译时的接口检测更加高效。硬件独立层(Hardware Independance Layer,HIL)将 HAL 提供的、针对具体平台的抽象转化为独立于硬件平台的组件描述,这些组件中的接口隐藏了各种硬件平台的不同,以统一形式提供了典型的硬件服务,使得用户应用开发更加简化。

　　TinyOS 系统的三层硬件抽象结构具有很大的灵活性,具体的应用程序可以将 HAL 和 HIL 组件结合使用,提高代码执行效率,这称为硬件抽象结构的垂直分解。为了提高硬件资源抽象在不同平台上的重用率,还可以将硬件抽象结构水平分解。例如,在 TinyOS 中的 chip 文件夹下,定义了许多独立的硬件芯片抽象,包括 microcontroller、radio-chip、flash-chip 等,每个芯片抽象都提供独立的 HIL 组件接口,可以将各个不同的芯片结合起来从而组成具体的硬件平台。但是,各个平台与芯片抽象间的通用接口会增加程序的代码量,不利于代码的高效执行。

8.1.3　TinyOS 的安装

　　目前,TinyOS 系统的最新版本是 2.1.2,由于 TinyOS 2.x 使用高版本的 ncc 编译器,因此,安装之前必须将已有的 TinyOS 1.x 系统及 Windows 下的 Cygwin 虚拟 Linux 环境删除,然后才能重新安装 TinyOS 2.x。

　　在 TinyOS 的官网上提供了多种安装、配置 TinyOS 开发环境的方法,其中,值得推荐的是 XubunTOS,它是一套基于 Xubuntu 7.04 的 VMware 虚拟镜像,内部已经安装和配置好 TinyOS 2.1.0,默认的编辑器是 Emacs。另一方面,如果在 Windows 平台下安装、使用

TinyOS 开发环境,需要使用 avr gcc 编译器、perl、flex、Cygwin 及 JDK。程序 toscheck 是一个专门用来检验这些软件是否正确安装,以及相应环境变量是否设置完好的工具。

8.2 内核调度机制

8.2.1 任务

为了进行系统功能的有效调度,TinyOS 的调度模型采用两级管理的轻量级线程调度技术,即同步的任务(Task)和异步的事件(Event)。任务一般用于对实时性要求不高的应用中,其本质是一种延迟的计算机制。在 TinyOS 1.x 中,对任务的定义比较简单,要求其无输入参数和返回值,采取简单的先进先出 FIFO 调度策略。TinyOS 2.x 系统中提供了两种类型的任务,一种是 TinyOS 1.x 中使用的基本任务模型,以组件形式表示任务调度器的实现;另一种是 TinyOS 2.x 中新出现的任务接口模型,其将任务表示为接口,从而可以大大扩展任务的种类。TinyOS 2.x 系统同时提供了这两种类型的任务管理方式,从而极大地增强了系统的任务访问效率。

TinyOS 的内核调度机制属于非抢占式,一个任务必须运行结束才能执行另一个任务,任务之间不能相互抢占,也就是说,一个任务的代码执行相对于其他任务而言是同步的,任务之间的执行关系具有原子性。在 TinyOS 系统中,为了对任务进行管理,需要定义任务和抛出任务。任务函数的定义形式如下。

```
task void taskName (){
    //任务的内部代码
}
```

其中,task 是定义任务的关键字,指定随后的 taskName 函数作为任务来使用,从而有别于一般的函数定义。taskName 函数返回值为空,且没有入口参数,任务内部代码由具体的任务功能决定。定义任务函数后,需要在调用任务代码的合适位置对其抛出调用,抛出任务的格式如下。

```
result_t rval = post taskName();
```

其中,result_t 是用户自定义数据类型,作为抛出任务操作的返回值;关键字 post 用来实现任务的抛出,需要注意的是,任务抛出时并没有立刻执行任务,而是将任务按照一定的规则存入任务调度队列,等待其后的系统任务调度,被调度到之后才真正开始执行任务。在 TinyOS 1.x 中只提供了一种简单的 FIFO 任务调度模型,抛出一个任务进入任务队列可能会由于系统资源不足而失败,表明该任务当前不能进入任务队列。一个任务可以被多次抛出,因此,可能会发生第一次抛出成功,第二次抛出不成功的情形,这种情况会导致即使收到抛出失败的消息,但是任务仍然会被运行。如果用户想修改 FIFO 调度机制,可以在 sched.c 文件中进行修改、替换。此外,受编程语言 NesC 的语法定义限制,任务函数没有入口参数和返回值,需要有任务函数的定义和抛出操作,且不能对任务函数的这两个操作在语法上进行修改,否则,将不能编译通过。

TinyOS 2.x 除了提供上述基本任务之外,还提供了一种新型任务,即任务接口,任务接口扩展了任务的语法和语义。在通常情况下,任务接口包含一个异步的任务 post 命令和一个任务 run 事件两个函数,这些函数的确切形式取决于接口定义。例如,下面定义了一个任务接口,使任务可以接收一个整型参数。

```
interfacetaskParameter {
  async error_t command postTask(uint8_t param);
  event void runTask(uint8_t param);
}
```

使用这个任务接口,模块组件可以实现传给其中的任务 uint8_t 类型的参数。当任务运行时,会传递 uint8_t 类型参数给 runTask 事件,由该事件函数处理这个参数,因此,逻辑上参数被传递给这个任务,并且得到处理。值得注意的是,参数是动态分配 RAM 空间,不会一直占用该 RAM 空间。进一步来说,在 TinyOS 2.x 中因为任何时候一个任务只有一个实例在运行,可以简单地将这个参数存储在组件中。定义了任务接口后,下面的代码给出了任务接口的使用。

```
call TaskParameter.postTask(12);                //抛出任务
..
event void TaskParameter.runTask(uint8_t param) {     //定义任务运行代码
   ...
}
```

为了实现同样的功能,在 TinyOS 1.x 的基本任务模型中,需要传递参数时,任务的定义和执行格式如下所示。

```
uint8_t param;
...
param = 12;
post parameterTask();
...
task void parameterTask() {
  //使用参数 param
}
```

可以发现,如果使用基本任务实现任务的参数传递,需要分配一个全局变量,然后在任务中使用该变量,这个变量会一直占用 RAM 空间,直到整个 TinyOS 应用程序结束。此外,对于任务接口,上述代码当任务再次执行时使用的参数仍然是 12,而基本任务在下次执行时,则 param 的值有可能已经改变,如果在基本任务模型中仍然希望使用旧的参数来执行任务,则可以使用如下的控制方式。

```
if(postparameterTask () == SUCCESS) {
  param = 12;
}
```

8.2.2　事件

为使得无线传感网运行效率高效,TinyOS 使用基于事件的驱动调度方式。TinyOS 的事件模式允许高效的并发操作处理。相比之下,普通基于线程的操作系统调度则需要为每个上下文切换预先分配堆栈空间,开销较大。

　　TinyOS 作为基于事件的操作系统,将以较低的功耗完成一些操作,使得系统在没有重要工作时而进入低功耗状态,满足了传感器网络对低功耗的需求。在 TinyOS 系统中,当事件被触发时,与发出信号的事件相关联的所有操作从底层到上层将被迅速处理。当该事件以及所有关联的任务被处理完毕后,如果没有产生新的事件,CPU 将进入睡眠状态直到新的事件发生而被唤醒。TinyOS 这种事件驱动的方式使得整个系统能高效地使用 CPU 资源,保证了能量的高效利用。需要注意的是,在 TinyOS 应用系统中,事件驱动涉及硬件事件和软件事件的控制运行,涉及系统级中断服务程序的自动调用和用户级事件函数的触发调用执行。

　　硬件事件驱动就是一个硬件模块发出中断请求,进而微控制器进行硬件响应,然后进入中断服务处理函数。软件事件驱动则是通过关键字 signal 触发一个事件函数的执行,这个触发过程可能是一系列由下往上的执行过程,直到用户应用的事件函数。所谓的软件驱动是相对于硬件驱动而言,主要用于在特定操作完成后,系统通知相应程序做一些适当处理。下面以定时 1s 的闪灯 TimingBlink 应用程序为例,阐述硬件事件处理过程。在 TimingBlink 应用程序中,让定时器每隔 1s 产生一个硬件时钟中断,在基于 CC2530 的节点中,有多个定时器中断,例如,其中的 T_2 时钟中断的中断号为 10。如图 8-3 所示,在 TinyOS 1.x 中,BlinkTimerM 模块的 StdControl.start()函数被调用,应用程序开启了所用的系统定时器。

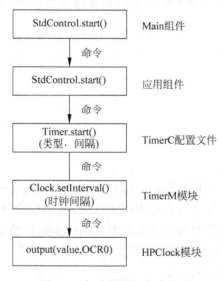

图 8-3   定时器服务启动流程

　　计算机系统中,中断向量是中断服务程序的入口地址,一个时钟中断事件的中断向量位于处理器处理中断事件的中断向量表格内,它的位置和格式与处理器设计相关。一些处理器规定在中断向量表中直接存放中断处理函数的入口地址,由处理器自动产生跳转指令进入相应的入口地址。例如,中断向量表中存放的是 0x1234,则处理器在发生中断时,利用一条中断调用指令执行开始于地址 0x1234 的一段代码。另外一些处理器则是为每个中断在固定区域提供一定范围的地址空间,产生中断时处理器直接跳转到对应中断向量的位置来执行代码。但是,通常情况下预留给中断向量的代码地址空间有限,对于较长的处理函数代码,一般都会在中断向量的位置使用一条跳转指令进入中断处理程序的主体执行,CC2530处理器的中断向量组织使用的就是后一种处理方式。在 TinyOS 系统中,定时器发生中断的响应过程如图 8-4 所示。

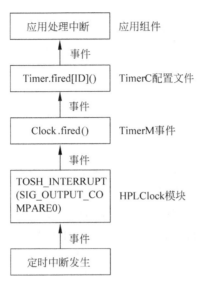

图 8-4 定时器中断响应服务流程

8.2.3 任务调度模型

TinyOS 提供了任务和事件的两级调度模型。任务是一种延迟的计算处理机制,任务之间具有原子性、相互平等,且没有优先级之分,因此,任务的调度采用简单的 FIFO(First Input First Output)方式。任务之间不能相互抢占,即任务一旦运行,就必须执行到结束,当任务执行完主动放弃 CPU 使用权时才能调度运行下一个任务。所以,TinyOS 是一种不可剥夺型的内核,内核主要负责管理各个任务,并决定何时执行哪个任务。由于任务一旦执行,必须执行完才能放弃 CPU 使用权,所以,为了缓解其他任务的等待执行时间,任务代码不宜过多、执行时间不宜过长。同时,为了减少中断服务程序的运行时间、降低中断响应的延迟,中断服务程序设计也应尽可能精简,从而缩短中断响应时间。

TinyOS 内核把一些不需要在中断服务程序中立即执行的代码以函数形式封装成任务,然后,在中断响应处理时,把任务函数的地址放入任务队列,退出中断服务程序后由 TinyOS 内核调度执行。内核的调度采用简单的 FIFO 算法,且使用一个循环队列来维护任务列表,默认情况下,任务列表大小为 8,其中可存入 7 个任务。图 8-5(a)和图 8-5(b)分别是任务队列为空和有三个任务在队列中等待处理的情况,内核根据任务进入队列的先后顺序依次调度执行任务。

当有任务进入队列时,TOSH_sched_full 指向进入队列的最新任务,而通过 TOSH_sched_free 可计算出未来要释放的队列单元。有模块抛出任务时,内核将任务的入口地址存入 TOSH_sched_full 所指向的下一个单元,而内核调度任务时从 TOSH_sched_free+1 所指向的单元取出任务执行,然后,TOSH_sched_free 再指向下一个单元。

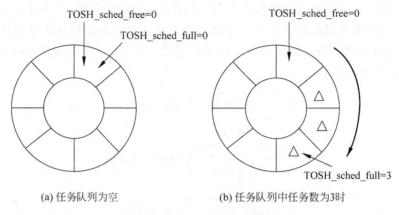

(a) 任务队列为空　　　　　　　　　(b) 任务队列中任务数为3时

图 8-5　TinyOS 的任务队列管理

作为一个综合示例，图 8-6 给出了 TinyOS 系统中，中断、事件、任务、命令、调度等的系统操作管理过程。首先，由硬件在特定条件下，比如，ADC 模数转换结束，引发硬件中断请求信号，该请求信号得到 CPU 响应后，在系统内核触发中断服务程序的执行。中断服务程序执行过程中，可能会触发事件的执行（signal），而事件执行过程中又可能调用一系列命令函数，在一些命令函数中会抛出任务（post），从而任务进入 FIFO 任务管理队列等待被调度执行。同时，在一个事件的执行过程中，更高优先级的事件会抢占其执行，转去为这个更高级别的事件服务，在这个更高优先级的事件中也会调用命令、抛出任务等。

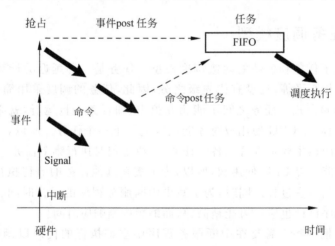

图 8-6　TinyOS 的任务调度综合管理过程

8.2.4　调度器的实现

在 TinyOS 2. x 中，任务调度器的功能由一个 TinyOS 组件来实现，调度器既支持最基本的任务模型，也支持任务接口，并且由调度器负责协调不同的任务类型。对于基本任务，TinyOS 采用 FIFO 策略进行调度，而任务接口像一般 NesC 程序一样，按照 NesC 的语义声明接口，并绑定到调度器组件。TinyOS 调度器提供了一个参数化的任务接口 TaskBasic，每个绑定到该任务接口的任务使用 unique() 函数来获取唯一标识，调度器通过这个标识来实现任务的调度。在 TinyOS 2.x 中,调度器模块组件的声明如下。

```
module SchedulerBasicP {
    provides interface Scheduler;
    provides interface TaskBasic[uint8_t id];
    uses interface McuSleep;
}
```

TinyOS 2.x 调度器组件必须提供 Scheduler 接口,该接口定义了用于初始化和运行任务的命令函数,其定义代码如下。

```
interface Scheduler {
  /**
   * Initialize the scheduler.
   */
  command void init();
  /**
   * Run the next task if one is waiting, otherwise return immediately.
   *
   * @return        whether a task was run -- TRUE indicates a task
   *                ran, FALSE indicates there was no task to run.
   */
  command bool runNextTask(bool sleep);
  /**
   * Enter an infinite task-running loop. Put the MCU into a low power
   * state when the processor is idle (task queue empty, waiting for
   * interrupts). This call never returns.
   */
  command void taskLoop();
}
```

其中,命令函数 init 用来初始化调度器任务队列和相关的数据结构,命令函数 runNextTask一旦运行任务就必须运行到结束,它的 bool 返回值表示该函数是否运行了任务。runNextTask 的布尔型入口参数 sleep 表示在没有任务可执行的情况下,调度器应该采取的执行策略。如果 sleep 为 FALSE,则该命令函数会立即返回 FALSE;否则,在被调度的任务执行前该命令函数不能返回,并且该命令函数还能让处理器进入休眠状态直到新任务到来。命令函数 taskLoop 会使调度器进入无限的任务循环之中,并能够使得微处理器无任务调度执行时进入低功耗模式。

TinyOS 2.x 调度器组件还使用了 McuSleep 接口,其用于对微处理器的能量管理,可在调度器中调用该接口的 sleep 命令函数,控制微处理器进入睡眠模式,从而提高任务调度的能量效率。对于参数化的 TaskBasic 接口,如果调用 TaskBasic.postTask() 函数并返回SUCCESS,则调度器在合适的时候会运行该任务,该参数化任务接口定义形式如下。

```
interface TaskBasic {
  /**
   * Post this task to the TinyOS scheduler. At some later time,
   * depending on the scheduling policy, the scheduler will signal the
   * <tt>run()</tt> event.
```

```
 *
 * @return SUCCESS if task was successfuly
 * posted; the semantics of a non - SUCCESS return value depend on the
 * implementation of this interface (the class of task).
 */
async command error_t postTask();
/ * *
 * Event from the scheduler to run this task. Following the TinyOS
 * concurrency model, the codes invoked from < tt > run()</tt> signals
 * execute atomically with respect to one another, but can be
 * preempted by async commands/events.
 * /
event void runTask();
}
```

当其他模块组件使用关键字 task 声明任务时,它采用隐含方式声明了该任务接口
TaskBasic 的一个实例,任务的主体是以事件形式表示的 runTask 函数。而在模块组件中
使用关键字 post 抛出任务时,它将调用 postTask 命令函数。

TinyOS 系统默认的任务调度机制非常简单,其调度器组件 TinySchedulerC 是一个配
置组件,实现了对模块 SchedulerBasicP 的封装,具体的功能由模块 SchedulerBasicP 实现。
配置组件 TinySchedulerC 所表示的相关组件之间的关系如图 8-7 所示。其实现代码如下。

```
configuration TinySchedulerC {
  provides interface Scheduler;
  provides interface TaskBasic[uint8_t id];
}
implementation {
  components SchedulerBasicP as Sched;
  components McuSleepC as Sleep;
  Scheduler = Sched;
  TaskBasic = Sched;
  Sched.McuSleep - > Sleep;
}
```

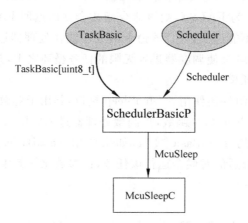

图 8-7　配置 TinySchedulerC 描述的组件之间关系

与任务调度实现相关的组件文件都位于 tinyos2.x/tos/system 目录中,涉及的文件包括 SchedulerBasicP.nc、TinySchedulerC.nc 等。模块组件 SchedulerBasicP 的实现代码如下。

```
# include "hardware.h"
module SchedulerBasicP {
  provides interface Scheduler;
  provides interface TaskBasic[uint8_t id];
  uses interface McuSleep;
}
implementation
{
  enum
  {
    NUM_TASKS = uniqueCount("TinySchedulerC.TaskBasic"),
    NO_TASK = 255,
  };
  volatile uint8_t m_head;
  volatile uint8_t m_tail;
  volatile uint8_t m_next[NUM_TASKS];

  //Helper functions (internal functions) intentionally do not have atomic
  //sections. It is left as the duty of the exported interface functions to
  //manage atomicity to minimize chances for binary code bloat.

  //move the head forward
  //if the head is at the end, mark the tail at the end, too
  //mark the task as not in the queue
  inline uint8_t popTask()
  {
    if( m_head != NO_TASK )
    {
      uint8_t id = m_head;
      m_head = m_next[m_head];
      if( m_head == NO_TASK )
      {
        m_tail = NO_TASK;
      }
      m_next[id] = NO_TASK;
      return id;
    }
    else
    {
      return NO_TASK;
    }
  }

  bool isWaiting(uint8_t id)
  {
    return (m_next[id] != NO_TASK) || (m_tail == id);
```

```
}
bool pushTask(uint8_t id)
{
    if( !isWaiting(id) )
    {
        if( m_head == NO_TASK )
        {
            m_head = id;
            m_tail = id;
        }
        else
        {
            m_next[m_tail] = id;
            m_tail = id;
        }
        return TRUE;
    }
    else
    {
        return FALSE;
    }
}

command void Scheduler.init()
{
    atomic
    {
        memset( (void *)m_next, NO_TASK, sizeof(m_next) );
        m_head = NO_TASK;
        m_tail = NO_TASK;
    }
}

command bool Scheduler.runNextTask()
{
    uint8_t nextTask;
    atomic
    {
        nextTask = popTask();
        if( nextTask == NO_TASK )
        {
            return FALSE;
        }
    }
    signal TaskBasic.runTask[nextTask]();
    return TRUE;
}

command void Scheduler.taskLoop()
{
```

```
    for (;;)
    {
      uint8_t nextTask;

      atomic
      {
        while ((nextTask = popTask()) == NO_TASK)
        {
          call McuSleep.sleep();
        }
      }
      signal TaskBasic.runTask[nextTask]();
    }
  }

  /* *
   * Return SUCCESS if the post succeeded, EBUSY if it was already posted.
   */
  async command error_t TaskBasic.postTask[uint8_t id]()
  {
    atomic { return pushTask(id) ? SUCCESS : EBUSY; }
  }

  default event void TaskBasic.runTask[uint8_t id]()
  {
  }
}
```

8.3 TinyOS 的启动

8.3.1 内核启动的过程

针对 TinyOS 系统,经常被问及的一个问题是"TinyOS 应用程序是从哪里启动的?"。实际上,这个问题包含两个方面,一是 TinyOS 内核的启动如何进行,另一个是用户应用程序的真正入口在哪里? 用户程序是如何运行起来的? 本节将从这两个方面阐述 TinyOS 启动的详细过程。

TinyOS 1.x 版本使用 StdControl 标准控制接口进行系统初始化并启动应用,因为该接口只能提供同步操作,不能很好满足系统的要求,TinyOS 2.x 为了解决该问题,将 StdControl 接口功能分为三个独立的接口来实现,分别用来进行系统初始化、组件的启动和停止以及通知节点内核已经启动完毕。在 TinyOS 1.x 中,由 RealMain 模块实现了 main() 函数的系统入口功能,其具体定义形式如下。

```
module RealMain {
  uses {
    command result_t hardwareInit();
    interface StdControl;
```

```
        interface Pot;
    }
}
implementation
{
    int main() __attribute__ ((C, spontaneous)) {
        call hardwareInit();
        call Pot.init(10);
        TOSH_sched_init();

        call StdControl.init();
        call StdControl.start();
        __nesc_enable_interrupt();

        while(1) {
            TOSH_run_task();
        }
    }
}
```

在 RealMain 模块的 main() 函数中,Pot 接口涉及节点中用于控制无线信道传输功率的可变电位器,TOSH_sched_init 和 TOSH_run_task 都是 C 语言函数,由自动包含的头文件来具体实现。HPLInit 组件实现了 hardwareInit 命令函数的功能,由 main 组件绑定该组件与 RealMain 模块的对应关系,而硬件初始化可能不完全属于 HPL 层组件的工作。硬件初始化完成后,才对调度器进行初始化,这意味着硬件初始化时即使需要任务,也不能 post 任务。然后,利用 StdControl 标准接口的初始化命令(init)和启动命令(start)启动相应的组件,可以使 TinyOS 系统中的电源管理更加灵活,并能把需要电源管理的高层组件和必须一直运行的低层组件相互区分开。相关的配置组件 Main 定义如下。

```
configuration Main {
    uses interface StdControl;
}
implementation
{
    components RealMain, PotC, HPLInit;
    StdControl = RealMain.StdControl;
    RealMain.hardwareInit -> HPLInit;
    RealMain.Pot -> PotC;
}
```

TinyOS 1.x 使用了同步的标准控制接口 StdControl 来实现系统初始化和启动必要的组件,其接口操作的同步性使得系统初始化过程存在着一定的局限性。为了解决 TinyOS 1.x 启动和初始化中存在的问题,TinyOS 2.x 的启动过程使用了以下三个接口。

(1) Init:初始化接口,初始化组件和硬件。

(2) Scheduler:调度器接口,初始化和管理任务运行。

(3) Boot:引导接口,通知用户应用程序已经成功启动。

Init 是一个同步接口,其接口命令函数的执行方式是顺序的、同步的,它使得初始化能够有序进行,接口定义如下。

```
interface Init {

  / * *
    * Initialize this component. Initialization should not assume that
    * any component is running: init() cannot call any commands besides
    * those that initialize other components.
    *
    * @return SUCCESS if initialized properly, FAIL otherwise.
    * @see TEP 107: Boot Sequence
    *
    * /
  command error_t init();
}
```

大多数组件的操作需要高效地交错运行,而初始化是一个有序的同步操作,在初始化完成前系统不会启动任何组件。如果某个特别的组件在初始化时需要等待中断或其他异步事件,那么,它就必须一直等待,在初始化完成前不能返回;否则,系统可能在初始化完成前就启动了,从而导致潜在的错误。

Scheduler 接口用于初始化和控制任务的调度执行。Boot 接口仅定义了一个事件函数 booted(),用它通知应用程序当前 TinyOS 内核已经成功启动。其定义如下。

```
interface Boot {
  / * *
    * Signaled when the system has booted successfully. Components can
    * assume the system has been initialized properly. Services may
    * need to be started to work, however.
    *
    * @see StdControl
    * @see SplitConrol
    * @see TEP 107: Boot Sequence
    * /
  event void booted();
}
```

在 TinyOS 2.x 中,系统的启动顺序可以分为以下 5 步。

(1) 调度器初始化;

(2) 组件初始化;

(3) 中断使能;

(4) 触发启动完成的事件;

(5) 循环运行任务调度。

在 TinyOS 的系统组件部分,开发人员可直接接触到的启动组件是 MainC 配置,其位于 tinyos-2.x/tos/system 目录中。图 8-8 描述了 MainC 配置所表示的多个组件之间的关系,它是对 RealMianP 模块的封装,提供了一个 Boot 接口,且使用了一个 Init 接口,该初始化接口根据功能被重命名为 SoftwareInit 接口。对 SoftwareInit 接口 init 命令函数的调用是步骤(2)的一部分,用以实现相关组件的初始化。

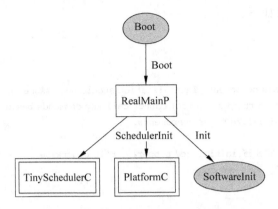

图 8-8　MainC 配置所表示的组件关系

　　系统的启动过程包含三个独立初始化过程。第一个是调度器初始化,由 Scheduler 接口实现;第二个是平台初始化,由 PlatformInit 接口实现;第三个是软件初始化,由 SoftwareInit 接口实现。配置组件 MainC 把前两个接口绑定到 TinySchedulerC 组件和 PlatformC 组件,分别实现系统任务的调度管理和硬件平台的初始化,TinyOS 2. x 系统中 MainC 配置组件的实现代码如下。

```
configuration MainC {
  provides interface Boot;
  uses interface Init as SoftwareInit;
}
implementation {
  components PlatformC, RealMainP, TinySchedulerC;

  RealMainP.Scheduler -> TinySchedulerC;
  RealMainP.PlatformInit -> PlatformC;

  //Export the SoftwareInit and Booted for applications
  SoftwareInit = RealMainP.SoftwareInit;
  Boot = RealMainP;
}
```

　　TinyOS 应用程序是 NesC 语言和 C 语言程序代码的混合,类似于 C 语言程序,TinyOS 应用程序的入口也是在 main 函数中,该函数在 RealMainP 模块组件中实现,其位于 tinyos-2. x/tos/system 目录中。上述的 MainC 组件是一个配置,面向用户应用程序使用,它封装了 RealMainP 模块并导出其对应的应用程序编程接口。值得注意的是,该组件名称后面有个大写字母 P,表示其他组件不能直接使用它。因此,在硬件接口层 HIL 之上的组件都应该连接到 MainC 配置,而不能直接连接 RealMainP 模块。

　　RealMainP 模块的实现代码定义如下。

```
module RealMainP {
  provides interface Boot;
  uses interface Scheduler;
  uses interface Init as PlatformInit;
  uses interface Init as SoftwareInit;
```

```
}
implementation {
  int main() __attribute__ ((C, spontaneous)) {
    atomic
      {
      /* First, initialize the Scheduler so components can post
       tasks. Initialize all of the very hardware specific stuff, such
       as CPU settings, counters, etc. After the hardware is ready,
       initialize the requisite software components and start
       execution. */

      call Scheduler.init();

      /* Initialize the platform. Then spin on the Scheduler, passing
       * FALSE so it will not put the system to sleep if there are no
       * more tasks; if no tasks remain, continue on to software
       * initialization */
      call PlatformInit.init();
      while (call Scheduler.runNextTask());

      /* Initialize software components. Then spin on the Scheduler,
       * passing FALSE so it will not put the system to sleep if there
       * are no more tasks; if no tasks remain, the system has booted
       * successfully. */
      call SoftwareInit.init();
      while (call Scheduler.runNextTask());
        }

      /* Enable interrupts now that system is ready. */
      __nesc_enable_interrupt();

      signal Boot.booted();

      /* Spin in the Scheduler */
      call Scheduler.taskLoop();

      /* We should never reach this point, but some versions of
       * gcc don't realize that and issue a warning if we return
       * void from a non-void function. So include this. */
      return -1;
  }

  default command error_t PlatformInit.init() { return SUCCESS; }
  default command error_t SoftwareInit.init() { return SUCCESS; }
  default event void Boot.booted() { }
}
```

为简化应用开发，MainC 配置向用户只提供了 Boot 接口，并使用了 SoftwareInit 接口。而 RealMainP 模块还使用了另外两个接口，即 PlatformInit 接口和 Scheduler 接口。因此，在 TinyOS 应用程序里，MainC 组件把这些底层细节都进行了隐藏，并自动将它们连接到内核的调度程序和平台初始化,从而最终简化用户操作。由名字可见,PlatformInit 接口和 SoftwareInit 接口的主要区别就是分别针对硬件与软件的初始化,PlatformInit 接口负责把平台相关的硬件模块初始化,例如,Mica 平台的 PlatformInit 接口会校准时钟模块。在 RealMainP 模块的实现代码部分,包括应用系统启动的上述 5 个步骤,具体介绍如下。

1. 调度器初始化

在初始化调度器之前,系统调用的第一个命令函数是 platform_bootstrap(),这是最基本的函数,用于将系统置于运行状态,其操作可以是配置系统的内存,也可以是设定处理器的工作模式等。通常情况下,platform_bootstrap() 是空函数,在系统的顶层头文件 tos.h 中包含该函数的默认实现,即不做任何操作。如果某个平台需要将这个默认实现替换成其他的具体操作,则应该在该平台的 platform.h 文件里用 ♯define 语句进行声明。tos.h 头文件默认实现的 platform.bootstrap() 函数代码如下所示。

```
# include < platform.h >
# ifndef platform_bootstrap
# define platform_bootstrap() {}
# endif
```

因为后续的初始化序列需要运行一些任务,所以必须首先初始化调度器,通过 Scheduler.init() 命令函数实现初始化。如果在平台初始化和软件初始化时,调度器还没有完成初始化,那么组件的初始化过程就不能发布任务,将导致系统初始化不能成功完成。当然,并不是所有组件的初始化都需要发布任务。

2. 组件初始化

RealMainP 模块在调度器初始化之后,再利用 Init 接口初始化节点硬件平台,通过调用平台初始化命令 PlatformInit.init() 实现。节点硬件模块的初始化工作是平台开发人员应该关注的,因此,需要把 PlatformInit 接口绑定到特定平台的 PlatformC 组件上,该过程对应用开发人员透明。由于硬件具有潜在的依赖性,每个平台都可能有特定的初始化顺序,例如,时钟的校准必须要在其他依赖于时钟的硬件初始化前完成。这些潜在的依赖性由硬件造成,所以,这种初始化顺序平台相关,当用户需要把 TinyOS 系统移植到另一个新硬件平台上时,必须实现该平台的 PlatformC 组件,由其提供唯一的 PlatformInit 接口,通常属于 PlatformInit 接口操作的主要包括 I/O 口设置、时钟校准和 LED 配置等三种。

3. 中断使能

当调用初始化接口的所有 int 命令函数都返回后,才允许使能中断。但是,如果组件初始化过程需要处理中断,可以有以下三种解决方法。

(1) 如果有中断状态标志被设置,例如,某个 I/O 口发生中断时是低电平,则 Init.init() 函数应该使用循环检测的方法来判断中断是否发生。

(2) 如果没有中断状态标志,Init.init() 函数可以临时使能中断,但前提必须保证不会有其他组件来处理该中断。也就是说,如果一个组件使能中断后,而其中断处理程序会调用其他组件的代码,则不能开启中断。此外,当退出 Init.init() 函数时,必须关闭中断。

(3) 如果没有中断状态标志,且没有隔离中断处理程序的方法,则组件必须依赖初始化顺序之外的机制,例如,使用分相控制接口 SplitControl。

目前,系统启动过程中主要采用第一种方法。但是,有些情况下组件需要处理中断,然而受到硬件限制不能识别到中断的发生,例如,没有可设置的中断标志,或者中断来自于短暂的边沿触发。此时,系统启动时可以使能中断,但前提是不能导致其他组件代码来处理该中断请求。因为按照已设定的规则,直到所有初始化结束后才可以使能中断。然而,如果其他某个组件受中断影响而造成其初始化失败,将会导致整个初始化过程的失败。因此,解决初始化失败最简单的方法是把这些初始化的极端情况放到系统启动顺序之外,例如,可使用 SplitControl 接口来实现;另一种方法是重定位中断向量表,这个需要微处理器支持,不管哪种方法,都不能干扰其他组件的正常操作。

4. 触发启动完成的 booted 事件

完成上述工作后,MainC 配置的 Boot. booted()事件就被触发,用户组件可以在 Boot. booted()事件函数中按照需要调用 start()命令和其他命令函数。例如,在 Blink 应用程序里,定时器就是在 booted()事件里启动。事实上,这个 booted()事件函数就是用户程序的执行入口。

5. 循环运行任务调度

事件函数 booted()一旦运行返回,TinyOS 程序将进入内核调度循环,执行 Scheduler. taskloop()任务调度管理函数,该函数永远不会返回。只要有任务在任务队列中排队,调度系统就会继续运行任务,一旦发现任务队列为空,调度系统将会把微控制器设置为低功耗休眠状态。例如,当应用程序中只有定时器在运行,在定时器尚未溢出时微控制器就会被调节到比外围总线运行时功耗更低的状态。当中断发生,微控制器将退出休眠模式,运行中断服务程序,这会使调度循环重新开始。如果在中断服务处理程序中发布了若干任务,调度系统将调度运行任务队列中的这些任务,直到队列为空再次回到休眠状态。

8.3.2　应用组件初始化

从应用程序的角度来看,在启动过程中,MainC 配置有两个重要接口,即提供的 Boot 接口和使用的 SoftwareInit 接口。Boot 接口的 booted()事件函数由顶层应用程序负责实现,它启动诸如定时器或无线传输之类的服务。相比之下,SoftwareInit 接口与系统的各个不同部分建立联系,实现一些相关的初始化工作,例如,针对某些仅运行一次的初始化或配置工作,可以把它们连接到 SoftwareInit 接口。

在一个复杂大型应用系统中,跟踪所有的初始化过程非常烦琐,特别是当部分初始化命令没有被调用时,调试工作将更加困难。因此,在 TinyOS 应用系统中,为了简化应用程序开发、减轻程序设计者负担,需要初始化的服务组件会由系统组件自动绑定到 SoftwareInit 接口,而不需要编程者来完成。自动导通是指一个组件把某个接口自动绑定到它所依赖的组件上,不需要编程者手动导通。在这种情况下,用户的上层组件不只是提供 Init 接口,且要将它的 Init 接口与 MainC 配置的 SoftwareInit 接口绑定。例如,PoolC 配置组件是一个存储相关的通用组件,在它的实现部分,即 PoolP 模块,需要初始化数据结构。因此,PoolC

组件实例化一个 PoolP 组件,并把它的 Init 接口绑定到 MainC.SoftwareInit 接口。PoolC
组件定义代码如下。

```
generic configuration PoolC(typedef pool_t, uint8_t POOL_SIZE) {
  provides interface Pool < pool_t >;
}
implementation {
  components MainC, new PoolP(pool_t, POOL_SIZE);
  MainC.SoftwareInit -> PoolP;
  Pool = PoolP;
}
```

因此,在系统初始化时,MainC 配置会自动完成 PoolP 模块的初始化工作,不需要用户
来完成此工作。在实际应用中,当 MainC 配置调用 SoftwareInit.init()命令函数,相当于在
很多用户组件里调用了 Init.init()命令函数。在大型 TinyOS 应用程序中,初始化工作可能
包含很多个组件,然而应用开发者不必为它们的初始化工作担心,只要编写了合适的组件初
始化代码,它们会自动被调用执行。综上所述,不直接依赖于硬件平台的组件初始化都应该
绑定 Init 接口到 MainC 配置的 SoftwareInit 接口,建议用户在编程时采取该方法。在软件
抽象的配置中,自动绑定 Init 接口到 MainC 配置,这样可以大大减少顶层应用开发者连接
Init 接口的工作,省去系统启动时不必要的人为工作,还能增加应用运行的可靠性。例如,
时钟系统有关溢出和捕获的设置、串口设置波特率和无线传输操作设置等,这些通常都可以
绑定到 SoftwareInit 接口中实现,而且是在 Boot.booted()事件函数执行之前完成。

此外,如果多个组件的软件初始化需要一个特定的初始化顺序,那么就必须事先确立该
顺序。例如,在组件 A 初始化时调用组件 B 的初始化,而组件 B 的初始化又会调用组件 C
的初始化,这就产生组件初始化的依赖关系。针对这样的依赖关系,TinyOS 系统采用如下
三种处理方法。

(1) 硬件的初始化直接由每个硬件平台的 PlatformC 组件完成。

(2) 服务,如定时器、无线模块等,由应用程序完成初始化。

例如,BlinkToRadio 应用实例需要在定时器触发时进行无线通信,因此,通常不能在初
始化射频的同时开启定时器,而是在射频通信功能模块开启后再设置定时器,以免定时器触
发时通信模块还没有完成初始化。

(3) 当一个服务被分解成几个组件时,如果需要提供初始化操作命令来开启该服务,则
可以在其中一个组件 Init 接口的 init()命令函数里调用该服务中其他组件的初始化命令,
最终,只需要调用这样一个 Init.init()命令函数即可完成服务的初始化工作。

8.4 TinyOS 的网络协议栈

8.4.1 TinyOS 网络协议栈概述

在 TinyOS 应用系统中,应用程序通过 RF 射频信号传输数据过程涉及的网络协议栈
结构如图 8-9 所示,包括 bit 级、byte 级、packet 级数据传输,以及 messaging 层和

application 层数据传输控制。

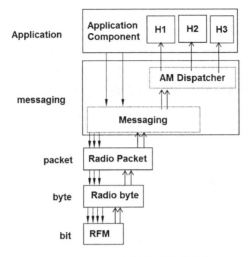

图 8-9   TinyOS 中网络协议栈结构

bit 级数据传输模块(这里的模块注意要与组件模型里的模块区分,不是同一概念)RFM 通常工作在半双工方式,能够通过 NesC 组件设置该模块是工作在发送方式还是接收方式,也能够设置 RF 信号的采样频率。很显然,该模块工作在二进制位的数据粒度上,以位为单位一位一位地发送或接收数据,在数据发送或接收结束后能够以硬件中断的方式通知系统本次操作结束,触发硬件事件进行后续处理,比如通知上层本次数据发送已经结束,可以发送随后的数据。byte 级数据传输模块需要对来自上层的数据进行编码,例如,可以采用曼彻斯特编码、DC 编码和 SEC_DED 前向纠错码等,该模块能够完成介质访问控制的主要功能,例如,使用 CSMA/CA 机制检测无线信道是否能够发送数据,如果信道忙的话,则需要随机等待一段时间。此外,该模块还可以检测射频信号的强度,用于选择合适的无线信道传输数据。packet 级数据传输模块负责形成固定大小的数据包收发缓冲区,对接收到的 packet 进行 CRC 校验,如果校验失败则丢弃该 packet 包。同时,如果 packet 发送失败,该模块会尝试发送多次,如果仍然不成功,则通知上层模块本次数据发送失败。

messaging 层主要完成数据的打包和分割,形成合适的 packet 数据包。该层一个重要的组成部分是寻址和路由模块,传感器节点通过该模块可为需要转发的数据寻找合适的路径;此外还规定了一些网络内特定含义的节点地址,例如,0xff 表示网络广播地址,0x7e 表示 UART 串口地址(串口通信采用与 Radio 类似的协议栈结构)。messaging 层另一个重要组成部分是 AM 分发器,即 AM Dispatcher,AM 表示活动消息 Active Message。在活动消息 AM 模型下,网络中的每个数据包内都包含一个活动消息句柄标识 ID,句柄即为消息的处理程序,该句柄将在接收节点中被调用。事实上,可以把句柄 ID 看作是一个在消息头部中的整数或"端口号",当节点接收到消息时,与句柄 ID 相关的接收事件将被触发。不同的节点可以将相同的句柄 ID 与不同的接收事件相关联。在 TinyOS 中,网络节点成功通信需要包含如下 5 个方面的要素。

(1)指定要发送的消息数据;

(2)指定哪个节点接收消息;

（3）决定什么时候存放接收消息的缓冲区可以被再次使用；

（4）缓存进入的消息；

（5）处理接收到的消息。

AM 分发器通过使用 1B 的 AM 消息类型定位到合适的消息处理句柄，根据该活动消息的不同类型调用不同的处理程序。应用层包括不同类型的应用组件，与 AM 句柄对应完成高层的多种应用服务，例如，节点定位、节点跟踪和用户数据处理等。应用层可以直接使用 messaging 层的发送和接收功能。messaging 层直接面对应用层提供服务，起到承上启下的作用。它除了提供给应用层基本的发送、接收接口之外，还提供了获得缓冲区、节点在网络中深度的查询等接口。

8.4.2 主动消息机制

TinyOS 系统中的消息处理以主动消息模型进行。该方式中，每个节点消息都维护一个对应的应用层处理句柄，当节点有消息到达时，把收到的数据以参数形式提交给上层应用程序进行处理，不同的主动消息对应着不同的处理句柄，而这一点是与 TinyOS 系统中的参数化接口紧密结合。比如，收到的消息包含采集的数据，这条消息将交给上层的数据处理句柄进行处理；而如果收到控制消息，就交给上层相应的处理句柄进行解包再执行相应操作。在 TinyOS 系统中，主动消息功能被实现为 AM 模块，提供了基本的通信原语。因为无线传感网的应用差异化比较明显，所以采用的硬件模块也多不相同，TinyOS 系统不可能提供适合所有需求的通信组件，仅提供了最基本的活动消息组件，如果应用需要的话，用户可以另外加入新的通信组件。

在 TinyOS 系统中，节点通信时对消息的缓存空间需求是明确的，因为系统开发所用的 NesC 语言的一个特点就是在编译时确定所有需要分配的存储空间，不支持动态内存分配，这样的设计模型是为了适应传感器节点中受限的存储空间。节点消息的发送和接收都采用二级反馈机制，即分相的操作。当节点需要发送数据时，调用发送接口的发送命令函数 send()，该函数立刻返回，从而很快把处理器资源交给 TinyOS 系统进行调度。底层数据发送操作结束后，触发发送结束事件 sendDone()，告诉上层应用本次发送是否成功，显然，具体发送的操作结果要依赖 MAC 层反馈。当节点接收数据时，需要进行一些基本判断和初步处理，然后将接收数据缓冲区提交给上层，无论接收成功或失败，都要返回一个缓冲区用以后续接收。系统中的缓冲区是固定使用，如果本次缓冲区不返回给底层继续使用，很容易使缓冲区耗尽，造成其他任务无法完成，使得整个系统崩溃。

活动消息通信是一个面向消息通信的高性能通信模型，可使得无线传感网节点的计算和通信两个操作重叠进行。如上述所述，为使主动消息机制更加适用于资源受限的无线传感网，主动消息提供了三个最基本的通信机制，一是带确认的消息传递，二是有明确的消息地址，三是消息分发。在 TinyOS 系统中，主动消息通信功能由相关的系统组件实现，它屏蔽了下层各种不同通信组件的实现细节，从而为上层应用提供了一致的通信原语，大大方便了开发人员实现各种功能的高层通信组件。例如，为发送数据，发送节点的高层应用组件通过绑定 Send 接口到 AM 活动消息组件实现数据发送，涉及的接口函数形式为 send[id](…)，参数化接口的参数 id 即为活动消息的类型号，根据不同的 id 调用相应的发送接口函数。因此，应用程序可以同时使用 messaging 层提供的多个发送功能接口，分别用于不同的应用，实现了网络通信的功能复用。

在 TinyOS 的主动通信机制中,当数据到达传感器节点时,首先进行缓存,然后由主动消息机制把缓存中的数据分发到上层应用。TinyOS 系统不支持动态内存分配,所以要求每个应用程序在其所处理的消息被释放后,要能够返回一块未使用的消息缓冲区,以用于接收下一个将要到来的消息。由于 TinyOS 系统中各个应用程序之间的执行不能相互抢占,所以不会出现未使用的消息缓冲区发生冲突,实际上,TinyOS 系统的主动消息通信机制只需要再维持一个额外的消息缓冲区用于接收下一个消息。如果一个应用程序需要同时存储多个消息,则需要在其私有数据空间静态分配额外的空间来保存消息。通常情况下,TinyOS 系统中网络通信只提供 best-effort 的消息传输机制,因此,需要接收方提供确认反馈信息给发送方,以确定本次发送是否成功。确认消息可由主动消息通信组件生成,这种方式比在应用层生成确认消息更能节省开销,且减少反馈时间。

8.4.3 相关访问接口

TinyOS 系统提供了很多接口来抽象底层的通信服务,同时,也提供了实现这些接口功能的组件。在 2. x 版本中,所有的通信接口和组件都使用了一个共同的消息缓冲抽象,称为 message_t,其通过 NesC 的结构体定义,message_t 结构的成员字段不透明,因此不能直接访问,需要通过特定的函数才能访问。message_t 结构体定义在头文件 tos/types/message. h 中,具体组成如下。

```
typedef nx_struct message_t {
  nx_uint8_t header[sizeof(message_header_t)];      //消息首部
  nx_uint8_t data[TOSH_DATA_LENGTH];                //有效载荷区
  nx_uint8_t footer[sizeof(message_footer_t)];      //消息的备注部分
  nx_uint8_t metadata[sizeof(message_metadata_t)];  //元数据
} message_t;
```

header、footer、metadata 字段都是不透明的,不能直接访问,要访问 message_t 结构必须通过 Packet、AMPacket 和其他一些接口进行。关于 TinyOS 的网络通信,涉及的主要接口如下。

1. LowPowerListening 接口

各个无线模块的 LowPowerListening 接口必须由平台无关的 ActiveMessageC 组件提供,在一些实现中,低功耗监听功能可通过一个选项编译到射频协议栈里。如果低功耗监听没有被编译到射频协议栈,LowPowerListening 接口的命令调用必须是一个空实现。LowPowerListening 接口的功能定义如下。

```
interface LowPowerListening {
  / * *
   * Set this this node's radio sleep interval, in milliseconds.
   * Once every interval, the node will sleep and perform an Rx check
   * on the radio. Setting the sleep interval to 0 will keep the radio
   * always on.
   * This is the equivalent of setting the local duty cycle rate.
```

```
 * @param sleepIntervalMs the length of this node's Rx check interval, in [ms]
 */
command void setLocalSleepInterval(uint16_t sleepIntervalMs);
/**
 * @return the local node's sleep interval, in [ms]
 */
command uint16_t getLocalSleepInterval();
/**
 * Set this node's radio duty cycle rate, in units of [percentage * 100].
 * For example, to get a 0.05% duty cycle,
 * <code>
 * call LowPowerListening.setDutyCycle(5); //or equivalently...
 * call LowPowerListening.setDutyCycle(00005); //for better readability?
 * </code>
 * For a 100% duty cycle (always on),
 * <code>
 * call LowPowerListening.setDutyCycle(10000);
 * </code>
 * This is the equivalent of setting the local sleep interval explicitly.
 * @param dutyCycle The duty cycle percentage, in units of [percentage * 100]
 */
command void setLocalDutyCycle(uint16_t dutyCycle);
/**
 * @return this node's radio duty cycle rate, in units of [percentage * 100]
 */
command uint16_t getLocalDutyCycle();
/**
 * Configure this outgoing message so it can be transmitted to a neighbor mote
 * with the specified Rx sleep interval.
 * @param msg Pointer to the message that will be sent
 * @param sleepInterval The receiving node's sleep interval, in [ms]
 */
command void setRxSleepInterval(message_t * msg, uint16_t sleepIntervalMs);
/**
 * @return the destination node's sleep interval configured in this message
 */
command uint16_t getRxSleepInterval(message_t * msg);
/**
 * Configure this outgoing message so it can be transmitted to a neighbor mote
 * with the specified Rx duty cycle rate.
 * Duty cycle is in units of [percentage * 100], i.e. 0.25% duty cycle = 25.
 * @param msg Pointer to the message that will be sent
 * @param dutyCycle The duty cycle of the receiving mote, in units of
 *      [percentage * 100]
 */
command void setRxDutyCycle(message_t * msg, uint16_t dutyCycle);
/**
 * @return the destination node's duty cycle configured in this message
 *      in units of [percentage * 100]
 */
command uint16_t getRxDutyCycle(message_t * msg);
```

```
/**
 * Convert a duty cycle, in units of [percentage * 100], to
 * the sleep interval of the mote in milliseconds
 * @param dutyCycle The duty cycle in units of [percentage * 100]
 * @return The equivalent sleep interval, in units of [ms]
 */
command uint16_t dutyCycleToSleepInterval(uint16_t dutyCycle);
/**
 * Convert a sleep interval, in units of [ms], to a duty cycle
 * in units of [percentage * 100]
 * @param sleepInterval The sleep interval in units of [ms]
 * @return The duty cycle in units of [percentage * 100]
 */
command uint16_t sleepIntervalToDutyCycle(uint16_t sleepInterval);

}
```

其中,各命令函数的含义如下。

setLocalSleepInterval(uint16 t sleepIntervalMs):用于设定本节点的休眠间隔,以 ms为单位。

getLocalSleepInterval():用于返回本节点的休眠间隔,以 ms 为单位。如果最初设定的是工作占空比,则自动转换为休眠间隔。

setLocatDutyCycle(uint16 t dutyCycle):用于设定本节点的工作占空比,单位为(百分比×100)。

getLocalDutyCycle():用于返回本节点的工作占空比。如果最初设定的是休眠间隔,则自动转换为工作占空比。

setRxSleepInterval(message_t * msg,uint16 t sleepIntervalMs):用于设定节点的休眠间隔。msg 是准备发送的消息,sleepIntervalMs 是休眠的间隔时间,以 ms 为单位。

getRxSleepInterval(message_t * msg):用于返回消息接收节点的休眠间隔。如果最初设定的是占空比,则自动转换为休眠间隔。

setRxDutyCycie(messaget * msg,uint16 t dutyCycle):用于设定消息接收节点的工作占空比。dutyCycle 是接收端的工作占空比,单位为(百分比×100)。

getRxDutyCycle(messaget * msg):用于返回消息接收节点的工作占空比。如果最初设定的是休眠间隔,则自动转换为工作占空比。

dutyCycleToSleepInterval(uint16 t dutyCycle):用于将给定的工作占空比转换为休眠间隔,单位为 ms。

sleepIntervalToDutyCycle(uint16 t sleepInterval):用于将给定的以 ms 为单位的休眠间隔转换为工作占空比,单位为(百分比×100)。

2. SplitControl 接口

低功耗监听功能必须由无线模块的 SplitControl 接口开启或禁用,并在操作完成时触发相应的事件。当无线模块处于周期性工作状态时,会不时地被打开和关闭,但这些动作不能影响到应用层。

3. Packet 接口

该接口提供了对 message_t 抽象数据类型的基本访问,涉及的命令有清空消息内容、获得消息的有效载荷区长度、获得消息有效载荷区的指针。

4. PacketAcknowledgements 接口

该接口提供了一种机制要求对每个消息包进行确认。

5. Send 接口

该接口提供基本的消息发送功能,包含的命令函数有发送消息、取消未成功发出的消息,此外,还包含一个事件函数来通知消息是否成功发送。它也提供了另一些命令函数,用以获得消息的最大有效载荷区长度、消息有效载荷区的指针等。如果在 SplitControl. start()命令调用之前就尝试消息发送,只会得到失败的返回值,表示无线模块尚未开启。在应用层调用 SplitControl. start()命令之后,如果由于采取周期性工作方式,无线模块刚好处于关闭状态,此时消息发送命令 send()函数的调用必须自动开启无线模块。如果有消息正在发送,send()命令函数调用将返回 Fail。当消息传输完成后,无论目标节点是否实际接收到,触发的 Send. sendDone()事件函数都应该返回 SUCCESS。

6. Receive 接口

该接口提供最基本的消息接收功能,在接收到消息后触发消息接收事件,此外,它也提供了一些命令函数,从而可以方便地获取消息的有效载荷区长度以及消息的有效载荷区指针。

7. AMPacket 接口

类似于 Packet 接口,该接口提供了对 message_t 抽象数据类型的基本 AM 活动消息访问,其实现的主要功能有获得节点的 AM 地址、AM 消息包中的目标地址、AM 消息包的类型等。此外,通过该接口还可以设置 AM 消息包的目标地址和活动消息类型,检查目标地址是否为本地节点。

8. AMSend 接口

类似于 Send 接口,该接口提供了基本的活动消息发送接口。AMSend 接口与 Send 接口的主要区别是 AMSend 接口在其发送命令函数里带有 AM 消息目标节点地址。

8.5　TinyOS 的资源管理

8.5.1　资源概述

通常来说,无线传感网节点能量十分有限,对所有的硬件资源,例如,串口设备、SPI 总线、定时器等,使用统一的电源管理策略显然不合适,因为它们在初始化、电源配置和延迟性等方面有很大不同。TinyOS 2.x系统将节点硬件资源分成三种类型,包括专用资源、虚拟资源和共享资源,本节将详细介绍用户应该如何访问这些硬件资源和控制这些硬件资源的电源供应。

早期的 TinyOS 1.x 系统通过两种机制来管理共享资源,即虚拟化和完成事件。虚拟化的资源是指将资源抽象成一个个独立实例,例如,TimerC 组件提供的定时器接口,这个接口的多个定时器实例的使用相互之间不影响,因为 TimerC 组件从底层的硬件时钟虚拟出多个独立定时器。另一方面,如果 TinyOS 程序需要取得物理硬件的控制权,这种硬件抽象就不太适合采用虚拟化方法。例如,TinyOS 的通信组件共享一个无线通信协议栈,即GenericComm 组件,因为 GenericComm 组件一次只能处理一个消息包,所以,当GenericComm 组件正处于忙状态时,且有另一个组件试图发送消息包,则发送调用命令就会返回 Fail。因此,该组件需要有一种方法能获知 GenericComm 组件在何时处于空闲并可以重发,TinyOS 1.x 系统提供了全局的完成事件来处理这种情况,当一个消息包发送完成后,将触发完成事件,相关组件就处理该事件,并重发消息包。与 TinyOS 1.x 系统资源共享方式不同的是,TinyOS 2.x 中引入了三种类型的资源抽象,并且抽象资源的共享策略由其资源类型指定。

1. 专用资源

如果用户应用程序能够对节点的某种资源一直拥有独占的访问权,那么这种资源就称作专用资源。对于专用资源,用户之间不能进行任何的共享,任意时候有且仅有一个用户应用程序在使用该资源,使用该资源的用户程序只需要简单地调用资源提供的接口命令,就可以方便地控制这些资源的电源状态,进行资源的关闭和打开。专用资源根据其自身特性提供了 StdControl 接口、AsyncStdControl 接口或 SplitControl 接口等以控制设备的电源开关。三个接口的定义如下。

```
interface StdControl
{
  / * *
  * Start this component and all of its subcomponents.
  * @return SUCCESS if the component was successfully turned on < br >
  *         FAIL otherwise
  * /
  command error_t start();
  / * *
  * Stop the component and any pertinent subcomponents (not all
  * subcomponents may be turned off due to wakeup timers, etc.).
  * @return SUCCESS if the component was successfully turned off < br >
  *         FAIL otherwise
  * /
  command error_t stop();
}

interface AsyncStdControl
{
  / * *
```

```
    * Start this component and all of its subcomponents.
    * @return SUCCESS if the component was successfully turned on < br >
    *         FAIL otherwise
    * /
   async command error_t start();
   / * *
    * Stop the component and any pertinent subcomponents (not all
    * subcomponents may be turned off due to wakeup timers, etc. ).
    * @return SUCCESS if the component was successfully turned off < br >
    *         FAIL otherwise
    * /
   async command error_t stop();
}

interface SplitControl
{
   / * *
    * Start this component and all of its subcomponents. Return
    * values of SUCCESS will always result in a < code > startDone()</code >
    * event being signalled.
    * @return SUCCESS if issuing the start command was successful < br >
    *         EBUSY if the component is in the middle of powering down
    *              i. e. a < code > stop()</code > command has been called,
    *              and a < code > stopDone()</code > event is pending < br >
    *         FAIL Otherwise
    * /
   command error_t start();
   / * *
    * Notify caller that the component has been started and is ready to
    * receive other commands.
    * @param < b > error </b > -- SUCCESS if the component was successfully
    *                 turned on, FAIL otherwise
    * /
   event void startDone(error_t error);
   / * *
    * Stop the component and pertinent subcomponents (not all
    * subcomponents may be turned off due to wakeup timers, etc. ).
    * Return values of SUCCESS will always result in a
    * < code > stopDone()</code > event being signalled.
    * @return SUCCESS if issuing the stop command was successful < br >
    *         EBUSY if the component is in the middle of powering up
    *              i. e. a < code > start()</code > command has been called,
    *              and a < code > startDone()</code > event is pending < br >
    *         FAIL Otherwise
    * /
   command error_t stop();
   / * *
    * Notify caller that the component has been stopped.
    * @param < b > error </b > -- SUCCESS if the component was successfully
    *                 turned off, FAIL otherwise
    * /
```

```
        event void stopDone(error_t error);
}
```

2. 虚拟资源

虚拟资源是指通过软件虚拟化技术在一个单一基础资源上虚拟出多个资源实例,其特点是每个虚拟实例的用户都感觉自己在使用专用资源,定时器 Timer 就是一个典型的虚拟资源。BlinkTimer 应用程序中使用了三个定时器分别控制三个 LED 灯,而这三个定时器是从同一个实际的硬件定时器资源虚拟化出来。一个虚拟化的定时器资源为了分派、维护每个虚拟定时器,需要付出一定的 CPU 开销,并且当两个定时器同时溢出触发时,需要引入细微的计数偏差来避免这种同时刻行为,增加了额外开销。由于资源的虚拟化是通过软件完成,所以理论上讲,虚拟资源的用户数量没有上限,但会受到存储等系统资源方面的限制。虚拟资源没有提供直接控制电源状态的接口,其电源状态由系统自动处理,控制电源状态的实现方法与共享资源相同。虚拟资源通常提供了一个参数化的简单接口供用户应用程序使用,这种简便的代价是效率降低,并且无法精确控制系统底层资源。

3. 共享资源

如上所述,如果一个资源总是应该由某一用户控制,那么该资源就非常适合采取专用资源管理方式,而如果用户愿意付出一点儿额外的性能开销,并愿意牺牲精确控制权以实现简单的共享,那么虚拟化资源管理方式就非常适用。但是,有时多个用户都需要对某个资源进行精确控制,又不会在同一时间获得资源控制权,这时就非常需要一种多路复用技术,采用该复用技术的资源就称为共享资源。当用户占有资源时,享有完全不受约束的控制权。

总线共享是共享资源的一个典型例子。总线上一般挂接有多个外围设备,相应地,也就有多个不同的设备子系统,例如,在 Telos 节点平台,Flash 存储芯片和无线射频芯片都需要通过 SPI 总线与处理器通信,并且它们在使用 SPI 总线时都需要有独占的访问权,而处理器只有一个 SPI 控制器,因此,它们就只能共享 SPI 总线。在该情况下,一旦无线射频接口芯片或 Flash 存储芯片获得 SPI 总线访问权,就能够快速、连续地通过 SPI 总线执行一系列操作,而不需要每次都重新获得总线控制权。在 TinyOS 2.x 系统中,资源仲裁者负责实现共享资源的多路复用,以决定哪一个用户在什么时间段对资源拥有访问权。资源共享过程中,仲裁者假设所有用户都非常合作,某一用户只有在需要时才请求获得资源,且占有时间不超过最大必要时间,在使用完资源后,用户主动释放资源,不需要仲裁者强行收回控制权。

8.5.2 资源的访问接口

TinyOS 系统的共享资源是建立在专用资源基础之上,而对专用资源的访问由资源仲裁者组件(Arbiter 组件)控制进行。电源管理组件(PowerManager 组件)通过 ResourceDefaultOwner 接口与 Arbiter 组件通信,监视当前资源是否被某用户应用程序占用,并能自动地通过 AsyncStdControl 接口、StdControl 接口或 SplitControl 接口来控制资源的电源状态。图 8-10 给出了 Arbiter 组件和 PowerManager 组件通过接口相互协作,为共享资源提供资源仲裁服务和自动电源管理服务。Arbiter 组件提供了 Resource 接口、

ArbiterInfo 接口、ResourceRequested 接口和 ResourceDefaultOwner 接口，使用了 ResourceConfigure 接口。PowerManager 组件不提供接口，但是使用了 Arbiter 组件提供的 ResourceDefaultOwner 接口，同时，从底层资源中根据资源特性选择使用 AsyncStdControl 接口、StdControl 接口或者 SplitControl 接口。

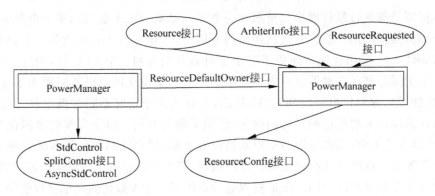

图 8-10 资源仲裁相关访问接口

1. Resource 接口

Arbiter 仲裁组件的用户应用程序通过 Resource 接口请求该组件对共享资源的仲裁访问，Resource 接口的声明如下。

```
interface Resource {
  /* *
   * Request access to a shared resource. You must call release()
   * when you are done with it.
   * @return SUCCESS When a request has been accepted. The granted()
   *              event will be signaled once you have control of the
   *              resource.<br>
   *          EBUSY You have already requested this resource and a
   *              granted event is pending
   */
  async command error_t request();
  /* *
   * Request immediate access to a shared resource. You must call release()
   * when you are done with it.
   * @return SUCCESS When a request has been accepted. <br>
   *              FAIL The request cannot be fulfilled
   */
  async command error_t immediateRequest();
  /* *
   * You are now in control of the resource.
   */
  event void granted();
  /* *
   * Release a shared resource you previously acquired.
   *
   * @return SUCCESS The resource has been released <br>
```

```
 *          FAIL You tried to release but you are not the
 *               owner of the resource
 */
async command error_t release();
/* *
 *   Check if the user of this interface is the current
 *   owner of the Resource
 *   @return TRUE   It is the owner < br >
 *                  FALSE It is not the owner
 */
async command bool isOwner();
}
```

作为使用者,当用户应用程序需要访问该资源时,通过调用 request()命令函数告诉仲裁者,如果当前资源处于空闲状态,则返回 SUCCESS,表示同意访问的 granted()事件函数也会立即被触发。而如果所请求资源正处于忙状态,也会返回 SUCCESS,但该请求将会根据仲裁者的排队策略进入等待队列。当用户应用程序使用完资源时,必须调用 release()命令函数以释放资源,然后等待队列中的下一个用户将被触发 granted()事件,即获得对资源的访问控制。如果一个用户应用程序在接收到 granted()触发事件之前,多次发出重复资源请求,则得到 EBUSY 返回值,且该重复请求不会被再次加入队列。用户应用程序也可以通过调用 immediateRequest()命令函数请求资源使用权,该命令函数的返回值是 SUCCESS或 FAIL,关键的是,使用该命令请求资源不需要排队等待。如果该命令调用返回SUCCESS,这表明用户此时就立即得到了资源访问权,并且不会有 granted()事件触发,而如果返回 FAIL,表明用户没有得到资源访问权,并且资源请求也不会进入队列等待,为获得资源该用户必须稍后再次请求资源。

用户应用程序可以使用 isOwner()命令函数来检查自己当前是否是资源拥有者,该命令主要是用来在运行时确保非资源拥有者无法使用资源,如果命令调用失败,则该资源提供的所有命令函数都不能被调用。

2. ArbiterInfo 接口

Arbiter 仲裁组件需要提供一个 ArbiterInfo 接口,该接口允许其他用户组件查询仲裁者的当前状态,ArbiterInfo 接口的定义如下。

```
interface ArbiterInfo {
 / * *
   * Check whether a resource is currently allocated.
   * @return TRUE If the resource being arbitrated is currently allocated
   *              to any of its users < br >
   *          FALSE Otherwise.
   */
 async command bool inUse();
 / * *
   * Get the id of the client currently using a resource.
   * @return Id of the current owner of the resource < br >
   *          0xFF if no one currently owns the resource
   */
```

```
  async command uint8_t userId();
}
```

用户应用程序通过 ArbiterInfo 接口的命令函数 inUse()来判断接受仲裁的资源当前是否在使用中,以及判断哪一个用户正在使用该资源。相比之下,ArbiterInfo 接口是为了获得资源的使用状况,而 Resource 接口是为了获得资源的使用权,因此,ArbiterInfo 接口主要用于拒绝非当前拥有者的数据访问。

3. ResourceRequested 接口

某些情况下,用户应用程序会希望继续一直保持其对资源的占用,直到有其他用户需要该资源时才释放使用权,此时需要用到 ResourceRequested 接口,该接口定义如下。

```
interface ResourceRequested {
  / * *
    * This event is signalled whenever the user of this interface
    * currently has control of the resource, and another user requests
    * it through the Resource.request() command. You may want to
    * consider releasing a resource based on this event
    * /
  async event void requested();
  / * *
    * This event is signalled whenever the user of this interface
    * currently has control of the resource, and another user requests
    * it through the Resource.immediateRequest() command. You may
    * want to consider releasing a resource based on this event
    * /
  async event void immediateRequested();
}
```

ResourceRequested 接口只有两个事件函数,即 requested( )事件函数和 immediateRequested()事件函数。当有非资源拥有者通过 Resource 接口的 request()命令请求资源时,将有一个 requested()事件触发给资源的当前拥有者,而如果请求是通过 immediateRequest()命令进行,则会触发 immediateRequested()事件。

4. ResourceConfigure 接口

通过 ResourceConfigure 接口可以允许资源在用户应用程序使用它之前就自动完成配置工作,提供该接口的组件通过调用底层专用资源的接口,可以将资源配置为预期的操作模式,ResourceConfigure 接口定义如下。

```
interface ResourceConfigure {
  / * *
    * Used to configure a resource just before being granted access to it.
    * Must always be used in conjuntion with the Resource interface.
    * /
  async command void configure();
  / * *
    * Used to unconfigure a resource just before releasing it.
```

```
 * Must always be used in conjuntion with the Resource interface.
 */
async command void unconfigure();
}
```

ResourceConfigure 接口含有两个命令函数,它是一个参数化接口,其参数是用户 ID 值。通常,在同意一个用户访问资源之前需要先调用该接口的 configure()命令,并且在释放资源之前调用它的 unconfigure()命令函数,从而保证每次配置资源时其都处于未配置状态。

5. ResourceDefaultOwner 接口

一般 的 Resource 接口是提供给共享资源上公平竞争的资源使用者,而 ResourceDefaultOwner 接口则是只提供给一个特定用户,该用户要求在没有其他用户使用资源时获得资源控制权。Arbiter 仲裁组件最多提供一个 ResourceDefaultOwner 接口实例,其定义如下。

```
interface ResourceDefaultOwner{
  async event void granted();
  async command error_t release();
  async command bool isOwner();
  async event void requested();
  async event void immediateRequested();
}
```

Arbiter 仲裁组件必须保证在系统启动完成之前,就确定一个默认的资源使用者,即该接口的用户。当普通的资源用户发出资源请求后,默认的资源用户会被触发得到一个 requested()事件或者一个 immediateRequested()事件,具体是哪个事件取决于资源的请求方式,这一点与 ResourceRequested 接口类似。然后,默认用户必须决定是否释放资源以及何时释放,一旦资源被释放,所有已发出资源请求但还没有得到资源的用户,将会根据资源仲裁的排队策略,决定谁将获得资源访问权。最后,当所有这些请求都得到满足后,默认用户将会触发得到 granted()事件,并自动获得资源控制权。

8.5.3 微控制器电源管理

为尽可能降低能耗,微控制器通常有多种工作/休眠模式,每种模式的能耗、唤醒延迟和支持的外设都不相同。为选择合理的微控制器工作模式,需要精确知道各子系统及其外设的具体运行状态。在 TinyOS 1.x 系统中,任务调度器一旦发现任务队列为空,就立即使微处理器进入休眠状态,而 TinyOS 2.x 通过状态及控制寄存器、脏位和重载电源状态三种机制来控制微控制器的工作模式。

1. TinyOS 1.x 的电源管理

当任务队列为空时,调度器使微控制器进入休眠模式,从而降低功耗。作为一个示例,工作 在 Mica 硬件平台的 TinyOS 1.x 系统中,有 一个硬件描述层抽象组件 HPLPowerManagement,其带有启动和禁止低功耗模式的命令,以及有一个 adjustPower

命令能根据各种状态寄存器计算出合适的低功耗状态,然后把结果存储在微控制器的寄存器中。当TinyOS调度器想要控制微控制器进入休眠模式时,就通过控制寄存器来决定切换到哪种模式。

2. TinyOS 2.x 的电源管理

在TinyOS 2.x系统中使用三种机制来对微控制器进行电源管理,它们都运行在TinyOS内核调度循环中,具体包括一个脏位、一个具体芯片的低功耗能量状态计算函数和一个电源状态重载函数。脏位通知TinyOS系统什么时候需要计算新的低功耗状态,再由能量状态计算函数计算出可行的低功耗状态,而重载函数允许高层组件根据实际需求,引入额外信息来调整已计算出的功耗状态。

如前所述,TinyOS内核调度循环在系统启动时就已经运行,进入调度时,如果已经开启微控制器的休眠模式,则调用Scheduler.taskLoop()命令函数即可;而如果此时任务队列为空,则TinyOS调度器将通过McuSleep接口使微控制器进入休眠状态,McuSleep接口定义如下。

```
interface McuSleep {
    /* * Called by the scheduler to put the MCU to sleep. */
    async command void    sleep();
}
```

McuSleep接口的sleep()命令函数能够设置微控制器进入低功耗休眠状态,然后,硬件事件发生时,由中断响应机制唤醒微控制器。McuSleepC组件提供了McuSleep接口,TinySchedulerC组件需要自动对其进行绑定。值得注意的是,McuSleepC组件是一个平台相关的组件,其内部属性声明必须包含McuPowerState接口和McuPowerOverride接口,此外,该组件还可以根据需要定义其他接口。作为一个示例,McuSleepC组件代码定义如下。

```
module McuSleepC {
  provides {
    interface McuSleep;
    interface McuPowerState;
  }
  uses {
    interface McuPowerOverride;
  }
}
implementation {
  /* There is no dirty bit management because the sleep mode depends on
     the amount of time remaining in timer0. Note also that the
     sleep cost depends typically depends on waiting for ASSR to clear. */
  /* Note that the power values are maintained in an order
   * based on their active components, NOT on their values.
   * Look at atm128hardware.h and page 42 of the ATmeg128
   * manual (table 17). */
  const_uint8_t atm128PowerBits[ATM128_POWER_DOWN + 1] = {
    0,                        /* idle */
    (1 << SM0),               /* adc */
```

```
    (1 << SM2) | (1 << SM1) | (1 << SM0), /* ext standby */
    (1 << SM1) | (1 << SM0),           /* power save */
    (1 << SM2) | (1 << SM1),           /* standby */
    (1 << SM1)};                        /* power down */
mcu_power_t getPowerState() {
  uint8_t diff;
  //Note: we go to sleep even if timer 1, 2, or 3's overflow interrupt
  //is enabled - this allows using these timers as TinyOS "Alarm"s
  //while still having power management.

  //Are external timers running?
  if (TIMSK & ~(1 << OCIE0 | 1 << TOIE0 | 1 << TOIE1 | 1 << TOIE2) ||
  ETIMSK & ~(1 << TOIE3)) {
    return ATM128_POWER_IDLE;
  }
  //SPI (Radio stack on mica/micaZ
  else if (bit_is_set(SPCR, SPIE)) {
    return ATM128_POWER_IDLE;
  }
  //UARTs are active
  else if (UCSR0B & (1 << TXCIE | 1 << RXCIE)) { //UART
    return ATM128_POWER_IDLE;
  }
  else if (UCSR1B & (1 << TXCIE | 1 << RXCIE)) { //UART
    return ATM128_POWER_IDLE;
  }
  //ADC is enabled
  else if (bit_is_set(ADCSR, ADEN)) {
    return ATM128_POWER_ADC_NR;
  }
  //How soon for the timer to go off?
  else if (TIMSK & (1 << OCIE0 | 1 << TOIE0)) {
    //need to wait for timer 0 updates propagate before sleeping
    //(we don't need to worry about reentering sleep mode too early,
    //as the wake ups from timer0 wait at least one TOSC1 cycle
    //anyway - see the stabiliseTimer0 function in HplAtm128Timer0AsyncC)
    while (ASSR & (1 << TCN0UB | 1 << OCR0UB | 1 << TCR0UB))
  ;
    diff = OCR0 - TCNT0;
    if (diff < EXT_STANDBY_TO_THRESHOLD ||
  TCNT0 > 256 - EXT_STANDBY_TO_THRESHOLD)
  return ATM128_POWER_EXT_STANDBY;
    return ATM128_POWER_SAVE;
  }
  else {
    return ATM128_POWER_DOWN;
  }
}

async command void McuSleep.sleep() {
  uint8_t powerState;
```

```
        powerState = mcombine(getPowerState(), call McuPowerOverride.lowestState());
        MCUCR =
            (MCUCR & 0xe3) | 1 << SE | read_uint8_t(&atm128PowerBits[powerState]);
        sei();
        asm volatile ("sleep");
        cli();
    }

    async command void McuPowerState.update() { }

    default async command mcu_power_t McuPowerOverride.lowestState() {
        return ATM128_POWER_DOWN;
    }
}
```

相关的 McuPowerState 接口和 McuPowerOverride 接口定义如下。

```
interface McuPowerState {
    /* *
     * Called by any component to tell TinyOS that the MCU low
     * power state may have changed. Generally, this should be
     * called whenever a peripheral/timer is started/stopped.
     * /
    async command void update();
}


interface McuPowerOverride {
    /* *
     * Called when computing the low power state, in order to allow
     * a high- level component to institute a lower bound. Because
     * this command originates deep within the basic TinyOS scheduling
     * mechanisms, it should be used very sparingly. Refer to TEP 112 for
     * details.
     * @return      the lowest power state the system can enter to meet the
     *              requirements of this component
     * /
    async command mcu_power_t lowestState();
}
```

下面具体介绍 TinyOS 2.x 系统中进行电源管理的三种机制。

（1）脏位

脏位（DirtyBit）是一个标志位，用来判断某数据块在不同地方的存储是否一致。如果硬件表示层组件改变了某些硬件配置，而这些配置可能会改变微控制器的低功耗状态，则必须调用 McuPowerState.update()命令函数，这就是电源管理中的脏位机制。一旦调用了 McuPowerState.update()命令，则 McuSleepC 组件必须在调用 McuSleep.sleep()命令函数进入休眠前，重新计算低功耗状态。

（2）低功耗状态的计算

McuSleepC 组件负责计算微控制器的低功耗状态，同时保证在不影响 TinyOS 系统其他模块正常工作的前提下，使微控制器安全地进入相应状态。这类计算具有原子性，而过于频繁的计算会导致相当大的系统开销和抖动。因此,应该尽量减少 McuSleepC 组件的低功耗状态计算次数。某类微控制器的电源状态必须在其标准芯片的头文件中使用 enum 定义,该头文件必须定义 mcu_power_t 类型的电源状态变量和一个联合函数,该函数能够将两个电源状态值合并为一个状态值并返回。

(3) 电源状态的重载

当 McuSleepC 组件计算出最佳低功耗状态后,随之就必须调用电源状态的重载命令,即 PoweOverride 接口的 LowestState() 命令函数。McuSleepC 组件应当有该命令函数的默认实现,以返回微控制器可用的最低功耗状态,该命令函数的返回值是 mcu_power_t 类型的状态变量,McuSleepC 组件必须根据这个返回值,得到与计算出的低功耗状态的联合值。之所以对电源状态进行重载,是因为高层组件可能对电源状态有特别的要求,例如,系统允许的最大唤醒延迟,而该值无法从硬件状态或配置寄存器中获得。值得注意的是,必须小心处理微控制器的电源重载机制,因为电源状态的重载在 TinyOS 内核调度循环的原子性代码块里完成,所以,PowerOverride 接口的 LowestState() 命令实现代码应当尽量高效,执行时间不能超过 30 个指令周期,而且应该有一个默认的返回值。

8.5.4 通信模块电源管理

默认情况下,TinyOS 系统通过低功耗监听(Low Power Listening,LPL)技术实现无线 Radio 的低功耗操作。在应用低功耗监听技术时,节点通常不会一直开启无线模块,而是每隔一段时间才开启无线模块,且保持开启持续时间能够检测信道上的一个载波,如果检测到了一个载波,则会继续保持无线模块开启持续时间直到足够侦听到一个数据包。因为 LPL 的监测周期远远大于一个数据包的传输时间,所以发送端无线模块必须多次重复发送第一个数据包,从而使得接收端有机会侦听到该数据包。而发送端一旦接收到链路层的应答信号或超时,就停止发送,超时时长应该比接收端的侦测周期多一段时间。当节点接收到一个数据包,它会保持无线模块继续处于开启状态,直到能够接收到第二个数据包。因此,基于 LPL 技术的数据包发送方法比以固定速率发送数据包的方法要高效。

无线模块的 LPL 技术在 TinyOS 系统中通过 LowPowerListening 接口实现,其接口定义代码见 8.4.3 节。低功耗侦听 LowPowerListening 接口功能众多,为使用该技术,可以在应用程序的启动事件里调用接口的 setLocalSleepInterval() 命令函数,设置节点监听无线信道的占空比;在需要发送数据包时,调用接口的 setRxSleepInterval() 命令函数,从而可在数据包的元数据字段指明接收节点的监听占空比,使得接收节点可以正确预置前导码的数量。使用该低功耗技术的具体实现代码如下。

```
event void Boot.booted(){
    call LPL.setLocalSleepInterval(LPL_INTERVAL);
    call AMControl.start();
}
//
event void AMControl.startDone(error_t e){
    if(e != SUCCESS)
        call AMControl.start();
```

```
}
//
void sendMsg(){
    call LPL.setRxSleepInterval(&msg, LPL_INTERVAL);
    if(call Send.send(dest_addr, &msg, sizeof(my_msg_t))!= SUCCESS)
        post retrySendTask();
}
```

8.5.5　外设电源管理

考虑到节点的各类资源有限,TinyOS 系统对所有设备使用统一的电源管理策略显然不合理,因为它们在初始化、时间延迟等方面存在很大不同。TinyOS 1.x 版本中,由用户应用程序负责维护所有的设备电源管理工作,例如,使用 SPI 总线的外设模块,需要由高层抽象组件来显式地启动和关闭电源。然而,这种方式会深层地递推调用 StdControl 接口的 start()命令函数和 stop()命令函数,从而可能导致一些怪异的程序行为,并且不利于节点的电能节省。例如,为了关闭 Telos 平台上的射频模块需要关闭 SPI 总线,而 SPI 总线的关闭会导致 Flash 存储驱动无法正常工作;同时,即使没有外围设备在使用 SPI 总线,微控制器为了监视 SPI 总线也会一直处于高功耗状态。

在 TinyOS 2.x 版本中定义了两类电源管理设备,即微控制器和外围设备。微控制器通常有多个工作模式,对应着多个电源状态,但外围设备一般只有简单的两个状态,即开启和关闭。这里的外围设备是指使用资源仲裁机制访问的硬件设备,它们不是虚拟化的设备,因此,用户对它们的访问必须有明确的资源请求,并在使用完成后由用户释放使用权。针对这些外围设备,TinyOS 2.x 系统定义了两种不同的电源状态管理模型,即显式电源管理和隐式电源管理。显式电源管理模型可为单个用户实现对专用物理设备电源的手工控制,每当用户需要打开或关闭设备时,它都会毫不延迟地执行相关命令,主要包括 StdControl 接口、AsyncStdControl 接口或者 SpilitControl 接口的 start()命令函数和 stop()命令函数,具体选择哪一种接口进行控制取决于硬件的工作特性,当选择电源状态的控制信息依赖于高层组件的外部逻辑时,该控制模型的效果非常显著。如果一个设备的开启或关闭所花费时间可以忽略,那么它应该提供 StdControl 接口;而如果一个设备的开启或关闭所花费时间不可以被忽略,那么它应该提供 SplitControl 接口。最后,由于上述两个接口都是同步接口,所以如果想在异步代码中控制一个设备的能量状态,那么就必须使用 AsyncStdControl 接口。

隐式电源管理模型提供了一种让设备在驱动中控制自身电源状态的方法,工作在这种模型下的设备不能被外部组件显式地开启或关闭,但是,该模型需要定义一些内部策略,从而能够准确地决定何时转换电源状态。隐式电源管理组件通过 ResourceDefaultOwner 接口与对应的设备进行交互,实现其电源管理,该接口代码的定义如 8.5.2 节所述。作为一个设备隐式电源管理策略示例,ADC 共享设备仅需要根据它们提供给用户的接口,推断是否需要开启或关闭,当用户请求 ADC 转换时,就需要打开 ADC 模块,而如果没有请求,就关闭该模块。

习题

1. 阐述 TinyOS 的组件模型。
2. 描述 TinyOS 的配置和模块的区别。
3. TinyOS 的特点是什么?
4. 描述 TinyOS 的体系结构。
5. 阐述 TinyOS 任务调度机制。
6. 描述 TinyOS 应用程序的启动过程。
7. 解释任务、事件、句柄等概念。
8. 接口中命令函数和事件函数的主要区别是什么? 它们的用法有什么不同?
9. 描述 TinyOS 中网络通信协议栈的结构。
10. 简要介绍 TinyOS 中的主动消息机制。
11. TinyOS 如何进行微控制器的电源管理?
12. 介绍 TinyOS 2.x 中资源访问接口的用法。

第9章 NesC程序设计语言

本章讲述 TinyOS 平台上的编程语言 NesC。主要包括 NesC 语言的特点、NesC 语言的组成，重点介绍接口、组件、配置和模块等的概念；然后深入分析 NesC 程序的运行模型；通过实例，详细介绍 NesC 语言的程序设计。

9.1 NesC 语言概述

TinyOS 系统完全由 NesC(Network Embedded System C)语言编写，该语言是 C 语言的一种变体，语法上与 C 语言具有非常多的相似之处。NesC 语言主要是为事件驱动的编程模型而设计，它是开发 TinyOS 应用程序的主要编程语言，也是一种开发组件式结构程序的语言，支持 TinyOS 系统的并发模型，能够组织、命名和连接多个组件，使得应用程序益于构建为健壮的嵌入式网络控制系统。NesC 应用程序由具有良好定义的双向接口组成的组件构成，采用基于任务和硬件事件处理的并发模型，并能够在编译时检测应用程序的数据流。从用户角度说，NesC 应用程序由一个或多个组件连接而成，这些组件可以是用户组件，也可以是系统组件，而一个组件根据自身需要可以提供接口或使用接口。

NesC 语言使用 C 语言作为其基础语言，支持所有的 C 语言词法和语法，而其独有的特点主要如下。

(1) 增加了组件(Component)和接口(Interface)的定义与使用；

(2) 定义了接口以及如何使用接口表示组件之间的相互关系；

(3) 采用事件驱动和任务调度的两级进程管理模型；

(4) 增加了代码执行的原子性控制；

(5) 支持组件的静态连接，而不能实现动态连接和配置。

用户可以把 TinyOS 系统和运行在其上的应用程序看成是一个大的"可执行程序"，它由许多功能独立且互有联系的组件构成，每个 TinyOS 应用程序应当具有至少一个用户应用组件，该用户组件描述出应用的所有组件之间的接口关系，通过接口调用下层组件提供的服务，实现针对特定应用的具体逻辑功能，如数据采集、LED 点亮、射频通信等。

9.2 NesC 语言程序的组成

9.2.1 接口

接口(Interface)是相关函数的一个集合,用户应用程序可以根据功能需要定义自己的接口,在定义接口中的函数时,必须使用关键字 command 或 event 声明该函数是命令还是事件,否则不能通过 ncc 编译器的编译操作。接口是连接应用中不同组件之间的纽带,组件之间服务与被服务关系由接口来体现,NesC 中定义的接口是双向的,这种接口实际上是提供者组件(provider)和使用者组件(user)之间的一个多功能交互媒介,它是两个组件之间的唯一访问点。

一个组件可以提供接口,也可以使用接口。提供的接口描述了该组件提供给上层调用者的功能,而使用的接口则表示该组件本身工作时需要下层组件提供的服务。接口声明的两种函数,即命令和事件,它们的用法和代码实现存在很大不同,接口的提供者必须实现其命令函数,而接口的使用者必须实现其事件函数。接口具有如下特点。

(1) provides 接口未必一定有组件使用,但是 uses 接口则一定要有组件提供;

(2) 使用的接口可以连接到多个组件提供的同样接口,称为多扇入/扇出;

(3) 一个模块组件可以同时提供一组相同的接口,称为参数化接口,表明该模块可提供多份同类资源,能够同时提供给多个组件分享。

图 9-1 给出了一个接口定义的示例。

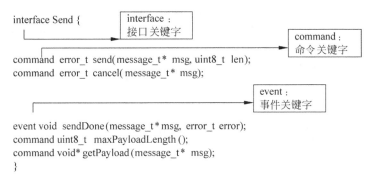

图 9-1　数据发送接口 Send 的定义

接口由关键字 interface 定义,内容放在左右花括号内,由 command 和 event 两个关键字区分函数是命令还是事件。接口的名字标识符 Send 是全局性的,而且属于单独的名字空间,即组件和接口类型名字空间,因此,各个接口和各个组件应该具有不同的名字,以避免冲突。在接口标识符后面的声明列表中给出了相应接口的定义,接口内部的函数声明列表必须由具有命令或事件存储类型的函数定义构成,否则会产生编译时错误。该接口定义了若干命令函数和事件函数,用于完成与数据发送相关的操作,其中,send()命令函数和sendDone()事件函数实现了数据发送的分相(Split Phase)操作,这样的接口也称为分相接口。使用接口可以表达组件之间复杂的交互,由于 TinyOS 中处理时间较长的命令,例如,发送数据的命令,都是非阻塞的,它们完成操作后会触发通知相关事件调用,比如,发送完成时触发 sendDone()事件调用。分相接口的一个重要特征是两个阶段的调用方向相反,上层组件向下调用命令函数的 call 是开始操作,而下层组件向上触发事件函数的 signal 是完成操作。在 NesC 语言中,向下调用的是命令函数,而向上触发的是事件函数,分相接口指定了这种关系的两个方面。作为第二个例子,与 ADC 有关的读数据分段接口定义如下。

```
interface Read < val_t >
{
    Command     error_t  read();
    event       void     readDone(error_t  result, val_t  val);
}
```

read()命令函数的执行表示发布命令启动 AD 转换,而 readDone()事件函数表示已经转换结束把转换结果回送给用户。Read 接口的提供者需要实现 read()函数和触发readDone()事件函数,而 Read 接口的使用者则需要实现 readDone 事件,并且根据需要调用read 命令。值得注意的是,该 Read 接口带有类型参数,接口的类型参数放在一对尖括号里,接口的提供者和使用者都带有类型参数,在连接时,它们的类型必须匹配。

9.2.2　组件

组件是构成 NesC 应用程序的基本单位,一个 NesC 程序就是由一个或多个组件连接而成。一个组件由两部分组成,即组件规范说明和组件具体实现,其组织模型如图 9-2 所示。

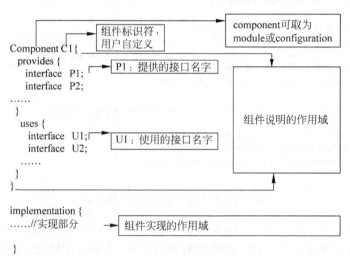

图 9-2　NesC 的组件模型

组件分为两大类,包括配置(Configuration)和模块(Module),模块负责某种逻辑功能的实现,而配置将若干个组件连接起来构成一个整体以提供服务。在图 9-2 中,C1 是组件名字,其后面的左花括号表示组件规范(Specification)的作用域,组件根据功能需要可以声明所使用和所提供的接口,也可以不提供或不使用任何接口。P1 是组件提供的接口标识名字,如果组件 C1 是模块则必须实现其所提供接口的命令函数。U1 是组件使用的接口标识符,C1 是模块的话,它必须实现所使用接口的事件函数。组件内的变量、函数可以在组件内自由访问,但是组件之间不能访问和调用。组件声明的任何状态变量都是私有的,没有任何其他组件可以对它进行命名或者直接访问,两个组件直接交互的唯一方式是通过接口来实现。一个组件可以提供接口,也可以使用接口,提供的接口描述了该组件提供给上一层调用者的功能,而使用的接口则表示该组件本身工作时需要的功能。

组件定义时,一个组件规范中可以包含多个 uses 和 provides 命令,多个被使用或被提供的规范元素可以通过使用"{"和"}"花括号在一个 uses 或 provides 命令中指定。例如,下面两种定义是等价的。

```
component SA1{                component SA1{
    uses interface X;        uses{
    uses interface Y;            interface X;
} …                             interface Y;
                               }
                           } …
```

从接口角度看到的组件结构如图 9-3 所示,组件内部可以包括任务实现、状态定义和接口函数的定义和调用。

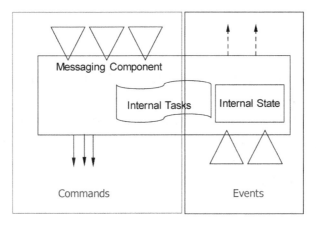

图 9-3 从接口角度看到的组件结构

除了一般组件外,还有一类组件称为通用组件,通用组件不是单一实例,它在配置内能够被实例化成一个具体的组件,通用组件与一般组件(非通用组件)原型定义的最大差别有以下两点。

(1)在关键字 component(具体为 module 或 configuration)之前有一个 generic 关键字,它表示该组件是通用组件。

(2)通用组件在组件名字后面必须带有参数列表,从这方面看其类似于函数的定义,若通用组件不需要参数,那么参数列表应该为空。

如上所述,组件包括两大类,即模块和配置,基于 NesC 语言编写的应用程序通常也包括模块文件和配置文件,且至少包含一个顶层配置文件,用于描述整个应用程序组件之间的关系。为此,下面将对配置和模块的定义、组成等进行详细介绍。

9.2.3　配置

配置通过连接一系列其他组件来实现一个组件规范,它主要实现组件间的相互访问方式。在配置组件中,需要列出用来实现此配置的组件列表,同时,需要定义这些组件是怎样互相连接/导通。列出组件时,可以通过 as 子句实现组件的重命名,但是当两个组件使用 as 子句导致重名时,会产生编译时错误,例如,components X, Y as X 语句中,出现两个组件名 X 而冲突。一个组件始终只有一个实例,如果组件 C 在两个不同的配置中被使用,或者在同一个配置中被使用两次,则程序中也只有该组件的一个实例。一个示例配置的定义如下。

```
configuration identifier {
    provides {
        interface interface_name1;
    }
}
implementation {
    components identifierM, com1, com2 ...
    interface_name1 = identifierM. interface_name1
    identifierM. interface_name2 -> com1. interface_name2
    com2. interface_name3 <- identifierM. interface_name3
}
```

在关键字 configuration 后面的 identifier 表示配置的名字。在其中,对当前配置组件提供的接口(interface_name1)进行了声明。同时,在其下面的 implementation 部分,对用于当前组件对应的模块组件 identifierM 和下层组件(com1、com2、…)依次进行了声明。其中,名为 identifierM 的模块组件是当前组件的实际实现部分,需要与其他下层组件 com1、com2 等区别开。组件之间完全独立,只有通过导通才能绑定到一起,而配置用于实现该功能,可以使用三个操作符->,<- 和=实现组件之间的接口导通。箭头导通是最基本的连接操作,箭头从使用者指向提供者。例如,下面两行等同。

```
identifierM. interface_name2 -> com1. interface_name2
com1. interface_name2 <- identifierM. interface_name2
```

值得注意的是,配置可以提供和使用接口,但是,由于配置内没有代码实现,所以这些接口的实现必须依赖其他的组件。等号导通指等号两边的接口就是同一个接口。导通显示了组件之间接口的连接方法,它们之间的接口名应该相同。一旦导通完成,则可以使用接口中定义的 command 和 event()函数。每个 NesC 应用程序都必须有且仅有一个顶层配置连接相关组件。事实上,之所以设计两类组件,即模块与配置,是为了让设计者在构建应用程序时可以不必过于关注现有实现。例如,设计者可以写出一个配置,只是简单地把一个或多个组件连接起来,而不必涉及其中具体的工作。同样,另一个开发者负责提供一组模块库,这些模块可以普遍使用到众多应用中。因此,这种模式提高了开发者开发应用程序的效率。

作为示例,下面给出控制 LED 灯的 LedsC 配置组件的定义。

```
configuration LedsC {
    provides interface Leds;
}
```

```
implementation {
    components LedsP, PlatformLedsC;
    Leds = LedsP;
    …
    LedsP.Led0 -> PlatformLedsC.Led0;
    LedsP.Led1 -> PlatformLedsC.Led1;
    LedsP.Led2 -> PlatformLedsC.Led2;
}
```

可以看到,配置组件 LedsC 提供了接口 Leds,此接口内声明了使三个(red, green, yellow) LED 打开/关闭的函数。LedsC 组件的功能是与 LedsC 相关的模块 LedsP 和使 LED 实际运行的硬件代码组件 PlatformLedsC 紧密相关。通过"LedsP. Led0 —> PlatformLedsC. Led0;"语句可以得知 LedsP 中使用的 Led0 接口与 PlatformLedsC 的 Led0 接口相导通。这意味着,在 LedsP 中编程时,可以调用 PlatformLedsC 中提供的 Led0 接口的命令函数。

9.2.4 模块

模块的功能之一是完成了接口代码的实现,并且分配组件内部状态,是组件内部功能行为的具体实现,它实际上是组件的逻辑功能实体,主要包括命令、事件、任务等的实现。以下两种方式给出了相同的模块定义。

```
module identifier {                      module identifier {
    provides {                               provides interface a;
        interface a;                         provides interface b;
        interface b;                         uses interface x;
    }                                        uses interface y;
    uses {                               } implementation {
        interface x;                     ...
        interface y;                     }
    }
} implementation {
...
}
```

module 后面的 identifier 是模块组件的名称,其后的花括号{ }中对 module 中提供的接口和要使用的接口进行了定义。记录在 provides 子句中的接口的 command()函数必须在 implementation{ }部分实现,而记录在 uses 子句中的接口的 event()函数也必须在 implementation{ }部分实现。下面将以 LedsC 组件的模块 LedsP 为例进行说明。

```
1: module   LedsP {
2:   provides {
3:            interface Init;
4:            interface Leds;
5:   }
```

```
6:   uses {
7:          interface GeneralIO as Led0;
8:          interface GeneralIO as Led1;
9:           interface GeneralIO as Led2;
10:       }
11:} implementation {
```
//为了 LED 的硬件初始化的函数
```
12: command error_t Init.init() {
        ...
13:          return SUCCESS;
14: }
```
//DBGLED 是用于调试的函数
```
15: #define DBGLED(n) ...
```
//打开 0 号 LED 的函数
```
16: async command void Leds.led0On() {
17:          call Led0.clr();
18:          DBGLED(0);
19: }
```
//关闭 0 号 LED 的函数
```
20 : async command void Leds.led0Off() {
21:          call Led0.set();
22:          DBGLED(0);
23: }
```
//0 号 LED 的当前状态为打开时使之关闭,为关闭时使之打开的函数
```
24: async command void Leds.led0Toggle() {
25:          call Led0.toggle();
26:          DBGLED(0);
27: }
        ...
28: }
```

在 LedsP 模块中将 Init 和 Leds 接口声明为 provides,从而给上层组件提供服务。接口 Leds(第 4 行)是作为在上层组件中为执行 LedsP 模块的功能而定义的接口,具有 Led0On()、Led0Off( )、Led0Toggle ( )、Led1On ( )、Led1Off ( ) 等 命 令 函 数。LedsP 模块的 implementation 部分详细给出了它们的功能实现。LedsP 模块为了使用而声明为 uses 形态的接口有"interface GeneralIO as Led0;"等三种(第 7~9 行)。事实上,实现此接口的地方是 LedsC 配置中声明的 PlatformLedsC 组件。PlatformLedsC 组件提供了三个 GeneralIO 接口,各接口被实现以控制 LED0、LED1、LED2 的开关。即声明为 provides 形态的接口,必须在自身内部实现功能以提供给上层组件,而被声明为 uses 形态的接口是为了使用下层组件功能而调用。

需要注意的是,控制三个 LED 接口的原型名称都被统一为 interface GeneralIO(第 7~9 行),像这样需要使用的接口名称相同时,很难知道哪个接口控制哪个 LED,因此,为了防止混乱,NesC 语言中加入了保留字 as,可以通过 as 变更接口的名称,即给接口起一个特定含义的别名。完整的接口定义表达方式如下。

interface 接口名称 X　as 特定含义的名称 Y

这里可以明确定义接口的名字为 Y,而 interface X 是 interface X as X 的简写形式。如

果接口无参数,则 interface X as Y 定义了对应此组件单一接口的一个简单接口实例;而如果接口有参数,例如,interface SendMsg[uint8_t id],则这是一个参数化的接口实例定义,对应此组件的多个接口中的一个,8 位二进制整数可以表示 256 个值,所以,interface SendMsg [uint8_t id]可以定义 256 个 SendMsg 类型的接口。注意,参数化接口的参数类型必须是整型。在模块代码中,调用接口的命令函数需要通过关键字 call 实现,而触发调用接口的事件函数需要通过关键字 signal 实现,在其他方面与一般的函数调用、函数返回类似。

9.3 NesC 程序的运行模型

9.3.1 任务

TinyOS 系统中处理的进程分为任务和事件两大部分。任务作为用于简单计算的程序代码,通过系统 FIFO 队列按顺序执行,并且任务的执行是在抛出任务后的某一个时刻被内核调度运行。在 TinyOS 中,任务不会被其他任务所抢占,但是会被硬件事件所抢占,硬件事件代码是在特定硬件中断或满足特定条件时调用的进程,其特征是比其他任务优先执行。事实上,因中断而发生某种事件时,根据连接的组件,上层组件中的 event 函数会持续被调用,同时,其对应的处理函数可能会以任务形式被创建,然后存储在任务队列(Task Queue)中等待执行,即 TinyOS 系统采用了由事件发生而产生必须要处理的进程的事件驱动执行模式。

任务一般定义为一个函数,其无入口参数,也无返回值。由于任务执行遵循运行至结束模式,即系统执行完一个任务后才去执行其他任务,所以,任务代码通常要求短小,而不至于影响其他任务的执行。任务的定义一般也是放在模块中,定义格式如下。

```
task void taskname(){
…              //任务代码
}
```

其中,关键字 task 表示其后名为 taskname()的函数是任务函数,以区别于一般的 C 函数。为执行任务,需要使用 post 关键字抛出任务,调用格式如下。

```
result_t  ret = post  taskname();
```

抛出操作将任务放入内核的任务队列,当该任务被调度执行时,它必须一直运行到结束,才能让下一个任务运行。任务的抛出操作将返回一个 error_t 类型的值,其值可以是 SUCCESS 或者 FAIL。一个模块可以在命令、事件或者任务里抛出一个任务,而一个任务又可以调用命令和触发事件。

在 TinyOS 2.x 中,扩展了任务的管理运行机制,采用任务接口模型控制任务的抛出和运行。任务接口扩展了任务的语法和语义,通常情况下,任务接口包含一个异步的 post()命令函数和一个 run()事件函数,一个任务接口定义的示例如下。

```
interface TaskParameter {
```

```
        async error_t command postTask(uint16_t param);
        event void runTask(uint16_t param);
}
```

为抛出任务,需要采用命令函数调用的方式,一个示例的具体格式如下。

```
call TaskParameter.postTask(10);
```

而任务被调度执行时,将触发如下任务事件的运行。

```
event void TaskParameter.runTask(param)
{
    …                               //对应上述 call 调用时,param 取值为 10
}
```

9.3.2　原子代码

在节点硬件层面上,硬件中断导致的程序执行流程发生改变而带来异步问题意味着 NesC 程序需要有一种方式保证执行一小段代码过程中不会被其他程序抢占,这就是代码执行的原子性。NesC 语言使用原子语句 atomic 提供了这种功能。atomic 原子语句块保证了一段程序的执行具有原子性,其应用示例如下所示。

```
uint8_t   a,b;
…                               //对变量 a 赋值
command void increment()
{   atomic {
        a++;
        b = a + 2;
    }
}
```

atomic 语句块使得其中的变量可以被原子性读写。值得注意的是,这并不意味着 atomic 块不会被打断,即使是 atomic 块,两段不涉及任何相同变量的代码段仍然可以打断对方的执行,例如以下两段代码。

```
uint16_t   a,b,c,d;
…                               //对变量 a,c 赋值
async command void incrementA() {
    atomic {
        a++;
        b = a + 1;
    }
}
//
async command void incrementC() {
    atomic {
        c++;
        d = c + 1;
    }
}
```

关键字 async 表示其后定义的函数是异步代码，从理论上说，incrementC() 异步函数可以打断 incrementA() 函数的执行，反过来也是。但是，incrementA() 函数不能打断它自己的执行，incrementC() 函数也是。NesC 语言不仅提供了 atomic 程序块来保证一些代码执行的原子性，它也会检测是否有变量没有被很好"保护"，如果有则会提出警告。例如，上述代码中的 a 和 c 如果没有使用 atomic 语句，那么 NesC 编译器会发出一个警告，因为可能会由于中断异步代码的执行导致变量赋值的不一致。一个重要的问题是，应该什么时候使用 atomic 语句呢？答案就是，如果变量可能会被异步函数访问，那么就需要使用 atomic 语句来保证变量访问的原子性。此外，如果一个函数里没有包含 atomic 块，但是，经常会在 atomic 块里调用该函数，那么 NesC 编译器就不再会发出警告。通常，一个 atomic 块会引起一些额外的操作，比如，开关中断，所以不必要的 atomic 块会浪费 CPU 时间，因此，NesC 编译器也会智能地去掉多余的 atomic 块。

最后，在使用 atomic 块时，应该尽量保持 atomic 代码块简短，且尽量少用，尤其在 atomic 代码块里调用外部组件函数时需要小心处理。

9.3.3　内部函数

接口的命令函数和事件函数是组件之间服务与被服务的唯一方式，如果某组件需要一个只能供自己内部使用的函数，则该组件可以定义标准的 C 语言函数，而其他组件则不能调用该函数。内部函数就相当于 C 语言里的函数，调用时不需要使用关键字 call 或 signal，而且在内部函数里可以调用接口的命令函数或触发事件函数。下面是一个填充活动消息载荷并进行发送的内部函数示例，其中，myMsg 是要发送的活动消息，MyPayload 是用户数据载荷部分的自定义数据类型，其本质是一个结构类型。

```
void createMsg() {
  MyPayload * payload = (MyPayload *)
        call AMSend.getPayload(&myMsg);
  payload->count = (myCount++);
  post sendMsg();
}
```

9.3.4　代码的同步和异步

从代码编写角度来说，NesC 代码可以分为两种形式。一种是依靠中断发生而执行的异步代码，另一种是依靠内核 FIFO 队列按顺序执行的同步代码。异步代码依靠硬件中断开始执行，因此使用全局变量时，可能就会发生竞争条件问题。

为了定义可以在任务之外抢占运行的函数，需要使用 async 关键字标明，该定义的函数相对于任务是异步运行。默认情况下，接口的命令函数和事件函数都是同步的，除非通过 asyc 指定为异步，在接口的定义里就表明了它的命令和事件是同步还是异步。例如，下面的 Send 接口是同步接口。

```
interface Send {
    command error_t send(message_t * msg, uint8_t len);
    event void sendDone(message_t * msg, error_t error);
```

```
    command error_t cancel(message_t * msg);
    command void * getPayload(message_t * msg);
    command uint8_t maxPayloadLength(message_t * msg);
}
```

另一方面,下面定义的 Leds 接口是异步接口。

```
interface Leds {
    async command void led0On();
    async command void led0Off();
    async command void led0Toggle();
    async command void led1On();
    async command void led1Off();
    async command void led1Toggle();
    async command void led2On();
    async command void led2Off();
    async command void led2Toggle();
    async command uint8_t get();
    async command void set(uint8_t val);
}
```

所有的中断处理程序都是异步的,因此,不能在它们的调用代码里包含同步函数。在中断处理程序中,执行同步函数的唯一方式是抛出任务,因此,任务的抛出是一个异步操作,而任务运行却是同步的。

读者可能会问这样一个问题,由于任务运行会带来一定的时延,为什么还要使用它们而不将所有任务函数都定义为异步的? 原因很简单,主要是存在竞争。抢占执行的中断代码最大的问题是它可能修改正在运行任务的计算值,这会导致系统进入一个不一致状态。例如,下面的异步命令函数 toggle()实现状态位翻转,并返回翻转后的值。

```
bool state;
async command bool toggle() {
    if (state == 0) {
        state = 1;
        return 1;
    }
    if (state == 1) {
        state = 0;
        return 0;
    }
}
```

现在假设 state 状态值初始为 0,然后调用 toggle(),有如下执行时序。

```
call xxx.toggle();          //xxx 表示接口名称
    state = 1;              //执行完时,系统发生中断,并响应中断进行处理
 -> interrupt               //进入中断处理代码
call xxx.toggle();          //中断处理时,再次调用 toggle()翻转状态
    state = 0;
return 0;                   //toggle 函数返回,执行流程发生混乱
…
```

```
return 1;
```

在上述代码的执行时序里,当第一次 toggle()函数返回时,调用它的组件会认为 state 状态值是 1,但是返回的状态值却是 0。

因此,可用来解决竞争条件的方法如下。

(1) 不使用全局变量。

(2) 不使用中断。

(3) 使用 atomic 子句。

(4) 在诱发竞争的变量前明确加关键字 norace。

9.4　NesC 语言程序设计

9.4.1　可视化的组件组织

从层次结构来说,整个 TinyOS 系统内有很多层的配置组件,每一层都简单地提取出抽象概念,以很少的程序代码来实现复杂的配置。在这样一个多层组件结构中,要想轻易到达底层组件,或者轻松操纵各层组件,仅使用文本编辑器非常不方便。为此,TinyOS 和 NesC 采用一个名为 nesdoc 的辅助工具,它可以自动从源代码产生说明文档。除了给出注释之外,nesdoc 工具还可以显示配置的结构与组成,nesdoc 的使用方法是在应用程序目录下输入 make [platform] docs。例如,进入应用程序 Blink 目录,输入 make micaz docs 命令,则以图形方式给出应用涉及组件之间的层次关系,其生成的文档保存在 tinyos-2.x/doc/nesdoc/micaz 目录下,打开此目录的 index.html 文件,在其左下方有接口和组件列表,找到顶层组件名 Blink 并双击,对应的图形化组件关系如图 9-4 所示。

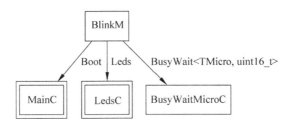

图 9-4　Blink 应用的图形化组件关系

图 9-4 中,单线矩形框表示模块组件,而双线矩形框表示配置组件,带箭头的线段表示组件之间接口的导通,箭头从使用者指向提供者,线段旁给出了接口的名字。图中最左边的线段表示模块 BlinkM 使用了配置 MainC 提供的接口 Boot,如果单击图上的 MainC 组件,则可进一步展开 MainC 配置的内部细节,通过这种方式可以图形化地逐步深入了解底层组件,给应用开发者提供了极大方便。

Blink 应用的主要目的是通过使用 TinyOS 提供的 LED 组件,以控制节点的 Red、Yellow、Green 三种 LED 打开和关闭。TinyOS 系统中的 LedsC 组件文件位于\opt\tinyos-2.x\tos\system 文件夹中,该组件提供了接口 Leds,用于实现节点上三种 LED 灯的控制,其提供的 command()函数如表 9-1 所示。

表 9-1　Leds 接口中的 command() 函数

	Leds 组件中提供的函数
整体 LED 控制	Leds.get()——提取当前 Led 的状态(bit0＝led0,bit1＝led1,bit2＝led2) Leds.set(uint8_t)——将 Led 的状态设定为输入的值(bit0＝led0,bit1＝led1,bit2＝led2)
Red LED	Leds.led0On()——打开 Red LED Leds.led0Off()——关闭 Red LED Leds.led0Toggle()——将 Red LED 变更为与当前状态相反的状态(通常用于 LED 闪烁时)
Green LED	leds.led1On()——打开 Green LED leds.led1Off()——关闭 Green LED Leds.led1Toggle()——将 Green LED 变更为与当前状态相反的状态(通常用于 LED 闪烁时)
Yellow LED	Leds.led2On()——打开 Yellow LED Leds.led2Off()——打开 Yellow LED Leds.led2Toggle()——将 Yellow LED 变更为与当前状态相反的状态(通常用于 LED 闪烁时)

利用 LedsC 组件,创建能够控制节点上红色、绿色、黄色 LED 的 Blink 程序。首先,为了生成一个新的应用程序,必须生成配置和模块文件,生成的配置文件和模块文件名称分别是 Blink.nc 和 BlinkM.nc。Blink.nc 文件用于定义作为 Blink 应用程序的顶层配置,完成涉及各个组件的声明及相互之间的导通,而 BlinkM.nc 文件是记录闪灯实际运行部分的模块文件。Blink.nc 文件内容如下。

```
1: configuration Blink {
2: }
3: implementation {
4:     components MainC, BlinkM, LedsC, BusyWaitMicroC;
5:     BlinkM.Boot -> MainC.Boot;
6:     BlinkM.Leds -> LedsC.Leds;
7:     BlinkM.BusyWait -> BusyWaitMicroC.BusyWait;
8: }
```

components 关键字后使用的组件有 MainC 和 BlinkM,以及为了控制 LED 的 LedsC 和为了提供以微秒(μs)为单位延迟时间的 BusyWaitMicroC 组件。TinyOS 2.x 与 TinyOS 1.x 不同的是,不再通过 StdControl 接口与 Main 连接,而是通过 Boot 接口与 MainC 连接,在节点启动底层的一些操作结束后,MainC 组件对应的代码通过触发 Boot 接口的 booted() 事件,从而进入用户应用程序执行。BusyWait 接口提供了以微秒为单位的迟延时间控制,其功能由 BusyWaitMicroC 组件实现,BusyWait 接口的 wait() 命令函数具有如下形式。

```
command void wait(size_type dt);   //使延迟达到 dt 设定值的微秒
```

BlinkM 模块的源代码如下。

```
1: module BlinkM {
2:     uses {
```

```
3:        interface Boot;
4:        interface Leds;
5:        interface BusyWait<TMicro,uint16_t>;
6:    }
7: }
8: implementation {
9:   task void led_task();
10:   event void Boot.booted() {
11:     post led_task();
12: }
13: task void led_task(){
14: int i;
15: for(i = 0; i < 10; i++)
16: {
17:         call Leds.led2On();
18:         call BusyWait.wait(30000);
19:         call Leds.led1Toggle();
20:         call Leds.led2Off();
21:    }
22: }
23: }
```

对于接口 BusyWait 的尖括号<>内的内容,TMicro 意味着时间单位以 μs 为单位,设定的时间变量类型是 uint16_t。第 9 行是为了声明想要通过 task 运行的任务函数,需在函数前添加关键字 task,其函数原型在第 13 行中被定义,值得注意的是,任务函数无入口参数、无出口参数。

9.4.2 定时器应用

通过节点上的定时器 Timer 对 LED 进行开关控制,利用可以在一定时间后收到 Timer.fired()事件的 Timer 组件,使节点的 Red LED 每隔一段时间打开或关闭,以进行摩尔斯编码,并输出问候语"hello,world"。摩尔斯电码由点(Dot)和三个点长度的划(Dash)构成,文字与符号之间保持三个点的长度,英文字母通过摩尔斯电码的表示如表 9-2 所示。

表 9-2 摩尔斯电码

A . -	N - .	0 - - - - -
B - . . .	O - - -	1 . - - - -
C - . - .	P . - - .	2 . . - - -
D - . .	Q - - . -	3 . . . - -
E .	R . - .	4 . . . . -
F . . - .	S . . .	5 . . . . .
G - - .	T -	6 - . . . .
H	U . . -	7 - - . . .
I . .	V . . . -	8 - - - . .
J . - - -	W . - -	9 - - - - .
K - . -	X - . . -	Fullstop . - . - . -
L . - . .	Y - . - -	Comma - - . . - -
M - -	Z - - . .	Query . . - - . .

类似地，本应用程序 HelloWorld 包括配置文件 HelloWorld.nc 和模块文件 HelloWorldM.nc，分别对应着配置和模块，HelloWorld 应用的配置定义如下。

```
1: configuration HelloWorld {
2: }
3: implementation {
4:    components MainC, HelloWorldM, LedsC, new TimerMilliC();
5:        HelloWorldM.Boot -> MainC;
6:        HelloWorldM.Leds -> LedsC;
7:        HelloWorldM.Timer -> TimerMilliC;
8: }
```

在 HelloWorld 配置中，声明了 MainC、HelloWorldM、LedsC、new TimerMilliC()等 4 个组件，MainC 和 HelloWorldM.Boot 接口导通，值得注意的是，当接口原型名称相同时，可以省略两个中的一个，MainC 就省略了其后的接口名称 Boot。TimerMilliC 组件是一个通用组件，即 generic 组件，因此，需要通过 new 操作对其进行实例化，从而可以向多个组件提供独立的定时器。表 9-3 给出了 Timer 接口函数。

表 9-3　Timer 接口中的 command() 函数

函　　数	说　　明
command uint32_t getdt()	返回设定的定时器的周期
command uint32_t getNow()	返回当前时间
command uint32_t gett0()	返回定时器被调用的时间 t0(从 t0 时间起经过设定时间后,事件发生)
command bool isOneShot()	确认是否是通过一次调用而结束的定时器
command bool isRunning()	确认当前定时器是否已被设定,并在运行中
command bool startOneShot(uint32_t dt)	dt 时间后,使事件发生一次
command bool startOneShot(uint32_t t0, uint32_t dt)	经过 t0+dt 时间后,使事件发生
command bool startPeriodic(uint32_t dt)	以 dt 时间作为周期,持续重复发生事件
command bool startPeriodic(uint32_t t0, uint32_t dt)	从 t0 后起,以 dt 为周期反复使事件发生
command void stop()	使当前进行中的 timer 停止

这些函数中，fired() 函数、startOneShot(uint32_t dt) 函数和 startPeriodic(uint32_t dt) 函数使用得比较频繁。

模块 HelloWorldM 的源代码定义如下。

```
1: #define MORSE_WPM 12
2: #define MORSE_UNIT ( 1200 / MORSE_WPM )
3: module HelloWorldM {
4:    uses {
5:        interface Boot;
6:        interface Timer < TMilli >;
7:        interface Leds;
8:    }
```

```
 9: } implementation {
10: char morse[96], * current;
11: event void Boot.booted() {
12:   char * helloMsg = ".... . .-.. .-.. --- -- .. -- . -- --- . .- . .- .. -..";
13:   memcpy(morse, helloMsg, strlen(helloMsg));
14:   current = morse;
15:   call Leds.led0Off();
16:   call Leds.led1Off();
      …
17:   call Timer.startOneShot(1000);
18: }
19: event void Timer.fired() {
20:   if( !current )
21:       current = morse;
22:   switch( * current ) {
23:   case ' ':
      //pause: 两次摩尔斯 units 时间期间关闭
24:       call Timer.startOneShot( 2 * MORSE_UNIT );
25:       current++;
26:       break;
27:   case '.':
      //dot: 一次摩尔斯 unit 期间打开,一次 unit 期间关闭
28:       if( (call Leds.get()&LEDS_LED0) ) {
29:           call Leds.led0On();
30:           call Timer.startOneShot( MORSE_UNIT );
31:       } else {
32:           call Leds.led0Off();
33:           call Timer.startOneShot( MORSE_UNIT );
34:           current++;
35:       }
36:       break;
37:   case '-':
      //dash: 三次摩尔斯 unit 期间打开,一次 unit 期间关闭
38:       if( (call Leds.get()&LEDS_LED0) ) {
39:           call Leds.led0On();
40:           call Timer.startOneShot( 3 * MORSE_UNIT );
41:       } else {
42:           call Leds.led0Off();
43:           call Timer.startOneShot( MORSE_UNIT );
44:           current++;
45:       }
46:       break;
47:   default:
      //忽略(ignore)错误的字符
48:       break;
49:   }
      //到字符串的最后(NULL 字符)时返回
50:   if( ! * current )
51:       current = morse;
52:   return;
53: }
```

```
54: }
```

第5～7行,声明了要使用的接口,implementation部分实现了与实际运行功能相关的内容。接口Timer<TMilli>内的TMilli参数表示当前Timer是以ms为单位实现定时。

第11～18行,说明如果TinyOS已完成了相关准备工作,通过MainC组件对应的功能代码实现Boot.booted()函数的触发调用。在booted()事件函数中,将含有"hello, world"摩尔斯电码的helloMsg串内容复制到morse数组中,将morse的第一个单元地址值放入到current指针中,并且执行LED的初始化及off指令。HelloWorld应用程序利用Timer,控制LED灯的On/Off以符合摩尔斯电码,因此需要使用Timer接口。在Timer的接口函数中,Timer.startOneShot()是在输入的参数时间(1000ms＝1s)后发生一次Timer.fired()事件的函数,利用此函数控制摩尔斯电码的时间。

第19～53行,在Timer.fired()函数中根据morse中存储的"hello, world"摩尔斯值命令红色LED灯的on/off。例如,在摩尔斯电码空白处,3×MORSE_UNIT时间里,LED无任何变化;在改变摩尔斯电码点'.'处,在MORSE_UNIT时间里使LED打开后,接下来MORSE_UNIT时间里使LED关闭。以这种方式按照各自摩尔斯电码的运行执行后,使变量current自加,然后移动到摩尔斯电码中。通过这样的操作,在安装了HelloWorld应用程序的传感器节点上利用红色LED按顺序输出"Hello,world"的摩尔斯电码。

9.4.3　模拟量采集

温度和湿度传感器几乎是所有节点中都默认使用的传感器,本节将讲述这些传感器的使用。SHT11传感器是一种常用的温湿度传感器,不仅能够保证高标准的可靠性,而且以高精度闻名,SHT11传感器自身具有将测量的温/湿度变为数字信号的ADC功能,通过两条线将时钟(Clock)和数据(Data)传送给节点CPU。控制SHT11传感器的组件SensirionSht11C和SensirionSht11LogicP,而配置SensirionSht11C是对模块组件SensirionSht11LogicP的进一步封装。SensirionSht11C组件中提供的接口命令函数如表9-4所示。

表9-4　SensirionSht11C组件提供的接口命令函数

SensirionSht11C组件中提供的函数	
获取湿度值	Humidity.read()——通过command命令向SHT11传感器请求湿度值
	Humidity.readDone(…)——将SH11传感器测量的湿度值变换为event形态
获取温度值	Temperature.read()——通过command命令向SHT11传感器请求温度值
	Temperature.readDone(…)——将SH11传感器测量的温度值变换为event形态

用户应用程序可以利用SensirionSht11C组件获得节点上SHT11传感器的温/湿度测量值,如表9-4所示,利用Humidity和Temperature接口的read()命令请求温/湿度值,并通过readDone()函数获得测量的温/湿度值。本应用是每隔0.5s通过SensirionSht11C组件从SHT11传感器读取到温/湿度测量值并发送到串行口,顶层配置和模块组件名字分别是OscilloscopeAppC和OscilloscopeC。配置OscilloscopeAppC定义如下。

```
1: includes Oscilloscope;
2: configuration OscilloscopeAppC {
   }
3: implementation{
4:    components OscilloscopeC, MainC, LedsC,
      new TimerMilliC(), new SensirionSht11C() as Sensor,
      SerialActiveMessageC as Comm;
5:    OscilloscopeC.Boot -> MainC;
6:    OscilloscopeC.Timer -> TimerMilliC;
7:    OscilloscopeC.Read_Humidity -> Sensor.Humidity;
8:    OscilloscopeC.Read_Temp -> Sensor.Temperature;
9:    OscilloscopeC.Leds -> LedsC;
10:   OscilloscopeC.SerialControl -> Comm;
11:   OscilloscopeC.AMSend -> Comm.AMSend[AM_OSCILLOSCOPE];
12:   OscilloscopeC.Receive -> Comm.Receive[AM_OSCILLOSCOPE];
13: }
```

在配置 OscilloscopeAppC 中,声明了能够启动一个应用程序的 MainC 组件,为了每隔 500ms 调用 Timer. fired()函数的 TimerMilliC 组件实例,为了控制 LED 的 LedsC 组件,能够得到温/湿度测量值的 SensirionSht11C 组件,为了串行通信的 SerialActiveMessageC 组件。为明确组件名字的具体含义,SensirionSht11C 组件和 SerialActiveMessageC 组件分别被重命名为 Sensor 和 Comm。

配置组件的第 1 行给出了 NesC 程序所需要的包含头文件语句,其与 C 语言中使用的 ♯include "头文件名称. h"语句意思一样,这两种形式的语句在 NesC 中都可以使用。由于 SensirionSht11C 温度和湿度组件分别提供了各自的 Read_Humidity 和 Read_Temperature 接口,因此需要分别导通这两个接口。AM_OSCILLOSCOPE 是用户自定义的活动消息类型,在头文件 Oscilloscope 里有其定义。

模块 OscilloscopeC 的源代码定义如下。

```
1: module OscilloscopeC {
2:   uses {
3:        interface Boot;
4:        interface SplitControl as SerialControl;
5:        interface AMSend;
6:        interface Receive;
7:        interface Timer<TMilli>;
8:        interface Read<uint16_t> as Read_Humidity;
9:        interface Read<uint16_t> as Read_Temp;
10:       interface Leds;
11:   }
12: } implementation {
13: ♯define   GET_HUMIDITY_DATA 0      //此值如果被定义为 0,则读取温度值
14:                                    //此值非 0,则读取湿度值
15: void calc_SHT11(uint16_t p_humidity,uint16_t p_temperature);
16: message_t      sendbuf;
…
//与 LED 控制有关的函数,三个灯闪烁对应发送、接收成功,以及报警问题
17: void report_problem() { call Leds.led0Toggle(); }
```

```
18: void report_sent() { call Leds.led1Toggle(); }
19: void report_received() { call Leds.led2Toggle(); }
20: event void Boot.booted() {
21:        CurrentVersion = 0;
22:        CurrentInterval = DEFAULT_INTERVAL;
23:        MsgCount = 0;
24:        reading = 0;
25:        if (call SerialControl.start() != SUCCESS)
26:             report_problem();
27: }
28: void startTimer() {
29:        call Timer.startPeriodic(CurrentInterval);
30:        reading = 0;
31: }
32: event void SerialControl.startDone(error_t error) { startTimer(); }
33: event void SerialControl.stopDone(error_t error) { }
35: event message_t * Receive.receive(message_t * msg, void * payload, uint8_t len) {
36:        MsgCount = 0;
37:        return msg;
38: }
39: event void Timer.fired() {
40:        if (reading == NREADINGS){
41:            if (!sendbusy) {
42:                //以 Big Endian 形式存储在 oscilloscope_t 结构体变量 local 中
43:                local.version = nx_16_t_change(CurrentVersion);
44:                local.interval = nx_16_t_change(CurrentInterval);
45:                local.id = nx_16_t_change(TOS_NODE_ID);
46:                local.count = nx_16_t_change(MsgCount);
47:                memcpy(call AMSend.getPayload(&sendbuf), &local, sizeof local);
48:                if (call AMSend.send(…) == SUCCESS)
49:                    sendbusy = TRUE;
50:                report_sent();
51:            }
52:            if (!sendbusy)
53:                report_problem();
54:            reading = 0;
55:            MsgCount++;
56:        }
57:        if(call Read_Temp.read() != SUCCESS)
58:            report_problem();
59: }
60: event void AMSend.sendDone(message_t * msg, error_t error) {
61:        if (error != SUCCESS)
62:            report_problem();
63:        sendbusy = FALSE;
64: }
65: event void Read_Temp.readDone(error_t result, uint16_t data) {
66:        if (result == SUCCESS){
67:            atomic T_temp = data;
68:            if (call Read_Humidity.read() != SUCCESS)
69:                report_problem();
```

```
70:
71:        }else{
72:            report_problem();
73:            local.readings[reading++] = 0xffff;
74:        }
75: }
76: event void Read_Humidity.readDone(error_t result, uint16_t data) {
77:        if (result == SUCCESS){
78:             atomic T_humi = data;
79:            calc_SHT11(T_humi, T_temp);
     //以 Big Endian 形式存储在 oscilloscope_t 结构体变量中
80:                if(GET_HUMIDITY_DATA)
81:                local.readings[reading++] = nx_16_t_change(myhumi);
82:            else
83:                local.readings[reading++] = nx_16_t_change(mytemp);
84:        }else{
85:            local.readings[reading++] = 0xffff;
86:            report_problem();
87:        }
88:
89: }
     //通过 T_humi 和 T_temp 变量计算实际温度和湿度值的函数
90: void calc_SHT11(uint16_t p_humidity, uint16_t p_temperature) {
91:        const float C1 = -4.0; //for 12 bit
92:        ...
93:  }
94: }
```

2～11 行,将在 OscilloscopeC 内要使用的接口列在 uses 子句内。

13、14 行,根据 ♯ define 语句的定义区分传送温度值还是传送湿度值。如果是 ♯ define GET_HUMIDITY_DATA 0,则传送温度值。

15、16 行,声明在本应用中将要使用的函数和变量。

17～19 行,是控制节点 LED 显示的函数。

20～27 行,在表示开始的事件函数 Boot. booted()中初始化本程序中将要使用的多个变量。为了能够串行通信,调用 SerialControl. start()命令函数启动串行组件。

32 行,表示一旦串行组件被启动,SerialControl. startDone()事件函数将会被触发调用,从而完成串行口初始化,可以进行串行通信。同时,在此函数中,为了启动定时器,调用了定时器启动函数 StartTimer()。

28～31 行,在 startTimer()函数中,为了周期性运行,调用 Timer. startPeriodic()函数,作为此函数的参数,获得 Boot. booted()事件函数中设定的 CurrentInterval 值。该值被初始化为在 Oscilloscope. h 文件中定义的 DEFAULT_INTERVAL(500)值,即本应用将每隔 500ms 触发调用 Timer. fired()事件函数。

39～59 行,每当定时器到期时,Timer. fired()事件函数被调用。在该函数中,当表示存储 oscilloscope_t 结构体数据个数的 readings 变量与 NREADINGS(10)相同时,意味着 10 个传感数据已全被读取。此时,通过 AMSend. send()函数将数据发送到串行口。成功时,则给 bool 型变量 sendbusy 赋值为 TRUE。不成功时,则调用 report_problem(),使红色

LED进行状态切换。并且,函数的最后调用 Read.read()函数请求获得温度传感器的值。失败时,调用 report_problem(),使红色 LED 进行状态切换。如果使用♯define GET_HUMIDITY_DATA 1,则传送湿度值。

65~75 行,如果温度测量完成,则触发调用 Read_Temp.readDone(…)事件函数。该函数的参数 data 存放 SHT11 传感器测量的温度信息。但是,由于此信息不是以摄氏度为单位的温度值,需要通过一定的公式变换转换成以摄氏度为单位的值,该变换功能由 calc_SHT11(…)函数实现,为了调用此函数,不但需要温度测量值,还需要湿度测量值。因此,在 Read_Temp.readDone(…)函数中,将调用 Read_humidy.read()函数请求获得湿度值。

76~89 行,如果湿度测量完成,则 Read_Humi.readDone(…)函数被调用。此函数的参数 data 存放 SHT11 传感器测量的湿度信息,调用 calc_SHT11()函数以算出实际温度和湿度,实际温/湿度值被存储在 mytemp 和 myhumi 变量中。变换结束后,根据 GET_HUMIDITY_DATA 值,将温度或湿度值存储在 local.readings 数组中。

9.5　NesC 通信程序设计举例

TinyOS 系统提供了很多接口来抽象底层的通信服务,以及提供或实现这些接口的组件,所有的接口和组件都使用了一个共同的消息缓冲抽象 message_t。该抽象数据组织可以通过 NesC 的结构体来实现,类似于 C 语言中的结构体,message_t 结构的成员不透明,因此,不能直接访问。本节重点讲述 TinyOS 系统中点对点的通信。

1. 涉及的基本通信接口

(1) Packet 接口,提供了对 message_t 抽象数据类型的基本访问,这个接口的各命令函数的功能主要包括清空消息内容、获得消息的有效载荷区长度、获得消息有效载荷区的指针。

(2) Send 接口,提供了基本的自由地址的消息发送接口,这个接口的各命令函数的功能主要包括发送消息、取消未成功发出的消息、获得消息的最大有效载荷区长度、获得消息有效载荷区的指针。该接口还提供了一个事件函数来指示一条消息是否成功发送。

(3) Receive 接口,提供了最基本的消息接收接口,主要是一个接收消息后的事件函数,它也提供了一些命令函数,可以方便获得消息的有效载荷区长度以及消息有效载荷区的指针。

(4) PacketAcknowledgements 接口,提供了一种机制实现对每个消息包的确认。

(5) RadioTimeStamping 接口,为无线信号发射和接收提供时间标记信息。

2. 涉及的主动消息通信接口

系统中经常有多个服务使用相同的无线信道来传输数据,因此,TinyOS 提供了主动消息 AM 机制,来实现复用的无线信道数据传输。针对主动消息的接口如下。

(1) AMPacket 接口,类似 Packet 接口,提供针对 message_t 抽象数据类型的基本的 AM 访问,这个接口提供的命令函数包括获得节点的 AM 地址、AM 消息包的目标地址、AM 消息包的类型、设置 AM 消息包目标地址和类型、检查目标地址是否为本地节点等。

（2）AMSend 接口，类似 Send 接口，提供了基本的主动消息发送接口，AMSend 与
Send 之间的关键区别是 AMSend 在其发送命令函数里需要带有 AM 的目标节点地址
参数。

3. 涉及的主要通信组件

AMReceiverC 组件，提供了 Receive、Packet、AMPacket 等接口的实现。

AMSenderC 组件，提供了 AMSend、Packet、AMPacket、PacketAcknowledgements 等
接口的实现。

AMSnooperC 组件，提供了 Receive、Packet、AMPacket 等接口的实现。

AMSnoopingReceiverC 组件，提供了 Receive、Packet、AMPacket 等接口的实现。

ActiveMessageAddressC 组件，提供了 ActiveMessageAddress 接口的实现，从而可获
得和设定节点的主动消息地址。需要注意的是，通常要少用这个接口，修改活动消息地址可
能破坏网络协议栈，因此，尽量不要使用。

ActiveMessageC 组件，完成通信接口与底层特定硬件组件的导通，提供了 Receive、
Packet、AMPacket、AMSend、SplitControl 和 PacketAcknowledgements 等接口的实现。

4. 点对点通信程序实现

点对点通信应用不涉及路由功能，仅包含基本的 MAC 功能，因此把该应用命名为
BasicMAC，要求节点每隔 1s 从光照传感器读到测量值后，将此内容通过 RF 无线通信方式
传送给周围节点。BasicMAC 应用的用户组件由配置 BasicMAC 和模块 BasicMACM 构
成，BasicMAC 完成各组件之间的导通关系，而 BasicMACM 则实现应用的功能。

BasicMAC 配置的 NesC 代码如下所示。

```
1:  # include "BMAC.h"
2:  configuration BasicMAC { }
3:  implementation
4:  {
5:      components MainC, BasicMACM
6:                    , new TimerMilliC()
7:                    , LedsC
8:                    , new PhotoSensorC() as Photo
9:                    , ActiveMessageC
10:                   , new AMSenderC(AM_BMACMSG)
11:                   , new AMReceiverC(AM_BMACMSG);
12:     BasicMACM.Boot -> MainC;
13:     BasicMACM.Packet -> ActiveMessageC;
14:     BasicMACM.Timer -> TimerMilliC;
15:     BasicMACM.Leds -> LedsC;
16:     BasicMACM.Photo -> Photo;
17:     BasicMACM.CommControl -> ActiveMessageC;
18:     BasicMACM.RecvMsg -> AMReceiverC;
19:     BasicMACM.DataMsg -> AMSenderC;
20: }
```

配置 BasicMAC 使用声明的 TimerMilliC 组件和 PhotoSensorC 组件，每隔 1s 获取光

照传感器的值,再通过 ActiveMessageC 组件以无线方式传送光照值。在模块 BasicMACM 中,通过 Read 接口与 PhotoSensorC 组件导通、控制光照传感器,且通过与 AMSender 和 AMReceiverC 组件相导通的 DataMsg 和 RecvMsg 接口控制光照值的无线发送和接收。

以下是模块 BasicMACM 的源代码。

```
 1: module BasicMACM
 2: {
 3:   uses {
 4:           interface Timer < TMilli >;
 5:           interface Leds;
 6:           interface Read < uint16_t > as Photo;
 7:           interface SplitControl as CommControl;
 8:           interface AMSend as DataMsg;
 9:           interface Receive as RecvMsg;
10:           interface Packet;
11:           interface Boot;
12:   }
13: } implementation{
14:   struct BasicMAC_Msg * pack;
15:   message_t sendmsg;
16:   uint8_t recvNumber;
17:   uint16_t seq_, ToAddr = DETINATION_ADDRESS;
18: event void Boot.booted() {
19:       call CommControl.start();
20:       recvNumber = 0;
21:       seq_ = 0;
22:   }
23: event void CommControl.startDone(error_t error) {
24:       call Timer.startPeriodic(1000);
25:   }
26: event void CommControl.stopDone(error_t error) {
27:   }
28: event void Photo.readDone(error_t result, uint16_t data) {
29:   if(result == SUCCESS){
30:       struct BasicMAC_Msg BasicMAC_M;
31:       BasicMAC_M.seq = seq_++;
32:       BasicMAC_M.TTL = Default_TTL;
33:       BasicMAC_M.SenderID = TOS_NODE_ID;
34:       BasicMAC_M.data[0] = data;
35:       memcpy(call DataMsg.getPayload (&sendmsg), (uint8_t * )&BasicMAC_M,
                                       sizeof(structBasicMAC_Msg));
36:       call Packet.setPayloadLength(&sendmsg, sizeof(struct BasicMAC_Msg));
37:       if (call DataMsg.send (ToAddr, &sendmsg, callPacket.
                               payloadLength(&sendmsg)) == SUCCESS){
38:           call Leds.led2On();
39:       }
40:   }
41: }
42: event void DataMsg.sendDone(message_t * msg, error_t error) {
43:       if (error == SUCCESS){
```

```
44:            call Leds.led2Off();
45:        }
46:    }
47: event void Timer.fired() {
48:        call Leds.led1Toggle();
49:        call Photo.read();
50:    }
51: event message_t * RecvMsg.receive(message_t * msg, void * payload, uint8_t len) {
52:        call Leds.led0Toggle();
53:        return msg;
54:    }
55: }
```

模块 BasicMACM 利用无线通信和光照传感器相关的组件，实现了光照值的读取和无线传输功能。

8、9 行，通过 as 子句将通信接口 AMSend 和 Receive 分别重命名为 DataMsg、RecvMsg。

14、15 行，定义了用户数据指针 pack，其指向用户自定义数据类型 BasicMAC_Msg 结构；以及在无线信道上要传输的数据变量 sendmsg，其类型是 message_t。

18 行，依靠 MainC 组件，在首先开始的 Boot.booted() 函数中启动 CommControl 接口并初始化应用中要使用的多个变量，CommControl 是 SplitControl 接口的别名。

23 行，无线通信模块初始化完成后，如果 CommControl.startDone() 事件函数被调用，则为了每隔 1s 进行周期性采集、发送光照值，调用 Timer.startPeriodic(1000) 函数启动周期性定时器。

28 行，如果光照传感器值测量结束，Photo.readDone() 函数以事件 event 形式被调用，在此函数内将输入参数带来的光照数据存储到 BasicMAC_M 结构体变量中，再复制到 message_t 变量 sendmsg 中。并且，通过 DataMsg.send(...) 函数进行点对点发送，具体是通过链路层基于 CCA 和 Backoff 的 CSMA/CA 机制传送数据。

47 行，依靠定时器 Timer 每隔 1s 产生定时信号，signal 触发调用 Timer.fired() 函数，则调用 Photo.read() 函数，向 Photo 组件请求 ADC0 中的光照传感器值；注意，Photo 是组件 PhotoSensorC 的别名，ADC0 连接着光照传感器。

51 行，从其他节点收到无线数据时，RecvMsg.receive(...) 函数以事件 event 形式被调用。通过闪灯红色 LED0 表明已经接收到数据。

BasicMAC 应用为了可以看到每隔 1s 定时器 Timer 事件被触发，控制绿色 LED 反复打开/关闭；而通过无线 RF 通信发送数据时，则控制黄色 LED 打开/关闭；从其他节点收到无线数据时，控制红色 LED 打开/关闭，则可以确认无线通信运行是否正常。如果打开 BMAC.h 头文件，则可以看到 BasicMAC_Msg 结构体，它是为了 BasicMAC 应用中 RF 通信而使用的，其定义如下。

```
struct BasicMAC_Msg{
    uint16_t seq;
    uint16_t TTL;
    uint16_t SenderID;
    uint16_t data[DATA_MAX];
```

```
};
```

在 BasicMAC_Msg 结构体中,字段 seq 指数据包的编号,TTL 是为了防止转发时无限循环而使用的生命期值(在本应用中不使用),SenderID 表示源节点的地址,data 数组的 data[0]元素存放测量的照度值。

习题

1. 简述 NesC 语言的特点。

2. 解释接口、命令、事件等概念。

3. 命令函数与事件函数的调用形式是什么? 它们的实现主体是什么?

4. 如何定义和调用任务(task)?

5. 如何保证一个程序段的原子执行?

6. 同步代码和异步代码的区别是什么? 它们分别用在什么不同场合?

7. 写一个 NesC 的定时器程序,实现节点上红色 LED 灯跑马灯效果。

8. 编程实现两个节点之间的射频数据传输,一个是负责发送的普通节点,一个是负责接收的汇聚节点。汇聚节点收到数据后,再通过串口把数据发送到 PC。

第10章

无线传感网应用开发

本章以两个实例详细介绍无线传感网的应用开发，一是基于传感器节点 RSSI 的节点位置识别，详细阐述了射频信号测距原理和三角测量法原理，并给出了节点代码实现。二是基于树形路由的无线传感网多跳数据传输，详细分析了 tree 路由的实现原理，并从应用层到路由层给出了程序代码的详细实现和两层工作所需要的数据结构组织。

10.1 基于 RSSI 的节点位置识别

接收信号强度指示（Received Signal Strength Indicator，RSSI）表示 RF 模块中接收电波信号的平均强度，RSSI 值的大小与节点之间的距离存在一定关系，本节依据这种能量与距离的关系讨论测量未知节点坐标的应用开发。

10.1.1 基于 RSSI 的距离测量原理

在 CC2431 的 RF 模块中测量收到数据包的第一个 8symbol（持续时间 $128\mu s$）的平均 RSSI 值，再传送给 MCU，将这个数据作为 RSSI 值在程序中使用，该数据值减去约 45 的实验值，则转换为经常使用的以 dBm 为单位的 RSSI 值。本应用中节点 ID 分成三种类型，即 ID 是 0 的节点，其与 PC 连接，通过 RF 传送 PC 上控制程序的信息或作为接收节点接收其他节点的 RF 数据，并传送给 PC 的 USB Dongle 节点（即 Sink 节点）。从 1 号到 16 号节点作为固定已知坐标的节点，即 Reference 节点（Reference Node，称 Ref 节点）运行。17 号节点作为未知坐标的 Blind 节点（Blind Node，称 Blind 节点）运行，该节点是驱动 Location Engine 的移动节点。已知节点位置的 Reference 节点个数必须在三个以上，测量范围的大小不能超过 63.75m。图 10-1 显示了本应用中的网络节点结构。

假设在发射节点上传送 RF 时以固定能量 Pt 进行数据的传送，此能量 Pt 一般与距离的 n 次方成反比进行衰减。如果在距离发射节点 d 处有一接收节点，则接收方收到的数据包信号的能量 Pr 可以用式（10-1）表示。

$$Pr = Pt/dn \qquad (10\text{-}1)$$

这里的 Pr 表示 RSSI 值。式（10-1）是理论上的值，在实际应用时还需要考虑周围地理环境和天气，以及天线高度和反射程度等的影响，这样才能得到接收能量的实际值。将这些要素全都定义为 X 变量，得到式（10-2）。

$$Pr = (X \cdot Pt)/dn \qquad (10\text{-}2)$$

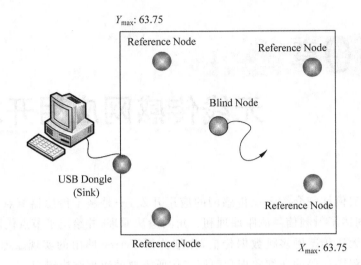

图 10-1　位置识别应用的节点结构

如果需要想通过式(10-2)获得准确的距离 d 值,则必须知道以下变量的值。

(1) Pr:RSSI,接收信号的能量强度,可以在接收节点端测量并读取。

(2) Pt:发射节点的发送能量,可以在发射节点端设定。

(3) X:不能估测。

(4) n:传送指数,很难设定随周围环境变化的准确值。

可以看出,式(10-2)中除了 Pr 和 Pt,很难精确设定 X 和 n 的值,一般忽略 X 并以实验值来设定 n 值,最终求得距离 d。为简化计算,CC2431 芯片推荐的利用测量 RSSI 值来计算距离使用的公式如下。

$$\text{RSSI} = -(10 \cdot n \cdot \text{Log}_{10} d + A) \tag{10-3}$$

其中,参数含义如下。

n:传送指数。

d:距离。

A:在离发送节点 1m 处接收的 RSSI 值的 -1 倍。

在式(10-3)中使用的 A 是通过实际测试可以测量的值,平均为 30~50 间的值。n 值是用户设定的值,也是公式中对距离计算影响较大的值。在 CC2431 中,将 n 值如表 10-1 所示分为 32 个基准,用户需要通过多次测试为配置环境设定最适当的 n 值。

表 10-1　根据 CC2431 中提供的 n 值的设定值

设　定　值	n 值	设　定　值	n 值
0	1.000	7	2.250
1	1.250	8	2.375
2	1.500	9	2.500
3	1.750	10	2.625
4	1.875	11	2.750
5	2.000	12	2.875
6	2.125	13	3.000

设　定　值	n 值	设　定　值	n 值
14	3.125	23	4.250
15	3.250	24	4.375
16	3.375	25	4.500
17	3.500	26	4.625
18	3.625	27	5.000
19	3.750	28	5.500
20	3.875	29	6.000
21	4.000	30	7.000
22	4.125	31	8.000

10.1.2　三角测量法与 Location Engine

三角测量法基于固定的三个节点的位置信息、移动节点与固定节点之间的距离相关信息,计算移动节点的位置。

如图 10-2 所示,三个固定节点 A、B 和 C 与移动节点 M 间的距离分别为 R_1、R_2 和 R_3,固定节点 A、B 和 C 的位置分别为 (A,B)、(C,D) 和 (E,F),则移动节点的位置 (X,Y) 可以通过以下三个公式表示。

$$(X-A)^2 + (Y-B)^2 = R_1^2 \tag{10-4}$$

$$(X-C)^2 + (Y-D)^2 = R_2^2 \tag{10-5}$$

$$(X-E)^2 + (Y-F)^2 = R_3^2 \tag{10-6}$$

展开式(10-4)~式(10-6)后,可以求出一个固定的 (X,Y) 坐标值。也就是说,已知最少三个固定节点坐标以及它们与移动节点之间的距离 R_1、R_2 和 R_3 时,可以确定移动节点的准确位置信息,这种位置计算方法叫三角测量法。

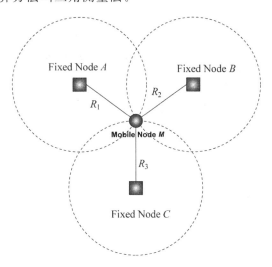

图 10-2　固定节点与移动节点位置关系计算

CC2431 芯片集成了 Location Engine 三角测量机制,实现了从三个以上固定节点收到的 RSSI 值计算移动节点位置的硬件功能。三角测量法计算虽然软件上也能够实现,但是使用硬件在芯片内实现,可以进行更快的位置计算。CC2431 的 Location Engine 使用方法如下所述。启动 Location Engine 的节点相当于移动节点,移动节点想获取自身的坐标位置时,向周围固定节点连续传送特定数据包。收到此数据包的固定节点再将自身的固定位置和收到的数据包的平均 RSSI 值传给移动节点。从而收到此数据包的移动节点将固定节点的位置和平均 RSSI 值放入自身的 Location Engine 中,计算出自身的位置。CC2431 片内 Location Engine 应用三角测量法是基于 3~16 个固定节点的平均 RSSI 值来计算移动节点的位置,已知位置信息的节点越多,则计算出的位置信息越精确。具体使用 CC2431 的 Location Engine 的流程如下。

(1) 启用 Location Engine,启用 REFCOORD 寄存器写入功能。

(2) 将周围固定节点的 X、Y 坐标依次输入到 REFCOORD 中。输入数字最多 16 组,如果周围固定节点没有达到 16 个,则剩余节点字段值设定为 0,即写入(X_0,Y_0,X_1,Y_1,…X_{15},Y_{15})。

(3) 禁用 REFCOORD 寄存器写入功能,启用 MEASPRAM 寄存器写入功能。

(4) 将前面的 A 值乘以 2、n 设定值、最小 X 值(即 0)、最大-最小 X 值、最小 Y 值(即 0)、最大-最小 Y 值等,依次输入到 MEASPRAM 寄存器中(注意,X、Y 的最小/最大值可以更改,为了计算方便,通常使用 0 和 0xFF 值)。然后,按照固定节点的坐标输入顺序将平均 RSSI 值输入到 MEASPRAM 寄存器中。如果固定节点的数字不是 16 个,则剩余设定为 0 进行输入,即输入($A \times 2$,n 设定值,0,0xFF,0,0xFF,RSSI0,RSSI1,…,RSSI15)。

(5) 禁用 MEASPRAM 寄存器写入功能。

(6) 为了利用上面设定的值计算移动节点的坐标,启动 Location Engine。计算位置过程需要 $50\mu s$~13ms 左右的时间。

(7) 位置计算结束后,从 LOCX 和 LOCY 寄存器复制计算出的坐标。此时,需要在 LOCX 中加 1 才能得到准确的 X 值。

(8) 禁用 Location Engine。

为驱动 CC2431 的 Location Engine 使用的寄存器信息如表 10-2 所示。

表 10-2 Location Engine 相关寄存器

XDATA 地址	寄存器名称	内　　容
0xDF55	REFCOORD	输入固定节点的坐标 X,Y
0xDF56	MEASPARM	输入 A,n,最小最大 X/Y,RSSI 值等
0xDF57	LOCENG	Location Engine 控制寄存器
		7~5 b:不使用
		4 b:(EN) Engine enable/disable
		3 b:(DONE) Engine 计算结束后更改为 0
		2 b:MEASPARM 写入 enable/disable
		1 b:REFCOORD 写入 enable/disable
		0 b:1 时,Engine 计算开始
0xDF58	LOCX	计算出的移动节点的 X 坐标(需要 +1)
0xDF59	LOCY	计算出的移动节点的 Y 坐标

为了驱动 Location Engine,输入坐标或 RSSI 值时,在 CC2431 的 Location Engine 中坐标的单位设定为 0.25m。如果某固定节点的坐标为(30m,20m),那么实际需要向 REFCOORD 中输入的值必须为乘以 4 的值(120,80)。由于 REFCOORD 为 1B,因此最大可输入的值为 255,即节点坐标最大值为 63.75m。在 LOCX 和 LOCY 中移动节点的位置也是以 0.25m 为单位,其单位在变更为 m 时也要除以 4。输入到 MEASPARM 中的平均RSSI 值范围为 $-95 \sim -40$dBm,如果比这个值大或小,用 -40 和 -95 代替输入。

10.1.3　节点类型初始化和位置识别过程

RSSI_Locations 应用的运行由 PC 上运行的 zLocation_PC_Program 程序进行控制。各节点设置适当 ID 后,运行 zLocation_PC_Program 程序,通过 USB_Dongle 节点和初始化Ref 节点后,会周期性地请求 Blind 节点的位置信息。

RSSI_Location 程序的 RF 数据包种类如表 10-3 所示,各数据包详细的定义在 RSSI_Location.h 文件中。

表 10-3　RSSI_Location 中使用的 RF 数据包信息

Packets	ID	Description
CMD_XY_RSSI_REQUEST	0x0011	向 Ref 节点请求平均 RSSI 数据包
CMD_XY_RSSI_RESPONSE	0x0012	载有 RSSI 和 Ref 节点坐标数据包
CMD_BLINDNODE_FIND_REQUEST	0x0013	Blind 节点位置请求数据包
CMD_BLINDNODE_FIND_RESPONSE	0x0014	Blind 节点的位置信息数据包
CMD_REFNODE_CONFIG	0x0015	Ref 节点的坐标信息/设定数据包
CMD_BLINDNODE_CONFIG	0x0016	Blind 节点的运行信息/设定数据包
CMD_REFNODE_CONFIG_REQUEST	0x0017	Ref 节点的坐标请求数据包
CMD_BLINDNODE_CONFIG_REQUEST	0x0018	Blind 节点的运行信息请求数据包
CMD_RSSI_BLAST	0x0019	为了 RSSI 测量而广播的数据包

依据表 10-3 所列数据包名称,详细了解各节点类型的初始化运行和位置识别运行。首先,各节点初始化运行按以下顺序进行。

(1) zLocation_PC_Program 首先读取 zLocation_PC_Program.txt 文件中记录的各 Ref节点的坐标信息,将载有此信息的 CMD_REFNODE_CONFIG 数据包根据 Ref 节点的编号按顺序传给 USB_Dongle 节点。

(2) 收到 CMD_REFNODE_CONFIG 数据包的 USB_Dongle 节点通过 RF 通信及时向有关 Ref 节点传送此数据包(Unicast 方式)。

(3) 收到 CMD_REFNODE_CONFIG 数据包的 Ref 节点将此数据包中存储的 X 和 Y值设定为自身的坐标。

(4) 为了确认 zLocation_PC_Program 是否设定了各 Ref 节点的坐标,根据 Ref 节点 ID将 CMD_REFNODE_CONFIG_REQUEST 数据包传给 USB_Dongle 节点。

(5) 收到 CMD_REFNODE_CONFIG_REQUEST 数据包的 USB_Dongle 节点通过 RF通信及时将此数据包传给有关 Ref 节点(Unicast)。

(6) 收到 CMD_REFNODE_CONFIG_REQUEST 数据包的 Ref 节点将自身的坐标 X

和 Y 值放入 CMD_REFNODE_CONFIG 数据包中,传给 USB_Dongle 节点(Unicast)。

（7）USB_Dongle 将从 Ref 节点传入的 CMD_REFNODE_CONFIG 数据包传给 zLocation_PC_Program。

（8）zLocation_PC_Program 将各 Ref 节点传送的 CMD_REFNODE_CONFIG 数据包输出到其运行窗口上,以便用户确认。

（9）如果在 zLocation_PC_Program 中判断 Ref 节点的位置信息未设定,那么再次传送 CMD_REFNODE_CONFIG_REQUEST 数据包。

完成初始化操作后,zLocation_PC_Program 通过以下顺序周期性地请求 Blind 节点的位置。

（1）zLocation_PC_Program 周期性地将 CMD_BLINDNODE_FIND_REQUEST 数据包传送给 USB_Dongle,请求 Blind 节点的坐标数据。USB_Dongle 通过 RF 将有关数据包传给 Blind 节点(Unicast)。

（2）收到 CMD_BLINDNODE_FIND_REQUEST 数据包的 Blind 节点广播 8 次 CMD_RSSI_BLAST 数据包。

（3）接收 Blind 节点的 CMD_RSSI_BLAST 数据包的 Ref 节点将此数据包的 RSSI 值存放在自身的 table 中。

（4）完成 8 次 CMD_RSSI_BLAST 数据包传送的 Blind 节点,为了再次收到周围 Ref 节点存储的 RSSI 值,广播 CMD_XY_RSSI_REQUEST 数据包。

（5）收到 CMD_XY_RSSI_REQUEST 数据包的 Ref 节点将到现在为止存储的 RSSI 的平均值和自身的 X/Y 坐标值存储在 CMD_XY_RSSI_RESPONSE 数据包中,通过 Unicast 传达给 Blind 节点。

（6）Blind 节点存储各 Ref 节点传送的 CMD_XY_RSSI_RESPONSE 数据包,Ref 节点的数量为 3 以上时,驱动 Location Engine 计算当前自身的 X/Y 坐标。

（7）Blind 节点将计算的坐标信息存储在 CMD_BLINDNODE_FIND_RESPONSE 数据包中,传给 USB_Donlge(Unicast)。

（8）USB_Dongle 将从 Blind 节点传入的 CMD_BLINDNODE_FIND_RESPONSE 数据包传给 PC 上运行的 zLocation_PC_Program。

（9）zLocation_PC_Program 将 CMD_BLINDNODE_FIND_RESPONSE 数据包内的 Blind 节点的 X/Y 坐标信息输出到计算机屏幕上的窗口中。

10.1.4 功能实现

位置识别程序由 PC 上运行的 zLocation_PC_Program 代码和 CC2431 节点上运行的 TinyOS 代码两部分组成。TinyOS 中的最上层 application 组件由 RSSI_LocationC.nc 配置文件和 RSSI_LocationM.nc 模块构成。该模块组件负责 RF 的发送接收,以及数据包的处理部分。作为下层组件,负责串行通信的 LocationUARTC 组件在 LocationUART 文件中被实现,与 CC2431 芯片的 Location Engine 驱动相关的 LocationEngineC 组件在 LocationEngine 文件中被实现。表 10-3 中的 RF 数据包(以结构体定义)和使用的 define 语句定义在 RSSI_Location.h 头文件中。

PC 上运行的 zLocation_PC_Program 程序由包含实现代码的 zLocation_PC_Program.c 文

件和头文件 zLocation_PC_Program. h 文件构成。各 Ref 节点的坐标信息以一定形式记录在 zLocation_PC_Program. txt 文件中。

节点程序配置文件 RSSI_LocationC. nc 中记录了要使用的多个组件声明及组件的连接,代码如下。

```
1: includes RSSI_Location;
2: configuration RSSI_LocationC { }
3: implementation {
4:    components MainC, RSSI_LocationM, LedsC, ActiveMessageC
5:    , new AMSenderC(AM_RSSI_LOCATION_MSG)
6:    , new AMReceiverC(AM_RSSI_LOCATION_MSG);
7:    RSSI_LocationM.Boot  -> MainC;
8:    RSSI_LocationM.Packet  -> ActiveMessageC;
9:    RSSI_LocationM.Leds  -> LedsC;
10:   RSSI_LocationM.CommControl  -> ActiveMessageC;
11:   RSSI_LocationM.RecvMsg  -> AMReceiverC;
12:   RSSI_LocationM.DataMsg  -> AMSenderC;
13:   components new TimerMilliC() as XY_Response_TimerC
14:   , new TimerMilliC() as RSSI_BLAST_TimerC
15:   , new TimerMilliC() as XY_Collect_TimerC
16:   , new TimerMilliC() as Cycle_TimerC;
17:   RSSI_LocationM.XY_Response_Timer  -> XY_Response_TimerC;
18:   RSSI_LocationM.RSSI_BLAST_Timer   -> RSSI_BLAST_TimerC;
19:   RSSI_LocationM.XY_Collect_Timer   -> XY_Collect_TimerC;
20:   RSSI_LocationM.Cycle_Timer        -> Cycle_TimerC;
21:   components LocationUARTC;
22:   RSSI_LocationM.LocationUART  -> LocationUARTC;
23:   components LocationEngineC;
24:   RSSI_LocationM.LocationEngine  -> LocationEngineC;
25:}
```

第 1 行,包含记录 RF 数据包格式和 define 语句的头文件。第 2～12 行,声明并连接程序中要使用的模块文件和 MainC 组件、LED 组件与 RF 相关的组件。第 13～20 行,声明并连接模块文件中要使用的多个 Timer。第 21 和 22 行,声明并连接 USB_Dongle 节点上负责与 PC 进行 UART 通信的组件。第 23 和 24 行,声明并连接实现与 Blind 节点上要使用的 Location Engine 相关函数的组件。

模块文件 RSSI_LocationM. nc 代码可以分为 USB_Dongle 节点使用代码、Ref 节点使用代码和 Blind 节点使用代码,以及三类节点共同使用的代码。由于模块文件的代码长度较长,因此,将这部分代码分成以上 4 类进行分析。

三类节点共同使用的代码部分如下。

```
1: module RSSI_LocationM {
2:  uses {
3:    interface Boot;
4:    interface Leds;
    …
5:  }
6: } implementation {
```

```
 7:    norace uint8_t NodeType_Endpoint, APSCounter;
  ...
 8:    event void Boot.booted() {
 9:      APSCounter = 0;
        //根据 TOS_NODE_ID 作为 USB_Dongle 节点运行
10:      if (Location_Dongle_ID == TOS_NODE_ID){
11:         NodeType_Endpoint = DONGLE_ENDPOINT;
        //根据 TOS_NODE_ID 作为 Ref 节点运行
12:      } else if (Reference_Node_ID_Start <= TOS_NODE_ID
                   && TOS_NODE_ID <= Reference_Node_ID_End){
13:         NodeType_Endpoint = REFNODE_ENDPOINT;
14:         Init_Ref_Node();
        //根据 TOS_NODE_ID 作为 Blind 节点运行
15:      } else {
16:         NodeType_Endpoint = BLINDNODE_ENDPOINT;
17:         Init_Blind_Node();
18:      }
19:      call CommControl.start();
20:    }
21:    event void CommControl.startDone(error_t error) { ... }
22:    event void CommControl.stopDone(error_t error) {}
23:    void Fill_APS_Header (APS_Header * pack, uint8_t DestEndpoint, uint16_t
ClusterID) {
24:    pack->FrameControl = FrameControl_Datat_Type;
25:    pack->DestEndpoint = DestEndpoint;
26:    pack->ClusterID     = ClusterID;
  ...
27:    }
28:    event void DataMsg.sendDone(message_t * msg, error_t error) {
29:      if (error == SUCCESS){
30:    call Leds.led2Off();
31:      }
32:    }
        //接收到 RF 数据时调用的函数
33:    event message_t * RecvMsg.receive(message_t * msg, void * payload, uint8_t len) {
34:    APS_Header * pack = (APS_Header *) payload;
35:    call Leds.led0Toggle();
        //USB_Dongle 节点接收将自身作为目的地的数据包时
36:      if (NodeType_Endpoint == DONGLE_ENDPOINT
                             && pack->DestEndpoint == DONGLE_ENDPOINT) {
        //USB_Dongle 节点将接收的 RF 消息传给 LocationUARTC
37:    cc2430_header_t * header = (cc2430_header_t *) msg;
38:    call LocationUART.SendMsg(header->src, payload, len);
        //Ref 节点接收将自身作为目的地的数据包时
39:      } else if (NodeType_Endpoint == REFNODE_ENDPOINT
                             && pack->DestEndpoint == REFNODE_ENDPOINT) {
        //在 Ref 节点上分析接收的 RF 消息
40:    ProcessRefNodeRecvRFMsg(msg, payload);
        //Blind 节点接收将自身作为目的地的数据包时
41:      } else if (NodeType_Endpoint == BLINDNODE_ENDPOINT
                             && pack->DestEndpoint == BLINDNODE_ENDPOINT) {
```

```
         //在 Blind 节点上分析接收的 RF 消息
42:         ProcessBlindRecvRFMsg(msg, payload);
43:     }
   44:      return msg;
   45: }
```

第 1～5 行,声明本模块中要使用的多个接口。

第 7～22 行,声明本模块中要使用的变量及函数。接着,在 TinyOS 启动用户代码时调用的 boot 函数中根据 TOS_NODE_ID 设定作为 USB_Dongle 节点运行,还是作为 Ref 节点运行,或者作为 Blind 节点运行。在本例题中为了区分节点的类型,利用 NodeType_Endpoint 变量。作为 Ref 节点或 Blind 节点运行时,调用与其相匹配的初始化函数 Init_Ref_Node()或 Init_Blind_Node()。节点的类型设定完成后,接着调用 RF 初始化函数。随后将调用意味着 RF 初始化结束的 startDone 函数。

第 23～27 行,本程序中使用的 RF 数据包共有头部标题 APS 字段,填充此标题部分的函数是 Fill_APS_Header(…)函数。

第 28～32 行,RF 传送完成后调用的函数。

第 33～45 行,接收到 RF 时,receive(…)函数以 event 形式被调用。在此函数中,通过表示自身类型的 NodeType_Endpoint 变量和数据包的 APS 头文件中存储的 DestEndpoint 字段区分是传给哪个节点的数据包。如果是向 USB_Dongle 节点发送的数据包,则将此数据包传给 LocationUARTC,从而向 PC 传送。如果是向 Ref 节点或 Blind 节点发送的数据包,则调用根据各个类型的分析函数,执行与其相匹配的操作。

USB_Dongle 节点实现的代码部分如下。

```
46:  norace message_t Dongle_RF_Msg;
47:  event void LocationUART.RecvMsg(uint16_t DestAddr, … ) {
48:  uint8_t RF_Send_Len = sizeof(APS_Header);
       …
49:  Fill_APS_Header(&APS_Frame, DestEndpoint, ClusterID);
50:  pData = call DataMsg.getPayload(&Dongle_RF_Msg);
51:  memcpy(pData, (uint8_t *)&APS_Frame, sizeof(APS_Header));
52:  if(UARLen > 0){
53:      memcpy(pData + sizeof(APS_Header), UARTMsg, UARLen);
54:      RF_Send_Len = sizeof(APS_Header) + UARLen;
55:  }
56:  if (call DataMsg.send(DestAddr, &Dongle_RF_Msg, RF_Send_Len) == SUCCESS){
57:      call Leds.led2On();
58:  }
59:  }
```

第 46 行,USB_Dongle 节点要使用的变量定义。

第 47～59 行,USB_Dongle 节点的作用是从 RF 接收到的消息传送给 UART,从 PC 传入的 UART 消息传送给 RF。第一个操作在前面部分的第 38 行中通过 call LocationUART.SendMsg 函数被执行,属于第二个操作的部分在本段程序中被实现。

Ref 节点实现的代码部分如下。

```
60:  norace message_t Ref_Node_RF_Msg, Ref_Node_RSSI_Response_Msg;
```

```
        ...
61:    void Init_Ref_Node() {
62:    uint8_t i;
63:    Ref_NGI.myX = 0;
64:    Ref_NGI.myY = 0;
65:    Ref_NGI.Average_RecvRSSI = 0;
66:    Ref_RNRL.Num_Recv_RSSI = 0;
67:    for (i = 0 ; i < MAX_RECV_RSSI ; i++) {
68:      Ref_RNRL.Recv_RSSI_List[i] = 0;
69:    }
70:    }
71:    void Cal_Average_RecvRSSI() {
72:   uint8_t i;
73:    int16_t cal_value = 0;
74:    for (i = 0; i < Ref_RNRL.Num_Recv_RSSI; i++){
75:      cal_value += Ref_RNRL.Recv_RSSI_List[i];
76:    }
77:    cal_value /= Ref_RNRL.Num_Recv_RSSI;
78:    Ref_NGI.Average_RecvRSSI = (int8_t) cal_value;
79:    }
80:    void ProcessRefNodeRecvRFMsg(message_t * msg, uint8_t * payload) {
81:    APS_Header * pack = (APS_Header *) payload;
82:    switch (pack->ClusterID) {
83:      case CMD_XY_RSSI_REQUEST:
84:      {                              //从 Blind 节点收到的数据包
            ...
85:        break;
86:      }
87:      case CMD_REFNODE_CONFIG:
88:      {                              //从 PC 收到的 X/Y 设定数据包
            ...
89:        break;
90:      }
91:      case CMD_REFNODE_CONFIG_REQUEST:
92:      {                              //从 PC 收到的 X/Y 信息请求数据包
            ...
93:        break;
94:      }
95:      case CMD_RSSI_BLAST:
96:      {                              //从 Blind 节点收到的 RSSI 测量数据包
            ...
97:        break;
98:      }
99:      default:
100:        break;
101:    }
102:    }
103:    event void XY_Response_Timer.fired() {
104:    if (call DataMsg.send(XY_RSSI_Response_DstAddr, ...) == SUCCESS){
105:      call Leds.led1Toggle();
106:    }
```

107: }

第 60 行,Ref 节点使用的变量定义。第 61~70 行,初始化 Ref 节点的坐标和 Ref 节点使用的变量。该函数在 booted 函数中被调用。

第 71~79 行,是当 Blind 节点收到传送的 CMD_XY_RSSI_REQUEST 时,计算到现在为止收到的 RSSI_BLAST 数据包的平均 RSSI 值的函数。

第 80~102 行,分析 Ref 节点接收到的数据包并执行相应操作的函数。第 83 行,当从 Blind 节点收到 CMD_XY_RSSI_REQUEST 时,调用 Cal_Average_RecvRSSI 函数计算平均 RSSI 值,并将 Ref 节点 X 和 Y 坐标放入 XY_RSSI_Response 数据包中。此外,为了避免与周围 Ref 节点的 RF 冲突,进行 XY_RSSI_Response_Delay×TOS_NODE_ID 大小的延迟后,在代码第 103 行中实现的 XY_Response_Timer.fired() 函数中由 RF 传送。第 87 行,如果从 PC 收到了 CMD_REFNODE_CONFIG 数据包,则修改自身的 X 和 Y 坐标。第 91 行,如果从 PC 收到了 CMD_REFNODE_CONFIG_REQUEST 数据包,则将自身的 X 和 Y 坐标信息放入 CMD_REFNODE_CONFIG 数据包中由 RF 传送。第 95 行,是为了 Blind 节点 RSSI 信息测量传送的数据包。如果收到了此数据包,则存放测量的 RSSI 值。

第 103~106 行,是与 XY_RSSI_Response 数据包传送有关的延迟时间结束时,被调用的函数。在此函数中由 RF 传送 XY_RSSI_Response 数据包。

Blind 节点实现的代码部分如下。

```
108:    norace message_t Blind_Node_RF_Msg;
       ...
109:    void Init_Blind_Node() {
110:    uint8_t i;
111:    Blind_NGI.myX = 0;
112:    Blind_NGI.myY = 0;
113:    Blind_NGI.Average_RecvRSSI = 0;
       ...
114:    }
115:    void ProcessBlindRecvRFMsg(message_t * msg, uint8_t * payload) {
116:    APS_Header * pack = (APS_Header *) payload;
117:    switch (pack->ClusterID) {
118:      case CMD_XY_RSSI_RESPONSE:
119:      {                              //从 Ref 节点收到的 X/Y 坐标和 RSSI 平均值数据包
            ...
120:        break;
121:      }
122:      case CMD_BLINDNODE_FIND_REQUEST:
123:      {                              //从 PC 收到的 Blind 节点的坐标请求数据包
                                         //执行为了测量 Location 的操作
124:        post Start_Location_Measure();
125:        break;
126:      }
127:      case CMD_BLINDNODE_CONFIG:
128:      {                              //从 PC 收到的 Blind 节点变量设定数据包
            ...
129:        break;
130:      }
```

```
131:      case CMD_BLINDNODE_CONFIG_REQUEST:
132:      {                             //从 PC 收到的 Blind 节点变量设定要求数据包
                ...
133:        break;
134:      }
135:      default:
136:        break;
137:    }
138:  }
139:  event void Cycle_Timer.fired() {
140:    post Start_Location_Measure();
141:  }
142:  task void Start_Location_Measure() {
143:    RSSI_Blast_Count = 0;
144:    call RSSI_BLAST_Timer.startPeriodic(RSSI_Blast_Delay);
145:  }
      //每当 RSSI_BLAST_Timer 到期时,传送 RSSI_Blast,
      //如果此数字到达 MAX_RECV_RSSI,则传送 XY_RSSI_Request 数据包
146:  event void RSSI_BLAST_Timer.fired() {
147:    if(RSSI_Blast_Count++>= MAX_RECV_RSSI) {
148:      XY_RSSI_Request XRR_Frame;
149     call RSSI_BLAST_Timer.stop();
150:      Fill_APS_Header ( ... );
151:      memcpy( ... );
152:      if (call DataMsg.send(AM_BROADCAST_ADDR, ... )) == SUCCESS){
153:        call Leds.led2On();
154:      }
155:      call XY_Collect_Timer.startOneShot(Blind_BNCI.Collect_Time * 100);
156:    } else {
157:      RSSI_Blast RB_Frame;
158:      Fill_APS_Header ( ... );
159:      memcpy( ... );
160:      if (call DataMsg.send(AM_BROADCAST_ADDR, ... ) == SUCCESS){
161:        call Leds.led2On();
162:      }
163:    }
164: }
      //等待从 Ref 节点要被传送的 CMD_XY_RSSI_RESPONSE 消息
167:  event void XY_Collect_Timer.fired() {
168:    call Leds.led1On();
169:    call LocationEngine.Calculate(&Blind_NGI, &Blind_BNCI, &Blind_BNRL);
170:  }
      //CC2431 的 Location Engine 完成计算时被调用的函数
171:  event void LocationEngine.Calculate_Done() {
172:    Bind_Node_Find_Response BNFR_Frame;
173:    uint8_t i;
174:    Fill_APS_Header( ... );
175:    if(Blind_BNRL.Num_Ref_Node >= Blind_BNCI.Minimum_Reference_Node) {
176:      BNFR_Frame.Status = 0;
177:      BNFR_Frame.Blind_Node_X = Blind_NGI.myX;
178:      BNFR_Frame.Blind_Node_Y = Blind_NGI.myY;
```

```
           ...
179:    }else{
180:      BNFR_Frame.Status = 1;
181:      BNFR_Frame.Blind_Node_X = 0;
182:      BNFR_Frame.Blind_Node_Y = 0;
183:      BNFR_Frame.Number_of_Reference_Nodes = Blind_BNRL.Num_Ref_Node;
184:      if(Blind_BNRL.Num_Ref_Node > 0){
                ...
185:      }else{
                ...
186:      }
187:    }
188:    memcpy( ... );
189:    if (call DataMsg.send(Blind_BNCI.Report_Short_Address, ... )) == SUCCESS){
190:      call Leds.led2On();
191:    }
                              //复位 Blind_BNRL 参数
192:    Blind_BNRL.Num_Ref_Node = 0;
193:    Blind_BNRL.Closet_Index = 0;
194:    for (i = 0; i < MAX_REF_NODE; i++) {
195:      Blind_BNRL.Neighbor_Ref_Node_List[i].myX = 0;
                ...
196:    }
197: }
198:}
```

第 108 行, Blind 节点程序用到的变量。

第 109~114 行, 初始化 Blind 节点的函数, 在 booted() 函数中被调用。

第 115~138 行, 分析进入 Blind 节点的数据包并执行相应操作的函数。第 118 行, 从 Ref 节点收到 CMD_XY_RSSI_RESPONSE 数据包时, 将此数据包中存储的 X/Y 坐标和平均 RSSI 值依据 Ref 节点 ID 存储到相应的变量中。第 122 行, 从 PC 收到 CMD_BLINDNODE_FIND_REQUEST 时, 调用为 Location 测量的 Start_Location_Measure() 任务函数。第 127 行, 从 PC 收到 CMD_BLINDNODE_CONFIG 时, 以此数据包中设定的值为基准, 修改 Blind 节点设定的变量。第 131 行, 从 PC 收到 CMD_BLINDNODE_CONFIG_REQUEST 时, 将 Blind 节点的设定变量存储到 CMD_BLINDNODE_CONFIG 数据包中并由 RF 传送。

第 139~141 行, 作为应对 Blind 节点独自测量周期性的 location 时的 Timer() 函数, 本程序运行时不调用。

第 142~145 行, 作为从 PC 收到 CMD_BLINDNODE_FIND_REQUEST 时调用的 task() 函数, 为了计算 Blind 坐标, 初始化与 RSSI_BLAST 传送有关的变量后, 调用 RSSI_BLAST_Timer.startPeriodic() 函数。

第 146~164 行, 当 RSSI_Blast_Count 变量达到 MAX_RECV_RSSI(8 次)时, 将 RSSI_Blast 数据广播给周围 Ref 节点, 并调用 XY_RSSI_Request() 函数。同时设定 XY_Collect_Timer() 函数, 一定时间后驱动 Location Engine。

第 167~170 行, XY_Collect_Timer() 函数如果到期, 基于此期间从周围 Ref 节点收到的 CMD_XY_RSSI_RESPONSE 数据包的信息,执行 CC2431 的 Location Engine,即调用 LocationEngine. Calculate()函数。

第 171~197 行,CC2431 的 Location Engine 执行如果完成,则 Calculate_Done()事件函数被调用。在此函数中基于计算出的 Blind 节点的坐标,向 USB_Dongle 节点传送 Bind_Node_Find_Response 数据包。此数据包依靠 USB_Dongle 节点传给 zLocation_PC_Program。

LocationUARTC 组件负责 USB_Dongle 节点和 zLocation_PC_Program 之间的 UART 通信,在本应用中,UART 通信的结构形式如图 10-3 所示。

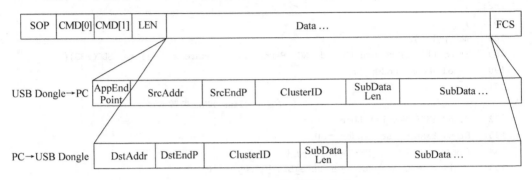

图 10-3　UART 通信数据包格式

LocationEngineC 组件负责 CC2431 的 Location Engine 驱动的实现。在此组件中,首先以 Ref 节点传送的 RSSI 为根据,通过简单的冒泡排序整理后,在_CC2431_REFCOORD 寄存器和_CC2431_MEASPARM 寄存器中加入适当的值,来计算 Blind 节点的 X 和 Y 坐标。

zLocation_PC_Program 程序由包含实际代码的 zLocation_PC_Program. c 文件和 zLocation_PC_Program. h 头文件构成,还有在程序运行时用于确认 Ref 节点坐标的 zLocation_PC_Program. txt 文件。

zLocation_PC_Program. c 文件中实现的函数整体框架如下。

```
//初始化 UART 的函数
void InitSerial() {
...
}
//从 zLocation_PC_Program.txt 文件读取 Ref 节点的坐标的函数
void InitLoadInfoFile() {
    ...
}
//组合 USB_Dongle 传送的消息的函数
void ListenfromSerial() {
...
}
//识别组装的消息并以适当的格式进行输出的函数
void Parsing_Buff() {
...
}
```

```
//传送 Ref 节点坐标设定及坐标确认消息的函数
void SendingInitInfoMsgs() {
...
}
//启动程序的主函数
int main() {
...
}
```

编译 zLocation_PC_Program 前,一定要确认 UART 的编号。通过 Windows 系统配置查询到与 PC 连接的 USB_Dongle 节点的 COM 编号,需要将此编号减去 1 后的值放到 zLocation_ PC_ Program. h 文件中记录的 ttySX 的 X 值中。比如编号为 COM7,则 zLocation_PC_Program. h 文件中修改为:

```
# define BAUDRATE B57600
# define MODEMDEVICE "/dev/ttyS6"
```

ttySX 被修改后,保存此头文件,接下来,打开含有 Ref 节点坐标信息的 zLocation_PC_ Program. txt 文件:

```
//RefNode:NodeID:NodeX:NodeY:
RefNode:1:780:580:
RefNode:2:0:96:
RefNode:3:0:576:
RefNode:4:0:0:
RefNode:5:0:0:
...
```

以保留字 RefNode 开始,放入 Ref 节点的 ID、Ref 节点的 X 坐标(以 cm 为单位)、Ref 节点的 Y 坐标(以 cm 为单位),它们之间无空格,以":"为分隔符。如果将 Ref 节点的 X 和 Y 坐标设定为 0,将视作无此 Ref 节点,不进行初始化。

10.1.5　代码编译与运行测试

RSSI_Location 应用是在韩佰电子的 HBE-Ubi-CC2431 套件(含 9 个 CC2431 节点或更多)节点上进行编译、运行测试。HBE-Ubi-CC2431 节点使用了 TI 公司的 CC2431 芯片为主微控制器,内置了 Silicon Lab 公司的 C8051F320MCU,支持通过 USB 下载程序。此外,集成了 FTDI 公司的 FT232 芯片,支持 CC2431MCU 通过 USB 线与 PC 进行 UART 通信。 RSSI_Location 应用的编译过程如下。

(1) 运行 cygwin,进入 RSSI_Location 文件夹中,使用命令:

```
cd /opt/tinyos - 2.x/contrib/cc2431/RSSI_Location
```

(2) 输入命令 make cc2431 编译 RSSI_Location 应用。

(3) 通过 make cc2431 reinstall. X 命令,创建 app_X. hex 文件,0 号为 USB_Dongle,1 号起为 Ref 节点,17 号为 Blind 节点,这样就创建了带有节点编号 X 的 hex 文件。

(4) 通过 Texas Instruments SmartRF Flash Programmer 将带有节点编号的 hex 文件下载到相关节点中。

（5）确定 UART 编号并修改 zLocation_PC_Program. h 文件,确定 Ref 节点的坐标,写入 zLocation_PC_Program. txt 文件中。

（6）使用 gcc 编译串口监控程序 zLocation_PC_Program. c。

USB_Dongle 节点与 PC 相连,Ref 节点放置于用户在 zLocation_PC_Program. txt 文件中所记录的位置,Blind 节点放在要测量的场所内任意位置。USB_Dongle 节点的按钮开关必须指向 RS232,确保 USB_Dongle 节点的 CC2431MCU 能通过 USB 线与 PC 进行 UART 通信。运行 zLocation_PC_Program(. /run)后,程序会先确认 Ref 节点坐标是否被顺利设定,然后,窗口中周期性输出 Blind 节点的位置,如图 10-4 所示。

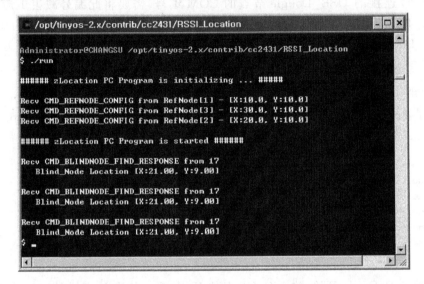

图 10-4　zLocation_PC_Program 运行结果

如图 10-4 所示,第 6~8 行显示了 ID 号 1、2、3 三个 Ref 节点已知并确定存在的位置坐标,后面会定时输出 Blind 节点的坐标。按 Ctrl＋C 组合键,则退出 PC 端程序 zLocation_PC_Program。

10.2　利用 Tree 路由的多跳传输

Tree 路由,就是指 Sink 节点(或称为 root 节点)与周边节点形成 Tree(树形)结构网络的路由协议。本应用实现各传感器节点通过 Tree 路由协议构成的多跳传输网络,并将数据传送给 Sink 节点。

10.2.1　Tree 路由实现的原理

Tree 路由与其他无线传感网路由协议一样,最终目的节点都是 Sink 节点。在形成的拓扑结构中,其特点是路由路径不能形成环路,在向上层的父节点传输数据过程中,最终向根 Sink 节点传输数据。多跳路由中的各节点无须保持复杂路由路径,只需保持自身的上层父节点的地址来实现多跳路由。图 10-5 显示了基于 Tree 路由协议形成的拓扑结构,由于从 Sink 节点起按照跳数形成分层,Sink 节点需要周期性地广播显示自身存在的 Hello(或者 Beacon)数据包。从 Sink 收到 Hello 数据包的节点,其自身离 Sink 为 1 跳,并将此信息放入到自身的 Hello 数据包(这时,此 Hello 数据包的跳数增加 1)中周期性广播。以此类推,通过这种方式,网络中所有节点就可以得知距离 Sink 的跳数。

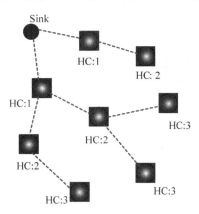

图 10-5　Tree 路由形成的结构

本 Hanback_TestTree 应用为完成路由功能,具有 Hanback_TreeRoutingCTree 路由组件。该 Tree 组件约每隔 10s 周期性地生成 Beacon(Hello)数据包,向周围节点报告自身的存在,以 Beacon 数据包的跳数为基准,选择自身的上层父节点的路由协议。为了记录周围节点的信息,使用一个保持 5 个记录的路由表;在跳数相同时,以 LQI 和 RSSI 值为基准,选择最适的父节点。

Hanback_TestTree 应用每隔 3s 读进节点上的温度、湿度、照度和红外线传感器的检测值后,通过 Tree 路由多跳协议传给很远的 Sink 节点。Sink 节点将从无线传感网中收到的数据传给 PC,用户可以通过 Windows 程序 Viewer.exe 查看当前无线传感网的拓扑结构及各节点的检测数据。

10.2.2　TestTreeApp 配置文件和模块文件

TestTreeApp 应用程序配置文件的名称是 Hanback_TestTreeAppC.nc,文件中记录了 Hanback_TestTree 应用中要使用的多个组件声明以及各组件之间的连接。该配置文件所表示的组件结构如图 10-6 所示。

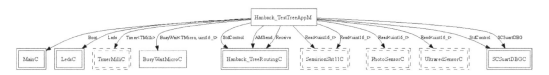

图 10-6　应用程序配置所表示的组件结构

Hanback_TestTreeAppC.nc 文件内容如下。

```
1: includes Hanback_TestTree;
2: configuration Hanback_TestTreeAppC { }
3: implementation {
4:   components MainC, Hanback_TestTreeAppM
```

```
5:                 , new TimerMilliC()
6:                 , LedsC;
7:   Hanback_TestTreeAppM.Boot -> MainC;
8:   Hanback_TestTreeAppM.Leds -> LedsC;
9:   Hanback_TestTreeAppM.Timer -> TimerMilliC;
     //路由组件
10:  components Hanback_TreeRoutingC as Route;
11:  Hanback_TestTreeAppM.RControl -> Route;
12:  Hanback_TestTreeAppM.Rout_Send -> Route;
13:  Hanback_TestTreeAppM.Rout_Receive -> Route;
     //传感器组件
14:  components new SensirionSht11C(), new PhotoSensorC(), new UltraredSensorC();
15:  Hanback_TestTreeAppM.Read_Humi -> SensirionSht11C.Humidity;
16:  Hanback_TestTreeAppM.Read_Temp -> SensirionSht11C.Temperature;
17:  Hanback_TestTreeAppM.Read_Photo -> PhotoSensorC;
18:  Hanback_TestTreeAppM.Read_Ultrared -> UltraredSensorC;
     //串行通信组件
19:  components SCSuartDBGC;
20:  Hanback_TestTreeAppM.SCSuartSTD -> SCSuartDBGC;
21:  Hanback_TestTreeAppM.SCSuartDBG -> SCSuartDBGC;
22: }
```

在 Hanback_TestTreeAppC.nc 文件中第 1 行 include 定义 application 中要使用的 define 语句及数据包格式的 Hanback_TestTree.h 文件，第 2～9 行定义了 Hanback_TestTree 应用中要使用的模块文件和 Main 组件、LED 组件、定时器组件。第 10～13 行定义了 Hanback_TreeRoutingC，是实现 Tree 路由的组件，第 14～18 行定义了 SensirionSht11C()、PhotoSensorC()、UltraredSensorC()组件，是为了读取点上传感器数据的组件。第 19～21 行定义了 SCSuartDBGC 组件，是为了将 Sink 节点从无线收到的数据传送给 PC 而使用的串行组件，该组件与 SerialActiveMessageC 组件不同，可以直接以串行通信方式传递自身想要的数据形式而非 message_t 结构体形式。

TestTreeApp 应用程序模块文件的名称是 Hanback_TestTreeAppM.nc，其源代码如下。

```
1: module Hanback_TestTreeAppM {
2:  uses {
3:    interface Boot;
4:    interface Timer < TMilli >;
5:    interface Leds;
6:    interface StdControl as RControl;
7:    interface AMSend as Rout_Send;
8:    interface Receive as Rout_Receive;
9:  }
    //传感器接口
10: uses {
11:  interface Read < uint16_t > as Read_Humi;
12:  interface Read < uint16_t > as Read_Temp;
13:  interface Read < uint16_t > as Read_Photo;
14:  interface Read < uint16_t > as Read_Ultrared;
```

```
15:   }
      //串行通信接口
16:   uses {
17:   interface StdControl as SCSuartSTD;
18:   interface SCSuartDBG;
19:   }
20: } implementation {

21:   message_t TXData;
22:   //传感器数据变量
23:   uint16_t myTemp = 0xFFFF;
24:   uint16_t myHumi = 0xFFFF;
25:   uint16_t myPhoto = 0xFFFF;
26:   uint16_t myUltrared = 0xFFFF;
27:   uint16_t Raw_Temp = 0xFFFF; //原始温度信息值
28:   void calc_SHT_(uint16_t p_humidity, uint16_t p_temperature);
29:   event void Boot.booted() {
        ...
30:     call SCSuartSTD.start();
31:     call RControl.start();
32:     if (TOS_NODE_ID != SinkAddress)
33:     {
34: call Timer.startPeriodic(DATA_TIME);
35:     }

36:   }
37:   event void Timer.fired() {
38:     call Leds.led2Toggle();
39:     call Read_Photo.read(); //读取照度、温度、湿度、红外线值
40:   }
41:   task void transmit_frame(){
42:   DataFrameStruct DFS;
43:   call Leds.led1On();
44:   DFS.Temp = myTemp;
45:   DFS.Humi = myHumi;
46:   DFS.Photo = myPhoto;
47:   DFS.Ultrared = myUltrared;
48:   memcpy (call Rout_Send.getPayload(&TXData), &DFS, sizeof(DataFrameStruct));
49:   call Rout_Send.send(SinkAddress, &TXData, sizeof(DataFrameStruct));
50:   }
51:   event void Rout_Send.sendDone(message_t * m, error_t err) {
52:     if (err == SUCCESS)
53:   call Leds.led1Off();
54:   }
55:   event message_t * Rout_Receive.receive(…) {
56:     if (TOS_NODE_ID == SinkAddress)
57:     {
58:   uint8_t UART_Buff[65], * UART_Buff_p;
59:   uint8_t UART_Buff_len = 0, i;
60:   NWKFrame NWKF;
61:   DataFrameStruct DFS;
```

```
62:   UartFrameStruct UFS;
63:   uint8_t rawheader[2], rawtail;
64:   rawheader[0] = 0x7E;
65:   rawheader[1] = 0x42;
66:   rawtail = 0x7E;
67:   memcpy(&NWKF, call Rout_Send.getPayload(msg), sizeof(NWKFrame));
68:   memcpy(&DFS, NWKF.UpperData, sizeof(DataFrameStruct));
69:   UART_Buff_p = (uint8_t *)&UFS;
70:   {
71:     uint32_t Packet_Seq = (uint32_t) NWKF.SeqNum;
72:     int16_t SrcAddr = NWKF.SrcAddr;
73:     UART_Buff[0] = 0x7D;
74:     UART_Buff[1] = 0x5E;
        …
75:   }
76:   UART_Buff_len = 6;
77:   for (i = 6; i < sizeof(UartFrameStruct); i++)
78:   {
79:     …
80:   }
81:   call SCSuartDBG.UARTSend(rawheader, 2);
82:   call SCSuartDBG.UARTSend(UART_Buff, UART_Buff_len);
83:   call SCSuartDBG.UARTSend(&rawtail, 1);
84:   call Leds.led0Toggle();
85:     }
86:     return msg;
87:   }
88:   event void Read_Photo.readDone(error_t err, uint16_t val) {
89:   if (err == SUCCESS)
90:     myPhoto = val;
91:   call Read_Temp.read();
92:   }
93:   event void Read_Temp.readDone(error_t err, uint16_t val) {
94:   if (err == SUCCESS)
95:     Raw_Temp = val;
96:   call Read_Humi.read();
97:   }
98:   event void Read_Humi.readDone(error_t err, uint16_t val) {
99:   if (err == SUCCESS && Raw_Temp!= 0xFFFF)
100:    calc_SHT_(val, Raw_Temp);
101:   call Read_Ultrared.read();
102:   }
103:   event void Read_Ultrared.readDone(error_t err, uint16_t val) {
104:   if (err == SUCCESS)
105:     myUltrared = val;
106:   post transmit_frame();
107:   }
108:   void calc_SHT_(uint16_t p_humidity, uint16_t p_temperature)
109:   …
110:   }
111: }
```

第 1～28 行,定义了程序中用到的各类接口和传感器数据变量。

第 29～36 行,MainC 的 Boot. booted()函数被调用时,分别调用为了启动路由组件的 RControl. start()函数和为了启动串行组件的 SCSuartSTD. start()函数。RControl 和 SCSuartSTD 的原型都是 StdControl 接口。接着通过比较语句,当节点 ID(值为 TOS_ NODE_ID)不是 SinkAddress(定义为 0)时,调用 Timer. startPeriodic 函数,每隔 3s 生成周期性的数据。

第 37～40 行,每隔 3s Timer 到期时,以 Read_Photo. read()函数为开始,按顺序读取照度、温度、湿度、红外线值,存储在 myTemp、myHumi、myPhoto、myUltrared 变量中。

第 41～50 行,将 myTemp、myHumi、myPhoto、myUltrared 中存储的检测值放入到 Application 数据结构体 DataFrameStruct 的字段中,通过 Rout_Send. send()函数,下发到 Tree 路由组件 Hanback_TreeRoutingC 组件中。

第 51～54 行,发送结束,熄灭指示灯。

第 55～87 行,Rout_Receive 接口与 Route_Send 一样,是与 Tree 路由组件连接的接口。在 Hanback_TreeRoutingC 中首先分析 ActiveMessageC 中上传发送的数据后,再将实际 application 数据上传发送给 Hanback_TestTreeAppM。最终,由于收到了数据的节点是具有 SinkAddress 地址的 Sink 节点(第 49 行的 send()函数中目的地址),因此所有数据被 0 号节点收到。在本应用中,0 号传送的串行数据将通过 Windows 程序 Viewer. exe 文件读取。由于 Viewer 程序不能直接读取 TinyOS 2. X 的 message_t 结构体内容,使用了 SCSuartDBGC 组件通过 char 型数组传送数据。

第 88～111 行,与传感器测量有关的函数,采集照度、温度、湿度、红外线传感器数据并存储在相关变量中。最后,在传感器函数 Ultrared. readDone(…)(第 103 行)中 post transmit_frame() task 函数,将存储的传感器值传递给路由组件。

10.2.3　TreeRouting 配置文件和模块文件

TreeRouting 配置文件名是 Hanback_TreeRouting. nc,是为了 Tree 路由协议的实现而创建的配置文件。此文件为上层组件提供了 StdControl、SendFromAPP、RecvToAPP 接口,作为子组件有负责实际 RF 数据传送的 AtiveMessageC、AMSenderC、AMReceiverC 组件。此外,还声明了为随机选择路由标题中使用的数据包 Seq 的初始值的 RandomC 组件,为 RF 信道变更的 HAL_CC2430ControlC 组件以及为进行调试通信的 SCSuartDBGC 组件。

```
 1: includes Hanback_TreeRouting;
 2: configuration Hanback_TreeRoutingC {
 3:   provides interface StdControl;
 4:   provides interface AMSend as SendFromAPP;
 5:   provides interface Receive as RecvToAPP;
 6: }
 7: implementation{
 8: components Hanback_TreeRoutingM as RouteM
 9:       , new TimerMilliC()
10:   , RandomC
```

```
11:        , ActiveMessageC as MAC
12:   , HAL_CC2430ControlC
13:     , new AMSenderC(AM_TREEMSG) as SendDataC
14:      , new AMReceiverC(AM_TREEMSG) as RecvDataC
15:   , new AMSenderC(AM_BEACON_MSG) as SendBeaconC
16:      , new AMReceiverC(AM_BEACON_MSG) as RecvBeaconC;
17:   StdControl = RouteM;
18:   SendFromAPP = RouteM;
19:   RecvToAPP = RouteM;
20:   RouteM.Timer -> TimerMilliC;
21:   RouteM.SeedInit -> RandomC;
22:   RouteM.Random -> RandomC;
23:   RouteM.CommControl -> MAC;
24:   RouteM.CC2430Control -> HAL_CC2430ControlC;
25:   RouteM.SendData -> SendDataC;
26:   RouteM.RecvData -> RecvDataC;
27:   RouteM.SendBeacon -> SendBeaconC;
28:   RouteM.RecvBeacon -> RecvBeaconC;
29:   components SCSuartDBGC;
30:   RouteM.SCSuartDBG -> SCSuartDBGC;
31: }
```

Tree 路由协议中的节点为了周期性地向周围节点报告自身的跳数信息，需要传送 Beacon(Hello)数据包，为发送、接收 Beacon 数据包的接口和实际传送 Data 数据包的接收、发送两个接口，在第 13～16 行中声明了 AMSenderC（AM_TREEMSG）、AMReceiverC（AM_TREEMSG）、AMSenderC（AM_BEACON_MSG）、AMReceiverC（AM_BEACON_MSG），从而各声明了两个针对 Beacon 及 Data 用接口的 AMSender 和 AMReceiver 组件。该接口在第 25～28 行中与 Hanback_TreeRoutingM 的接口 SendData、RecvData、SendBaecon、RecvBeacon 连接。

Hanback_TreeRoutingM.nc 文件是实现 Tree 路由协议的模块文件，内容如下。

```
1: module Hanback_TreeRoutingM {
2: provides {
3: interface StdControl;
4: interface AMSend as SendFromAPP;
5: interface Receive as RecvToAPP;
6: }
7: uses {
8:   interface Timer<TMilli>;
9:   interface ParameterInit<uint16_t> as SeedInit;
10:  interface Random;
11:  interface SplitControl as CommControl;
12:  interface CC2430Control;
13:
14:  interface AMSend as SendData;
15:  interface Receive as RecvData;
16:  interface AMSend as SendBeacon;
17:  interface Receive as RecvBeacon;
18:  interface SCSuartDBG;
```

```
19:    }
20: }implementation{
21:   message_t   TXFrame;
22:   message_t   BFrame;
23:   message_t   RXFrame;
24:   message_t   ForwardingFrame;
      ...
25:   command error_t StdControl.start() {
26:   call SeedInit.init(TOS_NODE_ID);
27:    atomic {
28:         uint8_t i, random_num = (uint8_t) call Random.rand16();
29:   TimeCount = 0;
30:   SeqNum_ = (uint8_t) (random_num % 0xFF);
31:   TX_Type = Snoop_Null;
      ...
32:    }
33:    call CommControl.start();
34:    return SUCCESS;
35:   }
36:   event void CommControl.startDone(error_t error)
37:   {
38:
39:   //设置 CC2431 信道,其值范围是 11-26
40:      uint8_t myChannel = 15;
41:      call CC2430Control.TunePreset(myChannel);
42:   if(TOS_NODE_ID == SinkAddress)
43:     post TransmitBeacon();
44:   else
45:     post TransmitBeaconRequest();
46:   call Timer.startPeriodic(BeaconInterval);
47:   }
48: command error_t StdControl.stop() {call CommControl.stop();return SUCCESS;}
49: event void CommControl.stopDone(error_t error) {}
50:   command error_t SendFromAPP.send(...){
51:   processNextAddress();
52:
53:   if (NextAddress != UnkownAddress){
54:     NWKFrame Route_M;
55:     Route_M.FrameControl = GeneralDataFrame;
56:     Route_M.DstAddr = addr;
57:     Route_M.SrcAddr = TOS_NODE_ID;
58:     Route_M.Radius  = MaxHopNum;
59:     Route_M.SeqNum  = SeqNum_++;
        ...
60:     if (call SendData.send (...) == SUCCESS) {
61:       atomic TX_Type = GeneralDataFrame;
          ...
62:     }else{
63:       return FAIL;
64:     }
65:   }else{
```

```
66:     return FAIL;
67:   }
68:   return SUCCESS;
69: }
```

第 1~24 行,定义了 Hanback_TreeRoutingM 程序中要使用的各种接口和相关变量。

第 25~35 行,StdControl. start()函数是依靠 Hanback_TestTreeAppM. nc 的"call RControl. start();"代码被调用的函数。在此函数中,初始化 Tree 路由协议中使用的多个变量。同时,为了初始化 ActiveMessageC 组件调用了 CommCotnrol. start ()函数。

第 36~41 行,ActiveMessageC 组件被初始化后,CommControl. startDone 函数被 signal 触发调用,在此函数中为变更信道,调用 call CC2430Control. TunePreset (myChannel)函数。在本应用中选择了 15 号信道。

第 42~49 行,完成信道设定后,如果自身是 Sink 节点时调用 post TransmitBeacon() 任务直接传送 Beacon 数据包;如果不是 Sink 时,则调用 post TransmitBeaconRequest()任务向周围节点请求 Beacon。为了构成以 Sink 为中心的 Tree 拓扑结构,传送的数据包是 Beacon 数据包。在一般节点上,如果接收到 Sink 发送的 Beacon 数据包,则得知自身周围存 Sink,认为是距离 Sink 为一跳的节点,并将自身的 ID 和距离 Sink 为一跳的信息放入到自身的 Beacon 数据包中周期性向外传送。如果不属于 Sink 的传送范围,从 Sink 一跳内的其他节点接收到 Beacon,则判断此节点为距离 Sink 两跳的节点,并同样周期性向外传送记录了两跳信息自身的 Beacon。0 号 Sink 节点直接传送 Beacon,非 0 号节点需要从 Sink 节点或已经收到 Sink 的 Beacon 的节点来接收 Beacon 数据包,才可以参与到 tree 拓扑中。最后的 timer 函数是为了每隔 10s 周期性传送 Beacon 数据包而设定的函数。

第 50~69 行,如果在上层 application 中调用 send()函数,则 Hanback_TreeRoutingM . nc 文件的 SendFromAPP. send()被调用。在此函数中,首先通过 processNextAddress() 函数以最近的路由表为基础重新计算最适的 NextAddress,向 NWKFrame 数据包中放入适当的值后,通过 SendData. send()函数向 ActvieMessageC 组件传递数据包实现数据的发送。

```
70:  command error_t SendFromAPP.cancel(message_t * msg){
71:  return call SendData.cancel(msg);
72:  }
73:  command uint8_t SendFromAPP.maxPayloadLength(){
74:  return call SendData.maxPayloadLength();
75:  }
76:  command void * SendFromAPP.getPayload(message_t * msg){
77:  return call SendData.getPayload(msg);
78:  }
79:  event void SendData.sendDone(message_t * msg, error_t error){
80:  if (TX_Type == GeneralDataFrame)
81:    signal SendFromAPP.sendDone(msg, error);
82:  if (TX_Type == GeneralDataFrame || TX_Type == ForwardDataFrame)
83:  {
84:    if (error != SUCCESS)
85:    {
86:      uint16_t previous_Next_address;
```

```
87:        Check_Routing_Error++;
88:        if (Check_Routing_Error > MAX_FAIL_NUM) {
           //连续传送失败
           ...
89:            processNextAddress();
90:        }else{
           ..
91:        }
92:     }else{
93:        Check_Routing_Error = 0;
94:     }
95:  }
96:  TX_Type = Snoop_Null;
97:  }
98:  event void SendBeacon.sendDone(message_t * msg, error_t error)
99:  {TX_Type = Snoop_Null;}
100: event message_t * RecvData.receive( ... ) {
101: NWKFrame RcvMsg;
     ...
102: if (RcvMsg.FrameControl == GeneralDataFrame
|| RcvMsg.FrameControl == ForwardDataFrame){
103:    if (TOS_NODE_ID == SinkAddress) {
104:       signal RecvToAPP.receive ( ... );
105:    } else if (NextAddress != UnkownAddress) {
            ...
106:       post ForwadingDataFrame();
107:    }
108: }
109: return msg;
110: }
111: event message_t * RecvBeacon.receive( ... ) {
112: BeaconFrame RcvMsg;
     ...
113: if (RcvMsg.FrameControl == BeaconBySink || RcvMsg.FrameControl == BeaconByNode) {
        //为了强制创建多跳的 id check
114:    if (TOS_NODE_ID >= 5 && RcvMsg.SrcAddr == 0)
115:       return msg;
116:    if (TOS_NODE_ID >= 9 && RcvMsg.SrcAddr <= 4)
117:       return msg;
118:    if (TOS_NODE_ID != SinkAddress){
119:       atomic memcpy (&RXFrame, msg, sizeof(RXFrame));
120:       updateRoutingTable();
121:    }
122: }else if (RcvMsg.FrameControl == BeaconRequest){
123:    post TransmitBeacon();
124: }
125: return msg;
126: }
127: event void Timer.fired() {
128: if (TOS_NODE_ID != SinkAddress){
129:    processNextAddress();
```

```
130:  }
131:    post TransmitBeacon();
132:  TimeCount += (BeaconInterval/1000);
133:  }
134:  task void TransmitBeacon() {
135:  if (NextAddress != UnkownAddress) {
136:    BeaconFrame BF;
137:    if (TOS_NODE_ID == SinkAddress){
138:        BF.FrameControl = BeaconBySink;
139:        BF.SrcAddr = TOS_NODE_ID;
140:        BF.HopNum_from_Sink = 0;
141:    }else{
142:        BF.FrameControl = BeaconByNode;
143:        BF.SrcAddr = TOS_NODE_ID;
144:        BF.HopNum_from_Sink = myHopNumber;
145:    }
          …
146:    if (call SendBeacon.send ( … ) == SUCCESS) {
147:        TX_Type = BF.FrameControl;
              …
148:    }
149:  }
150:  }
```

第 70~78 行，定义了在上层 application 中调用 send()函数时会用到的 cancel()、maxPaylodaLength()和 getPayload()函数。

第 79~97 行，是 SendData. send()函数被调用后，与数据传送有关的进程结束时，被触发信号的函数。在该函数中将持续检查是否传送成功。数据包持续传送失败时，判断是否有 NextAddress 地址的节点不可达，如果有将删除此地址的路由表项并申请新的 NextAddress。这样，即使周围节点状态发生改变，也可通过其他节点继续维持路由的功能。

第 98~110 行，是从其他节点收到 Data 数据包时被调用的函数。在此函数中，如果自身的地址是 Sink 节点，则利用 RecvToApp. receive()将收到的数据包传到 application 中，否则，利用 ForwardingDataFrame()函数将数据传给 NextAddress 节点。

第 111~126 行，如果从其他节点收到了 Beacon 数据包，则与 Beacon 接收相关的 RecvBeacon. receive()函数会触发信号通知。在此函数中，首先收到的数据包如果不是已经记入了跳数信息的一般 Beacon 数据包，检查是否是请求 Beacon 数据包的 BeaconRequest 数据包。如果是 BeaconRequest 数据包，则使用 post TransmitBeacon()任务语句传送自身的 Beacon 数据包。如果收到的数据包是一般 Beacon，将此数据包通过 updateRouteTable()函数存储在 NeighborTable 中。要注意的是，第 114~117 行中的代码是为了产生强制的多跳而创建的代码。通过此代码，0 号传送的 Beacon 只被节点 1、2、3、4 号节点收到，4 号以下发送的 Beacon 只被 5、6、7、8 号节点收到。即 1、2、3、4 号节点作为 0 号的 one hop 运行，其余 5、6、7、8 号作为 two hops，剩余节点作为 three hops 强制形成拓扑。这样，在实验室近距离范围内也可以利用本应用来模拟测试多跳传输的功能。如果在有室外环境的条件下，不想要强制的多跳模拟环境，可以对这几行进行注释或删除。

第127～133行，Timer.fired()函数是为了前面设定的Beacon的timer到期时被调用的函数。在此函数中，首先自身的地址不是Sink时，通过processNextAddress()函数求得最适的next address（父节点地址），同时，利用post TransmitBeacon()任务语句进行Beacon传送。但是，TrasmitBeacon()函数被调用时，如果没从周围节点收到Beacon，则Beacon也不被传送(0号节点除外)。

第134～150行，在TransmitBeacon()中，首先检查NextAddres变量是否是UnkownAddress，通过此变量可以了解是否已从周围节点收到Beacon。是0号节点时，初始设定NextAddress变量为0，其他节点设定为UnkownAddress。一般节点每当收到Beacon时，在路由表中求得最适的next address后存储于NextAddress变量中，因此，如果收到了Beacon，即使是一次，NextAddress变量也不为UnkownAddress。当经过第135行比较语句时，设定适合BeaconFrame变量的值后，通过SendBeacon.send()函数将自身的Beacon数据包传给ActiveMessage组件。

```
151:    task void TransmitBeaconRequest() {
152:    BeaconFrame BF;
153:    BF.FrameControl = BeaconRequest;
154:    BF.SrcAddr = TOS_NODE_ID;
155:    BF.HopNum_from_Sink = 0;
        …
156:    if (call SendBeacon.send (…)) == SUCCESS) {
157:       TX_Type = BF.FrameControl;
           …
158:    }
159:    }
160:    task void ForwadingDataFrame()
161:    {
162:    NWKFrame NWKF;
163:    error_t result;
        …
164:    if (NWKF.Radius!= 0)
165:       NWKF.Radius -- ;
166:    if ((NWKF.Radius == 0) || (NextAddress == UnkownAddress))
167:       return;
168:    if (NWKF.Dst2_for_multihop == UnkownAddress){
169:       NWKF.Dst2_for_multihop = TOS_NODE_ID;
170:    }else{
171:       NWKF.Dst3_for_multihop = NWKF.Dst2_for_multihop;
172:       NWKF.Dst2_for_multihop = TOS_NODE_ID;
173:    }
174:    NWKF.FrameControl = ForwardDataFrame;
        …
175:    result = call SendData.send (…);
176:    if (result == SUCCESS){
177:       TX_Type = ForwardDataFrame;
           …
178:    }else{
           …
```

```
179:    }
180:    }
181:    void updateRoutingTable() //该函数由 Tree_receive receive()调用
182:    {
183:    BeaconFrame BF;
184:    …
185:    metadata = (cc2430_metadata_t *) (&RXFrame.metadata);
186:    RX_RSSI = metadata->rssi;
187:    RX_LQI  = metadata->lqi;
188:    for (i = 0; i < NumNeighborTable ; i++)
189:    {
190:      if (NTableList[i].Naddr == UnkownAddress || NTableList[i].Naddr == SrcAddress){
191:          insert_index = i;
192:          break;
193:      } else if (MaxHopCount <= NTableList[i].HopNum_from_Sink){
194:        if (MinLQI >= NTableList[i].LQI) {
195:          if (MinRSSI >= NTableList[i].RSSI)
196:          {
197:      MaxHopCount = NTableList[i].HopNum_from_Sink;
198:      MinLQI   = NTableList[i].LQI;
199:      MinRSSI = NTableList[i].RSSI;
200:      insert_index = i;
201:          }
202:        }
203:      }
204:    }
205:    NTableList[insert_index].Naddr   = SrcAddress;
       …
206:    if(SrcAddress == SinkAddress && BF.FrameControl == BeaconBySink){
207:      NextAddress = SinkAddress;
208:      myHopNumber = 1;
209:      NextAddress_TableIndex_ = insert_index;
210:    }
211:    }
212:    void processNextAddress() //该函数由 Timer.fired()调用
213:    {
214:    uint8_t i, NextAddress_index = 0xFF, MinHopCount = 0xFF, MaxLQI = 0x00;
215:    char MaxRSSI = -127;
216:    for (i = 0; i < NumNeighborTable; i++) {
217:      if (NTableList[i].Naddr == SinkAddress) {
218:        NextAddress = SinkAddress;
219:        myHopNumber = 1;
220:        NextAddress_TableIndex_ = i;
221:        return;
222:      } else if (NTableList[i].Naddr != UnkownAddress) {
          …
223:      }
224:    }
225:    if (NextAddress_index != 0xFF)
226:    {
227:      NextAddress = NTableList[NextAddress_index].Naddr;
```

```
          ...
228:      if (FOR_DEMO) {
              //动态改变拓扑结构
229:        NTableList[NextAddress_index].LQI = 0;
230:        NTableList[NextAddress_index].RSSI = -127;
231:      }
232:    }else{
233:      NextAddress = UnkownAddress;
234:      myHopNumber = UnkownAddress;
235:      NextAddress_TableIndex_ = 0;
236:    }
        ...
237:    }
238:    command void * RecvToAPP.getPayload(message_t * msg, uint8_t * len){
239:    return call RecvData.getPayload(msg, len);
240:    }
241:    command uint8_t RecvToAPP.payloadLength(message_t * msg){
242:    return call RecvData.payloadLength(msg);
243:    }
244:}
```

第 151~159 行，TransmitBeaconRequest()函数是一般节点在首次开始时被调用一次的函数。在此函数中，通过 SendBeacon.send()函数将 BeaconRequest 数据包传递给 ActiveMessage 组件。如果收到了 BeaconRequest 数据包，立刻传送自身的 Beacon 数据包，与 Beacon 的传送时间无关。这样，新开始的节点可以更快地加入到网络中。

第 181~211 行，updateRouteTable()将从周围节点收到的 Beacon 数据包的信息和收到此数据包时测量的 RSSI 和 LQI 值存储到路由表中。这些信息在 processNextAddress()函数中选择 NextAddress 地址时使用。

第 212~237 行，processNextAddress()函数是比较存储的路由表的值，选择最适的 Nextaddress 的函数。在此函数中，首先以距离 Sink 的跳数为基准进行比较后，跳数相同时，比较 LQI，LQI 相同时再比较 RSSI 值。由于此函数在 Timer.fired()函数中被周期性调用，每隔 10s，重新求一次最适的 Nextaddress。这个 Nextaddress 最终是指自身的父节点。这样，可以构成能够应付更多适应状况的 tree 拓扑。因此，最终会在 Windows 的 Viewer 窗口看到节点之间的连接线动态变化。

第 238~244 行，定义了在上层 application 中调用 Recv()函数时会用到的 getPayload()函数和 PaylodaLength()函数。

10.2.4　TestTree 与 TreeRouting 头文件

TestTree.h 头文件中定义了 application 中使用的多个定义值和 application 数据包的结构体 DataFrameStruct。此结构体的内容如下。

```
typedef struct {
uint16_t Temp;
uint16_t Humi;
uint16_t Photo;
```

```
uint16_t Ultrared;
} __attribute__ ((packed)) DataFrameStruct;
```

TreeRouting. h 头文件中定义了路由层中使用的多个定义值、路由数据数据包和 Beacon 数据包的结构体。此结构体的内容如下。

```
//数据数据包
typedef struct {
uint16_t FrameControl;              //传送数据包 type
uint16_t DstAddr;                   //目的地地址
uint16_t SrcAddr;                   //源地址
uint8_t  Radius;                    //TTL 值
uint8_t  SeqNum;                    //Sequence 编号
uint16_t Dst2_for_multihop;         //参与路由的节点地址 1
uint16_t Dst3_for_multihop;         //参与路由的节点地址 2
uint8_t  UpperData[8];              //application 数据
} __attribute__ ((packed)) NWKFrame;
//Beacon 数据包
typedef struct {
uint16_t FrameControl;              //传送数据包 type
uint16_t SrcAddr;                   //传送 Beacon 的节点的地址
uint16_t HopNum_from_Sink;          //从 Sink 起经过的 hop 信息
} __attribute__ ((packed)) BeaconFrame;
```

10.2.5　代码编译与运行测试

Hanback_TestTree 应用在 HBE-Ubi-CC2431 节点上进行编译、运行、测试。Hanback_TestTree 的编译、下载过程如下。

（1）运行 cygwin，如下进行输入，移动到应用所在文件夹：

```
cd  /opt/tinyos - 2.x/contrib/cc2431/ Hanback_TestTree
```

（2）输入"make cc2431"命令进行编译。

（3）使用"make cc2431 reinstall. X"指令生成从 0 号到想要编号的 hex 文件。

比如：make cc2431 reinstall. 0 即生成 app_0. hex 文件。"make cc2431 reinstall. X"仅修改了 app. c 文件，用 X 替代其中的节点 ID 号 TOS_NODE_ID。

（4）通过 Texas Instruments SmartRF Flash Progrrammer 工具将带有节点号的 hex 文件下载到相应节点中。

在 PC 上执行 Network-Topology-Viewer 工具，复位网关板，Baud rate 设定为 57 600，串口号为 com6（需要根据实际节点的串口号设置），单击 Connect 按钮，则会连接到 Sink 节点（0 号节点）。最后，打开其他节点的电源，将能在 PC 窗口中直观显示从 0 号传感器节点传入的传感器数据和各节点形成的树状网络拓扑结构，如图 10-7 所示。

如图 10-7 所示，右边窗体中显示连接到 Sink 节点（0 号节点）的所有节点号和传感器采集的数据，左边显示了由各个节点之间链路构成的 Tree 路由网络拓扑结构。以 0 号节点为根节点，1 号、2 号、3 号和 4 号节点构成一跳节点，5 号、6 号、7 号、8 号节点构成两跳节点，9 号及之后的节点构成三跳节点，由此构成一个基于 Tree 路由的传感器网络结构。各个节点

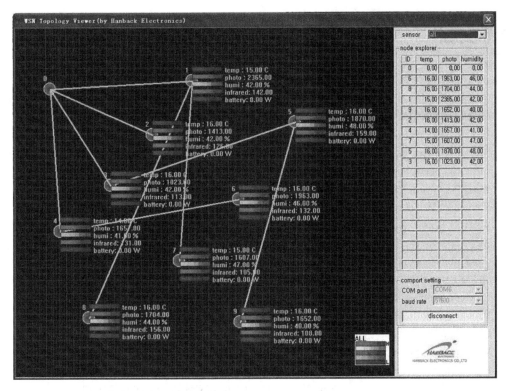

图 10-7 传感器数据和各节点形成的树状网络拓扑结构

上的传感器采样数据都被传送、汇总到 Sink 节点,而 Sink 节点与 PC 之间通过串行通信连接,数据最终被传送到计算机上进行处理。

习题

1. RSSI_Location 实例将网络中的节点分为几种类型? 简单描述各节点如何通过数据传输和 Location Engine 获取节点位置信息。

2. 节点定位程序用到了哪些接口和组件?

3. Tree 路由协议的主要接口有哪些? Tree 路由协议是通过哪些组件来进行路由协议服务的?

4. Tree 路由是如何实现强制多跳的?

5. 如何实现自组织的 Tree 路由功能?

参考文献

[1] 孙利民,李建中,陈渝,等.无线传感网[M].北京:清华大学出版社,2005.

[2] 李建中,李金宝,石胜飞.传感器网络及其数据管理的概念、问题与进展[J].软件学报,2003,14(10):1717-1727.

[3] 任丰原,黄海宁,林闯.无线传感器网络[J].软件学报,2003,14(7):1282-1291.

[4] Brooks Ruchard R, Ramanathan Parameswaran, Sayeed Akbar M. Distributed Target Classification and Tracking in Sensor Networks[J]. Proceedings of the IEEE. 2003, 91(8): 1163-1171.

[5] 孙雨耕,张静,孙永进,等.无线自组传感器网络[J].传感技术学报,2004,6(2):331-335.

[6] Tommaso Melodia, Dario Pompili, Akyildiz, Ian F. A Communication Architecture for Mobile Wireless Sensor and Actor Networks[G]. Proceedings of IEEE SECON, 2006: 898-907.

[7] Akyildiz I F, Su W, Sanakarasubramaniam Y, et al. Wireless Sensor Networks: A Survey[J]. Computer Networks, 2002,38(4): 393-422.

[8] Shih E, Cho S H, Ickes N, et al. Physical Layer Driven Protocol and Algorithm Design for Energy-Efficient Wireless Sensor Networks[C]. Proceedings of the Annual International Conference on Mobile Computing and Networking, MOBICOM'01, Rome, 2001. New York (NY, USA): ACM Press, 2001. 272-286.

[9] Woo A, Culler D E. A Transmission Control Scheme for Media Access in Sensor Networks [C]. Proceedings of the Annual International Conference on Mobile Computing and Networking, MOBICOM'01, Rome, 2001. New York (NY, USA): ACM Press, 2001. 221-235.

[10] Sohrabi K, Gao J, Ailawadhi V, et al. Protocols for Self-Organization of a Wireless Sensor Network [J]. IEEE Personal Communications, 2000, 7(5): 16-27.

[11] Pottie G J, Kaiser W J. Wireless Integrated Network Sensors[J]. Communications of the ACM, 2000,43(5): 51-58.

[12] 钟永锋,刘永俊.ZigBee无线传感器网络[M].北京:北京邮电大学出版社,2011.

[13] 陈林星.无线传感器网络技术与应用[M].北京:电子工业出版社,2009.

[14] 蹇强,龚正虎,朱培栋,等.无线传感器网络 MAC 协议研究进展[J].软件学报,2008,19(2):389-403.

[15] 郑国强,李建东,周志立.无线传感器网络 MAC 协议研究进展[J].自动化学报,2008,34(3):305-316.

[16] 颜庭莘,孙利民.TinyOS 路由协议原理及性能评估[J].计算机工程,2007,33(1):112-114.

[17] 张德海.无线多媒体传感器网络路由协议研究[D].西安电子科技大学,2014.

[18] 王平.无线传感器网络节能路由协议研究[D].山东大学,2010.

[19] CTP: Collection Tree Protocol, https://sing.stanford.edu/gnawali/ctp/.

[20] The Collection Tree Protocol (CTP), http://www.tinyos.net/tinyos-2.x/doc/html/tep123.html.

[21] Miller M J, Vaidya N H. Minimizing energy consumption in sensor networks using a radio[C]. Proceeding of the IEEE Wireless Communications and Networking, WCNC'04, Atlanta, GA, 2004, 4: 2335-2340.

[22] Reason J M, Rabaey J M. A study of energy consumption and reliability in a multi-hop sensor networks[J]. ACM SIGMOBILE Mobile Computing and Communications Review, 2004, 8(1): 84-97.

[23] Sinhua A, Chandrakasan A. Dynamic power in wireless sensor network. IEEE Design and Test of Computer, 2001,18(2): 62-74.

［24］ 顾晓燕,孙力娟,郭剑,等. 无线传感器网络覆盖质量与节点休眠优化策略［J］. 计算机仿真,2011,28(9)：127-131.

［25］ He D，Chen C，Chan S，et al. Security analysis and improvement of a secure and distributed reprogramming protocol for wireless sensor networks［J］. Industrial Electronics，IEEE Transactions on，2013，60(11)：5348-5354.

［26］ Kulkarni R V，Forster A，Venayagamoorthy G K. Computational intelligence in wireless sensor networks：A survey［J］. Communications Surveys & Tutorials，IEEE，2011，13(1)：68-96.

［27］ Li H，Lin K，Li K. Energy-efficient and high-accuracy secure data aggregation in wireless sensor networks［J］. Computer Communications，2011，34(4)：591-597.

［28］ 赵永安. 无线传感器网络安全研究［D］. 西北工业大学，2007.

［29］ 潘浩,董齐芬,张贵军,等. 无线传感器网络操作系统 TinyOS［M］. 北京：清华大学出版社,2011.

［30］ 王良民,熊书明. 物联网工程概论［M］. 北京：清华大学出版社,2011.

［31］ 李士宁. 传感网原理与技术［M］. 北京：机械工业出版社,2014.

［32］ 聂增丽,王泽芳. 无线传感网技术［M］. 成都：西南交通大学出版社,2016.

［33］ 赵国安. 物联网：传感网实验教程［M］. 北京：科学出版社,2011.

［34］ 彭力. 无线传感器网络技术［M］. 北京：冶金工业出版社,2011.

［35］ 刘传清,刘化君. 无线传感器网络技术［M］. 北京：电子工业出版社,2015.

［36］ 崔逊学,左从菊. 无线传感器网络简明教程［M］. 北京：清华大学出版社,2015.

［37］ 熊茂华,熊昕,杨震伦. 无线传感器网络技术及应用开发［M］. 北京：清华大学出版社,2015.

［38］ 王营冠.无线传感器网络［M］. 北京：电子工业出版社,2012.

［39］ 沈玉龙,裴庆祺,马建峰,等. 无线传感器网络安全技术概论［M］. 北京：人民邮电出版社,2010.

［40］ 胡飞,曹晓军. 无线传感器网络原理与实践［M］. 北京：机械工业出版社,2015.

［41］ 贾甘纳坦·莎兰加班尼. 无线 Ad Hoc 和传感器网络协议、性能及控制［M］. 北京：机械工业出版社，2015.

［42］ 王汝传,孙力娟. 无线多媒体传感器网络技术［M］. 北京：人民邮电出版社,2011.

［43］ 王殊,等. 无线传感器网络的理论及应用［M］. 北京：北京航空航天大学出版社,2007.

［44］ 王汝传,孙力娟. 无线传感器网络技术及其应用［M］. 北京：人民邮电出版社,2011.

［45］ 余成波,李洪兵,陶红艳. 无线传感器网络实用教程［M］. 北京：清华大学出版社,2012.

［46］ 王汝传,孙力娟. 无线传感器网络技术导论［M］. 北京：清华大学出版社,2012.

［47］ 杨庚,陈伟,曹晓梅. 无线传感器网络安全［M］. 北京：科学出版社,2010.

图书资源支持

感谢您一直以来对清华版图书的支持和爱护。为了配合本书的使用，本书提供配套的资源，有需求的读者请扫描下方的"书圈"微信公众号二维码，在图书专区下载，也可以拨打电话或发送电子邮件咨询。

如果您在使用本书的过程中遇到了什么问题，或者有相关图书出版计划，也请您发邮件告诉我们，以便我们更好地为您服务。

我们的联系方式：

地　　址：北京海淀区双清路学研大厦 A 座 707

邮　　编：100084

电　　话：010－62770175－4604

资源下载：http://www.tup.com.cn

电子邮件：weijj@tup.tsinghua.edu.cn

QQ：883604(请写明您的单位和姓名)

用微信扫一扫右边的二维码，即可关注清华大学出版社公众号"书圈"。

资源下载、样书申请

书圈